寒地稻米产地与品种的拉曼光谱鉴别技术研究与应用

谭　峰　田芳明　王亚轩　著

哈尔滨工程大学出版社

Harbin Engineering University Press

内 容 简 介

本书利用拉曼光谱方法对寒地稻米的产地真实性进行鉴别,旨在精确作物品种、辨别品种型号,是有助于农业发展的专业图书。全书共7章,包括拉曼光谱数据处理方法理论基础、拉曼光谱基本原理和仪器、基于拉曼光谱的北方粳稻种子品种鉴别方法、基于拉曼光谱与有机成分分析的大米身份识别、寒地稻米产地鉴别机理研究、大米拉曼指纹光谱数据的区块链存储机制研究,以及寒地稻米身份识别系统与产地鉴别装备开发与应用。

本书可以作为农业院校师生和农业技术人员的参考用书。

图书在版编目(CIP)数据

寒地稻米产地与品种的拉曼光谱鉴别技术研究与应用/
谭峰,田芳明,王亚轩著.—哈尔滨:哈尔滨工程大学
出版社,2022.4
    ISBN 978-7-5661-3552-0

    Ⅰ.①寒… Ⅱ.①谭… ②田… ③王… Ⅲ.①寒冷地
区-水稻-拉曼光谱-品种鉴定-研究 Ⅳ.
①S511.037

中国版本图书馆 CIP 数据核字(2022)第 093629 号

寒地稻米产地与品种的拉曼光谱鉴别技术研究与应用
HANDI DAOMI CHANDI YU PINZHONG DE LAMAN GUANGPU JIANBIE JISHU YANJIU YU
YINGYONG

选题策划 姜 珊
责任编辑 丁月华
封面设计 李海波

出版发行 哈尔滨工程大学出版社
社　　址 哈尔滨市南岗区南通大街 145 号
邮政编码 150001
发行电话 0451-82519328
传　　真 0451-82519699
经　　销 新华书店
印　　刷 哈尔滨午阳印刷有限公司
开　　本 787 mm×1 092 mm 1/16
印　　张 18.5
字　　数 473 千字
版　　次 2022 年 4 月第 1 版
印　　次 2022 年 4 月第 1 次印刷
定　　价 79.00 元
http://www.hrbeupress.com
E-mail:heupress@ hrbeu.edu.cn

前　言

我国是大米的生产和消费大国,大米的质量与水稻种植技术和产地因素有密切关系,特定地域的大米质优量少,不法商贩经常以次充好售卖,消费者在购买时很难判断大米产地的真实性。为保护大米的地理特征,维护消费者权益,亟须有效的技术手段和方法对大米的产地真实性进行鉴别研究。近年来计算机编程技术和分子光谱技术飞速发展,目前已进入人工智能和数据分析时代,拉曼光谱技术作为一种对物质结构进行分析的检测手段已被广泛应用在物理化学、生物医学、食品检测等方面,拉曼散射光谱的应用大力推动了分子领域测定与分析的发展和进步。基于这些思路,我们开展了寒地稻米产地与品种的拉曼光谱鉴别技术研究与应用,以期为完善寒地稻米品种和产地鉴别提供一定的思路,同时也为其他农产品的产地鉴别研究提供一种新的研究途径和线索。本书依据现行国家标准、行业标准和规范撰写,全书结构体系完整、内容简明、重点突出,充分体现科学性、实用性和可操作性,具有较强的指导作用和实用价值。主要内容包括:拉曼光谱数据处理方法理论基础、拉曼光谱基本原理和仪器、基于拉曼光谱的北方粳稻种子品种鉴别方法、基于拉曼光谱与有机成分分析的大米身份识别、寒地稻米产地鉴别机理研究、大米拉曼指纹光谱数据的区块链存储机制研究、寒地稻米身份识别系统与产地鉴别装备开发与应用。由于作者水平所限,书中难免存在不足之处,敬请读者批评指正。本书共7章,其中谭峰老师负责第2章、第6章、第7章内容撰写;田芳明老师负责第3章、第4章内容撰写;王亚轩老师负责第1章、第5章内容撰写。

本书得到了黑龙江省自然科学基金重点项目(编号:ZD2019F002)、大庆市指导性科技计划项目(编号:zd-2020-68)、黑龙江八一农垦大学三纵课题(ZRCPY202120)的资助。本书参考了一些文献,参阅了相关资料,在此对相关作者和单位表示衷心的感谢。

著　者

2022 年 2 月

目　录

第1章 拉曼光谱数据处理方法理论基础

1.1 光谱预处理方法理论基础

光谱除含有样品自身的化学信息外,还包含其他无关信息和噪声,如电噪声、样品背景和杂散光等。因此,在用化学计量学方法建立模型时,消除光谱数据无关信息和预处理噪声变得十分关键和必要。常用的谱图处理方法有数据规范化、去噪和平滑、光程校正和消除基线等。

1.1.1 数据规范化

1. 均值中心化

均值中心化(mean centering, MC)是将样本光谱数据减去样本的光谱均值,使光谱数据变成均值为 0 的较为稳定的数据,从而降低误差,提高模型的稳健性和预测能力。在建立定量和定性模型时,均值中心化是最常用的数据预处理方法之一。

经过变换的校正集光谱阵 X(样品数 $n \times$ 波长点数 m)的列平均值为 0。使用多元校正方法建立光谱分析模型时,须将光谱的变动而非光谱的绝对量与待测性质或组成的变动进行关联。因此,在建立光谱定量或定性模型前,往往采用均值中心化来增加样品光谱之间的差异。并且,在用这种方法对光谱数据进行变换处理的同时,往往对性质或组成数据也进行同样的处理。

首先计算校正集样品的平均光谱 $\bar{x}_k$:

$$\bar{x}_k = \frac{\sum_{i-1}^{n} x_{i,k}}{n} \tag{1-1}$$

式中,n 为校正集样品数;$k = 1, 2, \cdots, m$,m 为波长点数。

对未知样品光谱 $x(1 \times m)$,通过下式得到均值中心化处理后的光谱 $x_{centered}$:

$$x_{centered} = x - \bar{x} \tag{1-2}$$

2. 标准化

标准化(autoscaling, AS)又称均值方差化,是将数据按照一定比例缩放,使得数据落到一定区间内,从而缩小数据范围,加快运算速度。标准化是通过将均值中心化处理后的光谱再除以校正集光谱阵的标准偏差光谱获得。首先,计算校正集样本的平均光谱 $\bar{x}$,然后计算校正集样本的标准偏差光谱 s_k:

$$s_k = \sqrt{\frac{\sum_{i=1}^{n}(x_{i,k}-\bar{x_k})^2}{n-1}}$$ (1-3)

式中,n 为校正集样品数;$k=1,2,\cdots,m$,m 为波长点数。

对未知光谱 x 首先进行均值中心化,然后再除以标准偏差光谱 s,就得到了标准处理后的光谱:

$$x_{\text{outoscaled}} = \frac{x-\bar{x}}{s}$$ (1-4)

3. 归一化

归一化(namaliztion,NL)算法是为了消除量纲的影响,极差归一化是归一化中常使用的方法。设 p 维向量 $X=(X_1,X_2,\cdots,X_P)$ 的观测值矩阵为

$$X = \begin{bmatrix} x_{11} & x_{12} & \cdots & x_{1p} \\ x_{21} & x_{22} & \cdots & x_{2p} \\ \vdots & \vdots & & \vdots \\ x_{n1} & x_{n2} & \cdots & x_{np} \end{bmatrix}$$ (1-5)

极差归一化变换后的矩阵为

$$X^R = \begin{bmatrix} x_{11}^R & x_{12}^R & \cdots & x_{1p}^R \\ x_{21}^R & x_{22}^R & \cdots & x_{2p}^R \\ \vdots & \vdots & & \vdots \\ x_{n1}^R & x_{n2}^R & \cdots & x_{np}^R \end{bmatrix}$$ (1-6)

其中,

$$x_{ij}^R = \frac{x_{ij}-\min\limits_{1\leqslant k\leqslant n} x_{kj}}{\max\limits_{1\leqslant k\leqslant n} x_{kj}-\min\limits_{1\leqslant k\leqslant n} x_{kj}}, i=1,2,\cdots,n;j=1,2,\cdots,p$$ (1-7)

1.1.2　去噪和平滑

由光谱仪得到的光谱信号中既含有有用信息,也叠加着随机误差,即噪声。信号平滑是消除噪声最常用的一种方法,其基本假设是光谱含有噪声为0的随机白噪声,若多次测量取平均值可降低噪声,提高信噪比。常用的信号平滑方法有平移平滑法、Savitzky-Golay卷积平滑法、傅里叶变换和小波变换。

1. 平移平滑法

平移平滑法是在光谱分析中常用的一种数据预处理方法,能够非常有效地提高谱图信噪比,降低随机噪声的影响。它的基本原理是将谱线数据点中斜率较小的点删除,将斜

率较大的点保留。光谱平移平滑的实质是将每个光谱波数的拉曼散射强度值设置成一个"平移平滑中心点",根据平移平滑的需要设置平滑的差分宽度,再以此"中心点"为中心对差分宽度内的波数点进行"平移平滑",以此来消除机器或背景噪声。

如图 1-1 所示,移动平均平滑法选择一个具有一定宽度的平滑窗口($2w+1$),每窗口内有奇数个波长点,用窗口内中心波长点 k 以及前后 w 点处测量值的平均值 $\bar{x}_k$ 代替波长点的测量值,自左至右依次移动 k,完成对所有点的平滑。可以通过下式获得平滑后的数据 $x_{k,\text{smooth}}$:

$$x_{k,\text{smooth}} = \bar{x}_k = \frac{1}{2w+1} \sum_{i=-w}^{+w} x_{k+i} \qquad (1-8)$$

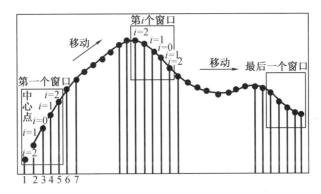

图 1-1 窗口移动平滑法示意图

如图 1-2 所示,采用移动平均平滑法时,平滑窗口宽度是一个重要参数,若窗口宽度太小,平滑去噪效果将不佳;若窗口宽度太大,简单求均值运算会对噪声进行平滑的同时也将有用信息平滑掉,造成光谱信号的失真。

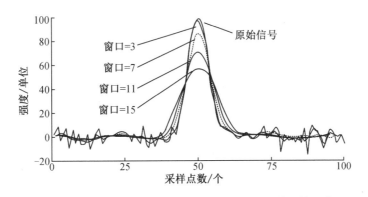

图 1-2 移动平均平滑法不同窗口宽度对平滑效果的影响

2. 导数

对原始光谱进行导数处理主要是为了降低或消除仪器背景干扰和基线漂移(散射)对信号的影响,导数微分能识别出波长宽度很小的重叠波峰,所以能有效提高光谱精度和灵敏度,使光谱的谱线轮廓更清晰。常用的导数处理有一阶导数和二阶导数。大米光谱属于离散光谱,对不连续的光谱点求一阶导数时,可以求解出光谱局部峰值及峰值所对应的波长位置;相比一阶导数,由于二阶导数是对一阶导数的结果再求导数,所以进一步放大了光谱中的数值差很小的峰高,可进一步提高光谱分辨率和突出有用信息。但是要注意,如果原始光谱中存在较多的噪声,导数处理会放大这部分噪声,导致光谱的信噪比的降低。因此,在导数处理方法中通常要结合平移平滑算法来消除多余的噪声。公式如下:

一阶导数的数学表达式为

$$x_{i,1\text{st}} = \frac{x_{i+g}-x_i}{g} \tag{1-9}$$

二阶导数的数学表达式为

$$x_{i,2\text{nd}} = \frac{x_i-2x_i+x_{i+g}}{g^2} \tag{1-10}$$

式(1-9)和式(1-10)中,x_i 代表第 i 个样品的光谱离散点的纵坐标;g 为步长,实验中是离散点求导,采用步长为1。

3. Savitzky-Golay 卷积平滑法

Savitzky-Golay 卷积平滑法(Savitzky-Golay smoothing)是目前应用较广泛的去噪方法,与移动平均平滑法的基本思想类似,只是该方法没有使用简单的平均而是通过多项式来对移动窗口内的数据进行多项式最小二乘拟合,其实质是一种加权平均法,更强调中心点的“中心”作用。Savitzky-Golay 卷积平滑法移动窗口宽度(常称平滑点数)的影响要明显低于移动平均平滑法。

Savitzky-Golay 卷积平滑法,波长 k 处经滤波后的平均值为

$$x_{k,\text{smooth}} = \overline{x_k} = \frac{1}{H}\sum_{i=-\omega}^{+\omega} x_{k+l}h_i \tag{1-11}$$

式中,h_i 为平滑系数;ω 为平滑窗口;H 为归一化因子,$H = \sum_{i=-\omega}^{+\omega} h_i$,每个测量值乘以平滑系数 h_i 的目的是尽可能减小平滑对有用信息的影响。

4. 多项式拟合法

类似于平移平滑法,多项式拟合(polynomial curve fitting,PCF)可以提高光谱数据信噪比,消除混叠在光谱信号中的噪声信号,提高光谱曲线的光滑度。因拉曼光谱仪采集的离散数据形成的波形图上有许多毛刺;并且由于仪器的一些机器噪声和随机噪声的存在,使得某些波数点的信号偏离造成基线的漂移现象;为了消除噪声和基线漂移,可以采用多项式拟合的预处理方法进行数据处理。但要注意多项式的阶次选择问题,阶次过低,拟合曲线越粗糙;阶次过高,容易出现过拟合现象;通常要结合光谱曲线和拟合效果综合分析。多项式拟合法去除基线公式如下:

$$w(x) = w_1x^n+w_2x^{n-1}+\cdots+w_nx+w_{n+1} \tag{1-12}$$

式中,n 为多项式的阶数;w_i 为根据光谱的波数 x 和对应的光谱散射强度 y 计算的拟合

值,将 $w_1, w_2, \cdots, w_n$ 的数值带入公式(1-12)得到 $w(x)$ 的计算式,将 $w(x)$ 作为基线,在原始光谱的基础上减去 $w(x)$ 的值,得到去除基线后的光谱曲线。

5. 自适应迭代重加权惩罚最小二乘法

自适应迭代重加权惩罚最小二乘方法(adaptive iterative reweighted penalized least squares method,AIRPLS)是通过迭代来改变拟合信号和原始信号之间的和平方误差的权重来工作,并利用先前拟合的基线和原始信号之间的差异自适应地获得和平方误差的权重。若原始信号用 X 表示,拟合信号用 Y 表示,原始信号和拟合信号长度均为 n,则两者的和方差误差表示了原始信号对拟合信号保真程度 F 可以表示为

$$F = \sum_{i=1}^{n} (X_i - Y_i)^2 \tag{1-13}$$

在 AIRPLS 方法中,采用了基于误差的迭代加权策略,每一个点的权重更新基于上一次循环拟合的基线和原始信号之间的差异,具体可以表示为

$$W_i^t = \begin{cases} 0 & X_i \geqslant Y_i^{t-1} \\ e^{\frac{t(X_i - Y_i^{t-1})}{|d^t|}} & X_i < Y_i^{t-1} \end{cases} \tag{1-14}$$

式中,t 为第 t 次迭代;X_i 为原始信号;Y_i 为拟合基线;d^t 为原始信号与拟合基线差值小于变量的绝对值之和。如上式所示,在特征区域,AIRPLS 迭代的权重为 0,而对于非特征区域,其权重系数的更新均基于迭代过程中的误差。

AIRPLS 方法通过迭代重加权惩罚最小二乘算法,逐步逼近光谱背景,引入参数 λ 用于调节拟合曲线的平滑程度,最后将原始光谱减去拟合出的背景曲线,得到扣除背景后的光谱信号。该方法通过迭代改变拟合基线与原始信号之间的总体方差(SSE)权重,而 SSE 权重由自适应使用前拟合基线与原始信号的差异得到。为避免峰位置检测和特殊的处理步骤,自适应迭代惩罚是很重要的步骤,惩罚参数 λ 需要结合光谱数据情况具体确定。λ 值越大,拟合出的背景越平滑。

6. 傅里叶变换

傅里叶变换(Fourier transform,FT)是一种十分重要的信号处理技术,它能够实现频域函数与时域函数之间的转换。在采用迈克尔干涉原理的光谱仪中,通过傅里叶变换可将时域谱转换成频域谱。

对光谱进行 FT 处理,是把光谱分解成许多不同频率的正弦波的叠加和。通过这种变换可实现光谱的平滑去噪、数据压缩以及信息的提取。

对于等波长间隔的 m 个离散光谱数据点 $x_0, x_1, \cdots, x_{m-1}$,其离散傅里叶变换为

$$x_{k,\text{FT}} = \frac{1}{m} \sum_{j=0}^{m-1} x_j \exp\left(\frac{-2i\pi kj}{m}\right) \tag{1-15}$$

式中,$k = 0, 1, \cdots, m-1$;$i = \sqrt{-1}$。

傅里叶反变换公式如下:

$$x_j = \sum_{k=0}^{m-1} x_k \exp\left(\frac{-2i\pi j}{m}\right) \tag{1-16}$$

式中，$j = 0, 1, \cdots, m-1$；$i = \sqrt{-1}$。

原始数据 x_j 的虚部为零，其傅里叶变换频率谱 $x_{k,\text{FT}}$ 是由实部和虚部组成 $x_{k,\text{FT}} = R_k + iL_k$，其中：

$$R_k = \frac{1}{m} \sum_{j=0}^{m-1} x_j \cos\left(\frac{2\pi k_j}{m}\right) \tag{1-17}$$

$$L_k = -\frac{1}{m} \sum_{j=1}^{m-1} x_j \sin\left(\frac{2\pi k_j}{m}\right) \tag{1-18}$$

傅里叶变换的功率谱（power spectrum，PS）为 $PS_k = R_k^2 + L_k^2$。

仪器噪声相对于信息信号而言，振幅较小，频率高，故舍去较高频率的信号可消除大部分的光谱噪声，使信号更加平滑。利用低频率信号，通过傅里叶反变换对原始光谱数据重构，达到去除噪声的目的，如图 1-3 所示。

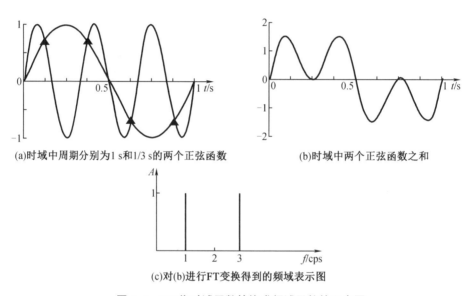

(a)时域中周期分别为1 s和1/3 s的两个正弦函数　　　　(b)时域中两个正弦函数之和

(c)对(b)进行FT变换得到的频域表示图

图 1-3　FT 将时域函数转换成频域函数的示意图

基于傅里叶变换，还可对原始光谱数据进行导数和卷积等运算，以提高分辨率。或用傅里叶变换得到的傅里叶系数或功率谱作为特征变量直接参与建立定量校正模型或模式识别模型，可在不牺牲准确度的前提下，大大缩短运算时间。

7. 小波变换

傅里叶变换将信号分解成一系列不同频率的正弦波的叠加，由于正弦波在时间上没有限制，虽能较好地刻画信号的频率特性，但它在时空域上无任何分辨，不能做局部分析。小波变换（wavelet transform，WT）的基本思想类似于傅里叶变换，就是将信号分解成一系列小波函数的叠加，这些小波函数都是由一个母小波函数经过平移和尺度伸缩得到。小波分析在时域和频域同时具有良好的局部化性质,可以对高频成分采用逐渐精细的时域或空间域取代步长,从而可以聚焦到对象的任意细节。因此,小波变换被誉为分析信号的"数学显微镜",在信号处理中有着较为广泛的应用。

小波变换的实质是将信号 $x(t)$ 投影到小波 $\psi_{a,b}(t)$ 上,即 $x(t)$ 与 $\psi_{a,b}(t)$ 内积,得到便于处理的小波系数,按照分析的需要对小波系数进行处理,然后对处理后的小波系数进行反变换得到处理后的信号。

小波为满足一定条件的函数通过 $\psi(t)$ 伸缩和平移产生的一个函数族 $\psi_{a,b}(t)$:

$$\psi_{a,b}(t) = \frac{1}{\sqrt{|a|}} \psi\left[\frac{t-b}{a}\right], a,b \in R, a \neq 0 \tag{1-19}$$

式中,a 用于控制伸缩(dilation),称为尺度参数(scale parameter);b 用于控制位置(position),称为平移参数(translation parameter);$\psi(t)$ 称为小波基或小波母函数。$\psi(t)$ 必须满足两个条件:

①小(small):$\psi(t)$ 迅速趋向于 0 或迅速衰减为 0;

②波(wave):$\int_{-\infty}^{+\infty} \psi(t) = 0$。

在分析信号的小波变换处理中,一般使用的是离散小波变换。

离散小波定义:$a = a_0^m (a_0 > 1, m \in Z)$,$b = n b_0 a_0^m (b_0 \in R, n \in Z)$。则 $\psi_{m,n}(t) = a_0^{-\frac{m}{2}} \psi (a_0^{-m} t - n b_0)$。一般取 $a_0 = 2, b_0 = 1$,称为二进小波(dyadic wavelet)。

对于等波长间隔的 k 个离散光谱数据点 $x_1, x_2, \cdots, x_k$,其离散二进小波变换为

$$WT_x(m,n) = \left\langle x_i, 2^{-\frac{m}{2}} \psi(2^{-m} t; -n) \right\rangle = \sum_{i=0}^{k} 2^{-\frac{m}{2}} \psi(2^{-m} t; -n) x_i \tag{1-20}$$

上式说明了小波变换实际上是离散信号在小波基函数上的投影,不同的 m 和 n 代表不同的分辨率(尺度)和不同的时域(平移),小波函数正是通过不同的 m 和 n 来调节不同的局部时域和不同的分辨率。

与 FT 所用的基本函数(只有三角函数)相比,小波变换中用到的小波函数不具有唯一性,即 $\psi(t)$ 具有多样性,同一问题用不同的小波函数进行分析有时结果相差甚远。因此,小波函数的选用是小波变换实际应用中的一个难点,目前通常采用经验或不断尝试方法,对比结果来选择最佳的小波函数。

在众多的小波基函数家族中,有些小波函数被实践证明是十分有效的,其中在光谱分析中最常用的主要有 Haar 小波、Daubechies(dbN)小波、Coiflet 小波和 Symlets 小波等。

$\psi_{m,n}(t)$ 一般不具有解析表达式,为实现有限离散小波变换,数值计算常采用 Mallat 提出的多分辨信号分解(multiresolution signal decomposition,MRSD)法或塔式(pyramid)算法来实现,又称为 Mallat 算法。

将 $\psi_{m,n}(t)$ 离散地表示成一对低通滤波器 $\boldsymbol{H} = \{h_p\}$ 和高通滤波器 $\boldsymbol{G} = \{g_p\}$,$(p \in Z)$,$\{\boldsymbol{h}_p^*\}$ 和 $\{\boldsymbol{g}_p^*\}$ 为对应的镜像滤波器。对一等波长间隔的 k 个离散光谱数据点 $x_1, x_2, \cdots,$

x_k，表示成 $C(p)$，则正交离散二进小波分解可以写成：

$$C^j(i) = \sum_{p \in Z} \boldsymbol{h}^*(p - 2i) C^{j-1}(p) \qquad (1-21)$$

$$D^j(i) = \sum_{p \in Z} \boldsymbol{g}^*(p - 2i) C^{j-1}(p) \qquad (1-22)$$

式中，$j = 0, 1, \cdots, J$，J 为最高分解级次。由于分解正交性，通过 C^j 和 D^j 可以重构得到原始信号 C^0：

$$C^{j-1}(i) = \sum_{p \in Z} \boldsymbol{h}(i - 2p) C^j(p) + \sum_{p \in Z} \boldsymbol{g}(i - 2p) C^{j-1}(p) \qquad (1-23)$$

尺度参数 a 与 j 的关系为 $a = 2^j$，分辨率定义为 $1/a$，随着 j 的增加，分解的尺度二进扩展，细节分辨率随之降低。C^j 和 D^j 分别称为 2^{-j} 分辨率下的离散近似（approximation）和离散细节（detail），即 C^j 表示频率低于 2^{-j} 的低频分量，而 D^j 表示频率介于 $2^{-j} \sim 2^{-j+1}$ 之间的高频分量。

低通滤波器 $\boldsymbol{H} = \{h_p\}$ 和高通滤波器 $\boldsymbol{G} = \{g_p\}$，存在以下关系：

$$g_p = (-1)^p h_{p-1} \qquad (1-24)$$

且 $\sum_{p \in Z} \boldsymbol{h}_p = \sqrt{2}$，$\sum_{p \in Z} \boldsymbol{g}_p = 0$。

小波基（尺度函数和小波函数）可以通过给定滤波系数生成，小波的近似系数和细节系数可由滤波系数直接导出，而不需要确切知道小波基函数，使计算大为简化。

小波变换用于平滑和滤噪的一般步骤为：①对原始光谱进行小波变换分解得到高频和低频小波系数；②通过阈值法去除小波系数中被认为是表示噪声的元（称为滤噪），或去除小波系数中的高频（低尺度）元素（称为平滑）；③用经过处理的信号进行反变换即可得到滤噪后的光谱信号。阈值法通常有两种形式：硬阈值法，即把所有低于阈值的小波系数全部置零；软阈值法，即将小于阈值的小波系数置零并从大于阈值的小波系数的绝对值中扣除该阈值。关于阈值的估测方法也有不少报道，如简单的软阈值法、硬阈值法、Sure 方法、Visu 方法、Hybrid 方法和 Minmax 方法等。

通过 WT 对数据进行压缩的基本原理类似于去噪，一般采取如下步骤：①对原始数据进行 WT 得到小波系数；②用阈值法删除小波系数中足够小而被认为不代表有用信息的系数，并保存处理后的系数。需要时，将其反变换即可得到原始数据。阈值的确定一般采用经验值或通过尝试得到。例如，采用小波变换可以对红外光谱数据库进行压缩，减少谱图库的储存空间。

此外，小波变换还可用于特征信息的提取，原始光谱经小波变换分解后可得到反映不同信息的小波系数，根据先验知识或尝试方法，确定与待测组分有关的小波系数，可以直接利用这些小波系数为特征变量建立多元定量或定性校正模型。

1.1.3　光程校正和消除基线

由于测试样品为固体颗粒，为了消除固体颗粒对光程的影响，消除基线漂移或平缓背景干扰的影响，能够有效分辨完全重叠峰或波长差很小的重叠峰，进而提高图谱的灵敏度。常采用标准正态变量变换、去趋势算法及多元散射校正算法等对光谱数据进行预处理。

1. 标准正态变量变换

标准正态变量变换(standard normal variate transformation,SNV)主要是用来消除固体颗粒大小、表面散射以及光程变化对 NIR 漫反射光谱的影响。SNV 与标准化算法的计算公式相同,不同之处在于标准化算法对一组光谱进行处理(基于光谱阵的列),而 SNV 算法是对一条光谱进行处理(基于光谱阵的行)。对需 SNV 变换的光谱按下式计算:

$$x_{\text{SNV}} = \frac{x - \bar{x}}{\sqrt{\dfrac{\sum\limits_{k=1}^{m}(x_k - \bar{x})^2}{(m-1)}}} \tag{1-25}$$

式中,$\bar{x} = \dfrac{\sum\limits_{k=1}^{m} x_k}{m}$,$m$ 为波长点数,$k = 1,2,\cdots,m$。

2. 去趋势算法

去趋势算法(detrending,DD)主要用来消除光谱的基线漂移。其算法具体为按多项式将光谱 x 和波长 λ 拟合一条趋势线 d,然后从 x 中减去 d 即为去趋势后曲线。通常用于 SNV 处理后的光谱,用来消除漫反射光谱的基线漂移。其算法非常直接,首先按多项式将光谱 x 和波长 λ 拟合出一趋势线 d,然后从 x 中减掉 d 即可。该算法除了和 SNV 联合使用外,也可以单独使用。在使用 SNV 前通常将反射光谱单位转换成 $\lg(1/R)$ 的形式。

3. 多元散射校正

多元散射校正(multiplicative scatter correction,MSC)的目的与 SNV 基本相同,是多波长定标建模常用的一种数据处理方法。通过计算样本的平均光谱,然后用每一条光谱与平均光谱做一元线性回归计算,从而得到回归常数和回归系数,回归常数即该光谱与平均光谱相比较的线性平移量,回归系数即该光谱与平均光谱相比较的倾斜平移量。最后利用原始光谱减去线性平移量并除以倾斜偏移量,从而进行光谱修正。

MSC 算法的属性与标准化相同,是基于一组样品的光谱阵进行运算的。

对一光谱 $x(1 \times m)$,MSC 的具体算法如下:

(1)计算校正集样品的平均光谱 $\bar{x}$(即"理想光谱");

(2)将 x 与 $\bar{x}$ 进行线性回归,$x = b_0 + \bar{x}b$,用最小二乘法求取 b_0 和 b;

(3)$x_{\text{MSC}} = (x - b_0)/b$。

对于校正集外的光谱进行 MSC 处理时则需要用到校正集样品的平均光谱 $\bar{x}$,即首先求取该光谱的 b_0 和 b,再进行 MSC 变换。MSC 算法假定散射与波长及样品的浓度变化无关,所以,对组分性质变化较宽的样品光谱进行处理时,效果可能较差。有文献证明 MSC 与 SNV 是线性相关的,两种方法的处理结果也应是相似的。

4. 改进移动平均算法

利用移动平均算法对光谱做平滑滤波获取基线时,往往会使平滑后的光谱某些区域的值大于原始光谱的相应值,而这是不符合实际的。因此,采用如下窗口半宽度为 W 的改进移动平均(improved moving average, IMA)算法来进行背景拟合:

$$y_k = \min\left(\frac{1}{2W+1}\sum_{i=-W}^{W} y_{k+i}, y_k\right) \tag{1-26}$$

5. Baseline wavelet 算法

Baseline wavelet 背景扣除算法是陈珊等提出的一种能准确扣除背景并保留有效信息的智能背景扣除算法。以 Haar 为母函数进行连续小波变换,系数矩阵为 $M×N$;将系数矩阵中的值用绝对值代替;根据已知的峰位及大小,在 Haar 连续小波变换系数二维矩阵对应行中寻找峰的开始点与结束点。该方法不仅能实现背景扣除,还能提取可靠峰值,提供峰位及峰面积等信息。

1.2　光谱特征提取方法理论基础

1.2.1　连续投影算法

在光谱分析领域,连续投影算法(successive projections algorithm, SPA)作为一种新型的特征变量选取算法,被广泛用来提取光谱特征变量。SPA 是一种在矢量空间最小化的正向变量选择算法,该算法利用向量的投影效应,筛选原始光谱数据中更能表达物质化学信息的特征变量,滤除原始光谱数据中大量的无信息变量,减少数据冗余,降低数据之间的共线性,从而提高模型的运行速度,降低模型运行时间,提升模型运行效率,其以快速、简便的特点在多品种特征提取方向取得了不错的效果。

对于 n 行 m 列的原始光谱矩阵 X,其中 n 为采集的样本个数,m 为波长的个数,h 为需要提取的特征变量个数,其工作原理如下所示:

(1)在迭代开始进行($q=1$)之前,随机选择原始光谱矩阵中的一列 X_j,记为 $X_{k(0)}$,则 $k(0)=j, j \in 1, 2, \cdots, m$;

(2)集合 S 为原始光谱数据中还未曾选中的列项量位置,记为 $S = \{j, 1 \leqslant j \leqslant m, j \notin \{k(0), \cdots, k(q-1)\}\}$;

(3)由投影公式逐步计算当前所选向量 $x_{k(q-1)}$ 和未选择原始光谱向量 $\mathbf{x}_j (j \in S)$ 的投影;

(4)$P\mathbf{x}_j = \mathbf{x}_j - [\mathbf{x}_j^\mathrm{T} \mathbf{x}_{k(q-1)}] \mathbf{x}_{k(q-1)} [\mathbf{x}_{k(q-1)}^\mathrm{T} \mathbf{x}_{k(q-1)}]^{-1}, j \in S$;

(5)从步骤(3)得出的投影集 $P\mathbf{x}_j$ 中筛选出投影值对应最大波长变量的序号,记为 $k(q)$,则 $k(q) = \arg[\max(\| P\mathbf{x}_j \|)], j \in S$;

(6)令 $\mathbf{x}_j = P\mathbf{x}_j, j \in S; q = q+1$,如果 $q < h$,重新回到步骤(2)循环计算。

通过以上算法筛选得到了 $n×h$ 阶的特征向量矩阵,因初始变量是从原始光谱数据中随机选择得出,为得到最佳的特征波长变量个数,应对每一个初始变量 $k(0)$ 在每次循环结束后通过交叉验证下的均方根误差(RMSE)进行分析,RMSE 值最小时所对应 $k(q)$ 即为最终选择结果,此时提取的特征波段包含样品的品种差别信息和真实值相比具有较高的相似性。

1.2.2　逐步回归算法

逐步回归算法(stepwise regression,SR)是根据变量解释性进行特征提取的一种主要解决多变量共线性问题方法,逐步回归的基本思想:首先,将自变量一个一个地引入模型中,每次引入的变量对因变量影响是最显著的;然后,对已引入自变量逐个进行检验,并从方程中删除对因变量不显著的变量,以确保留在模型中的均是显著变量,循环以上过程;最后,确保自变量中没有能够选入回归方程的显著变量,也没有能从回归方程中剔除的不显著的变量为止。逐步回归算法基本流程如图 1-4 所示。

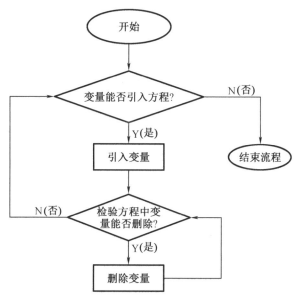

图 1-4　逐步回归算法流程图

逐步回归算法是根据其偏回归平方和以经验为条件对因变量影响显著的自变量进行引入,因每次引入都要对方程中已经引入的变量进行检验,故在筛选后的自变量子集中每一个变量都是显著的。逐步回归算法主要有以下三种方式:

(1)前进法(forward selection)的思想是将自变量一个一个引入模型,并检测引入的每个自变量是否对模型产生显著性变化,如果产生显著性变化,则将此变量引入模型中,否则忽略该变量,直到所有变量都进行了检测。

特点:自变量一旦选入,则永远保存在模型中;

缺点:不能反映自变量选进模型后的模型本身的变化情况。

(2)后退法(backward elimination)与前进法相反,基本思想是将所有变量全部放入模型中,逐个将变量剔除模型,若所剔除变量对因变量显著变化,则保留,否则删除,直到模型中所有变量均是显性的。

特点:自变量一旦剔除,则不再进入模型;

缺点:开始把全部自变量引入模型,计算量过大。

(3)逐步筛选法(bidirectional elimination)结合和前进法和后退法的特点,以前进法为基础,以后退法思想为理论支撑,实现对变量的筛选。

设 n 为本文观测样本数,$X=(x_1,x_2,x_3,\cdots,x_m)$ 为所有自变量构成的集合,$A=\{x_{i_1},x_{i_2},x_{i_3},\cdots,x_{i_l}\}$ 为 X 的子集,其中,m 为自变量;x_i 独立抽取的样本;x_{i_l} 为独立抽取的样本数;y 是因变量,被选进模型的显著性大小为 β_1,被删除的显著性大小为 β_2,且 $0<\beta_1<\beta_2<1$。逐步回归算法计算的一般步骤可以理解为,假设已经进行了 i 步筛选,方程内已经引入 q 个变量,此时残差平方和为 S_E^l,离差矩阵可以表示为

$$S_{m\times(m+1)}^l=\begin{pmatrix} s_{11}^l & s_{12}^l & \cdots & s_{1m}^l & s_{1y}^l \\ s_{21}^l & s_{22}^l & \cdots & s_{2m}^l & s_{2y}^l \\ \vdots & \vdots & & \vdots & \vdots \\ s_{h_21}^l & s_{h_22}^l & \cdots & s_{h_2m}^l & s_{h_2y}^l \\ \vdots & \vdots & & \vdots & \vdots \\ s_{m1}^l & s_{m2}^l & \cdots & s_{mm}^l & s_{my}^l \end{pmatrix} \quad (1-27)$$

第 i 步的选择过程可以分为对变量贡献的大小、检测模型中已选入变量的显著性和寻求模型外变量贡献的最大值三步。

(1)首先计算自变量贡献的大小

$$V_i^{l+1}=\begin{cases} \dfrac{(s_{iy}^{l-1})^2}{s_{ii}^l} & x_i \text{ 不存在模型中} \\[3mm] \dfrac{(s_{iy}^l)^2}{s_{ii}^l} & x_i \text{ 存在模型中} \end{cases} \quad (1-28)$$

(2)其次检测模型中已选入变量的显著性

找到存在于模型中变量的最小值为

$$V_h^{l+1}=\min V_j^{l+1} \quad (1-29)$$

并计算 F 的取值为

$$F=\frac{v_h^{l+1}}{\dfrac{S_E^{l+1}}{(n-q-1)}},F(1,n-q-1) \quad (1-30)$$

此时满足

$$S_E^{h+1}=S_T-V_h^{h+1} \quad (1-31)$$

如果 $F\leqslant F_{\beta_2}(1,n-q-1)$,则删除 x_h,进行步骤(4)运算;

如果 $F>F_{\beta_2}(1,n-q-1)$,则保留 x_h,进行步骤(3)运算。

AIC 准则是用来衡量统计模型拟合优良性的一种标准,AIC 越小,模型过拟合程度就

越低,因为 AIC 准则在运算过程中不仅考虑了模型的统计拟合度,还考虑了变量的数量。因此在运算中应遵循 AIC 准则,即

$$\mathrm{AIC}(A) = \ln\left(S_E(A)\right) + \frac{2l}{n} \qquad (1-32)$$

(3)然后检测模型外未选入变量的显著性

找到模型外变量的最大值为

$$V_h^{l+1} = \max V_j^{l+1} \qquad (1-33)$$

并计算 F 的取值:

$$F = \frac{V_h^{l+1}}{\dfrac{\left(S_T - V_h^{l+1}\right)}{\left[n-(q+1)-1\right]}} \qquad (1-34)$$

如果 $F \leqslant F_{\beta_1}(1, n-q-1-1)$,则选择结束;

如果 $F > F_{\beta_1}(1, n-q-1-1)$,则引入 x_h,进行步骤(4)运算。

(4)将 $S_{m \times (m+1)}^{l}$ 转变为 $S_{m \times (m+1)}^{l+1}$,展开第 $i+2$ 次运算,此时 $S_{m \times (m+1)}^{l+1}$ 可以表示为

$$S_{m \times (m+1)}^{l+1} = \begin{pmatrix} s_{11}^{l+1} & s_{12}^{l+1} & \cdots & s_{1m}^{l+1} & s_{1y}^{l+1} \\ s_{21}^{l+1} & s_{22}^{l+1} & \cdots & s_{2m}^{l+1} & s_{2y}^{l+1} \\ \vdots & \vdots & & \vdots & \vdots \\ s_{h_2 1}^{l+1} & s_{h_2 2}^{l+1} & \cdots & s_{h_2 m}^{l+1} & s_{h_2 y}^{l+1} \\ \vdots & \vdots & & \vdots & \vdots \\ s_{m1}^{l+1} & s_{m2}^{l+1} & \cdots & s_{mm}^{l+1} & s_{my}^{l+1} \end{pmatrix} \qquad (1-35)$$

其中 s_{ij}^{l+1} 满足:

$$s_{ij}^{l+1} = \begin{cases} \dfrac{s_{hj}^{l}}{s_{hh}^{l}} & \text{当 } i=h, j \neq h \\[3mm] s_{ij}^{l} - \dfrac{s_{ih}^{l} s_{hj}^{l}}{s_{hn}^{l}} & \text{当 } i \neq h, j \neq h \\[3mm] \dfrac{1}{s_{hh}^{l}} & \text{当 } i=h=j \\[3mm] -\dfrac{s_{ih}^{l}}{s_{hh}^{l}} & \text{当 } i \neq h, j=h \end{cases} \qquad (1-36)$$

其主要筛选步骤是检验方程中每个变量对模型显著性的变化,随时删除或引入模型,重复以上步骤,最终实现方程内自变量对因变量的影响都是显著的,模型外的自变量对因变量的影响都是不显著的。

1.2.3 竞争性自适应重加权算法

达尔文生物进化论中"适者生存"是竞争自适应加权采样法(competive adaptive reweighted

sampling, CARS)理论基础的模仿对象,首先将变量分别作为单独个体进行分析,然后通过变量间对比找出适应性强的变量,剔除适应性弱的变量,依次进行循环统计,最后根据交叉验证建立模型,而模型中交叉验证均方根最小的变量子集即是选出的最优变量组合。

设定矩阵 X 为 $i×j$ 的样本光谱矩阵,其中 i 为样本数,j 为变量数,矩阵 Y 为 $i×1$ 的目标响应向量,T 是 X 的分矩阵,是 X 和 W 的线性组合,其中 W 是组合系数,c 是 Y 和 T 所建 PLS 模型的回归系数向量,b 是 j 维的回归系数向量,e 为预测残差,则成立以下关系:

$$T = XW \tag{1-37}$$

$$Y = Tc + e = XWc + e = Xb + e \tag{1-38}$$

$$b = Wc = [b_1, b_2, \cdots, b_j] \tag{1-39}$$

式中,回归系数向量 b 表示 j 维的矩阵向量,b 中第 m 个元素绝对值 $|b_m|$($1 \le m \le j$)表示第 m 个波段对矩阵 Y 的贡献,绝对值越大,说明该元素包含的样本化学信息越丰富,由此可以得出所有波段对矩阵 Y 的贡献为

$$\beta = \sum_{m=1}^{j} |b_m| \tag{1-40}$$

为系统验证每个波段的重要性,定义权重为

$$w_m = \frac{|b_m| \times m}{\beta} \tag{1-41}$$

式中,w_m 每次的计算过程均是衡量变量重要性的过程。具体步骤如图 1-5 所示。

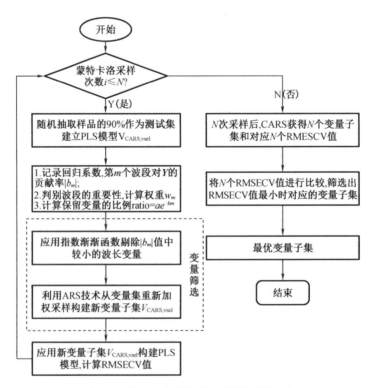

图 1-5　竞争自适应加权采样算法流程图

从 CARS 流程图中可以看出,样本变量保留的比例可以表示为

$$ratio = ae^{-km} \tag{1-42}$$

式中,a 和 k 为常数,分别表示在蒙塔卡洛采样时,参与建模的样本数目,当全部样本 j 参与时,$ratio = 1$;当只有 2 个样本参与建模时,$ratio = 2/j$;从而可以得出:

$$a = \left(\frac{j}{2}\right)^{\frac{1}{N-1}} \tag{1-43}$$

$$k = \frac{Ln\left(\frac{j}{2}\right)}{N-1} \tag{1-44}$$

1.2.4 主成分分析

主成分分析(principal components analysis,PCA)可以通过数据降维将原始光谱用新的变量代替,新的变量是通过原始光谱变量的正交变换进行线性组合而形成的不相关的潜变量,将新的变量称为主成分,用来说明其尽可能多的方差贡献率,其他主成分以相同方法得到且方差贡献率依次减小。主成分的原理叙述如下:

假设原始光谱中有 m 个样本,每个样本中有 p 个波长变量,样本矩阵表示为 $X(m \times p)$ 是原始光谱变量指标,矩阵 X 可以写成 m 维的列向量的集合 $x_{j1}, x_{j2}, \cdots, x_{jp}(j=1,2,\cdots,m)$,有

$$X = \begin{bmatrix} x_{11} & x_{12} & \cdots & x_{1p} \\ x_{21} & x_{22} & \cdots & x_{2p} \\ \vdots & \vdots & & \vdots \\ x_{m1} & x_{m2} & \cdots & x_{mp} \end{bmatrix} \tag{1-45}$$

定义

$$\begin{cases} z_1 = l_{11}x_1 + l_{12}x_2 + \cdots + l_{1n}x_n \\ z_2 = l_{21}x_1 + l_{22}x_2 + \cdots + l_{2n}x_n \\ \vdots \\ z_n = l_{n1}x_1 + l_{n2}x_2 + \cdots + l_{nn}x_n \end{cases} \tag{1-46}$$

式中,l 表示载荷系数,有 $l_{i1}^2 + l_{i2}^2 + \cdots + l_{in}^2 = 1$,$(i=1,2,\cdots,n)$;$z_1, z_2, \cdots, z_n (n \leqslant p) z_1, z_2, \cdots, z_n (n \leqslant p)$ 为新的变量指标,即为原始光谱变量的 n 个主成分。从数学的角度可以证明,n 个主成分就是相关矩阵 n 个较大特征值所对应的特征向量。主成分分析的主要任务就是确定载荷系数 l_{ij} 的大小,l_{ij} 需要满足如下条件:各主成分 $z_1, z_2, \cdots, z_n (n \leqslant p)$ 之间互不相关,且要满足主成分 z_1 是 m 维列向量 $x_1, x_2, \cdots, x_p$ 的线性组合中方差最大的,z_2 是与除了 z_1 以外的 $x_1, x_2, \cdots, x_p$ 的线性组合方差最大的,以此类推,$z_1, z_2, \cdots, z_n$ 方差依次递减,分别是原始光谱变量组成的列向量 $x_1, x_2, \cdots, x_p$ 的第1,第2,$\cdots$,第 n 个主成分。

1.3 光谱建模方法理论基础

1.3.1 相似系数和距离

聚类分析的重要组件是样品间的距离、类间的距离、并类的方式和聚类数目。其中首先要解决的问题是什么是两个样本相似,定义样本间的亲疏程度通常有两种,相似系数和距离。将每一个样品看成是 m 维空间(m 个变量)的一个点,在 m 维空间中定义样本间的亲疏程度。

相似系数多用夹角余弦和相关系数表示。

夹角余弦:

$$\cos \alpha_{ij} = \frac{\sum_{k=1}^{m} x_{ik} x_{jk}}{\sqrt{\sum_{k=1}^{m} x_{ik}^2 \sum_{k=1}^{m} x_{jk}^2}} \tag{1-47}$$

式中,x_{ik} 表示第 i 个样本的第 k 个特征变量。若两个样本完全相同时,其夹角余弦 $\cos \alpha = 1$,完全不同时,$\cos \alpha = 0$。

相关系数是一种非确定性的关系,是研究变量之间线性相关程度的量。统计学中常用 R 或者 R^2 来描述两个变量之间的线性相关程度,其中相关系数 R 的计算公式为

$$R = \frac{\sum_{i=1}^{n} (\boldsymbol{x}_i - \overline{\boldsymbol{x}})(\boldsymbol{y}_i - \overline{\boldsymbol{y}})}{\sqrt{\sum_{i=1}^{n} (\boldsymbol{x}_i - \overline{\boldsymbol{x}})^2} \cdot \sqrt{\sum_{i=1}^{n} (\boldsymbol{y}_i - \overline{\boldsymbol{y}})^2}} \tag{1-48}$$

式中,$\boldsymbol{x}_i$、$\boldsymbol{y}_i(i=1,2,\cdots,n)$ 为两个变量 $\boldsymbol{x}$ 和 $\boldsymbol{y}$ 的样本值;n 为两个连梁的样本值的个数;R 的取值为 $[-1,1]$,当 $R=1$ 时,两个变量呈现正相关,当 $R=-1$ 时,两个变量呈现负相关,当 $R=0$ 时,变量间的相关性为零。

距离则多用欧式(Eucidian)距离和马氏(Mahalanobis)距离来表示。

欧氏距离:

$$D_{ij} = \sqrt{\sum_{k=1}^{m} (x_{ik} - x_{jk})^2} \tag{1-49}$$

马氏距离:

$$MD_{ij} = \sqrt{(\boldsymbol{x}_i - \boldsymbol{x}_j) \boldsymbol{V}^{-1} (\boldsymbol{x}_i - \boldsymbol{x}_j)^{\mathrm{T}}} \tag{1-50}$$

式中,$\boldsymbol{x}_i$、$\boldsymbol{x}_j$ 分别为第 i 个和第 j 个样本的光谱行向量;$\boldsymbol{V}^{-1}$ 为类 $\boldsymbol{X}$ 协方差矩阵的逆矩阵,即

$$\boldsymbol{V}^{-1} = \left[\frac{1}{n-1} (\boldsymbol{X} - \overline{\boldsymbol{x}})^{\mathrm{T}} (\boldsymbol{X} - \overline{\boldsymbol{x}}) \right]^{-1} = \left(\frac{1}{n-1} \boldsymbol{X}_{\mathrm{cen}}^{\mathrm{T}} \boldsymbol{X}_{\mathrm{cen}} \right)^{-1} \tag{1-51}$$

样本 $\boldsymbol{x}_i$ 与某一类 $\boldsymbol{X}$ 之间的马氏距离为

$$MD_i = \sqrt{(\boldsymbol{x}_i - \overline{\boldsymbol{x}}) \left(\frac{1}{n-1} \boldsymbol{X}_{\mathrm{cen}}^{\mathrm{T}} \boldsymbol{X}_{\mathrm{cen}} \right)^{-1} (\boldsymbol{x}_i - \overline{\boldsymbol{x}})^{\mathrm{T}}} \qquad (1-52)$$

式中, $\overline{\boldsymbol{x}}$ 为类 $\boldsymbol{X}$ 的平均光谱; $\boldsymbol{X}_{\mathrm{cen}}$ 为类 $\boldsymbol{X}$ 均值中心化后的光谱阵。

在实际计算时,通常用 PCA 的得分 $\boldsymbol{T}$ 代替光谱数据 $\boldsymbol{X}$,这时

$$MD_i = \sqrt{(\boldsymbol{t}_i - \overline{\boldsymbol{t}}) \left(\frac{1}{n-1} \boldsymbol{T}_{\mathrm{cen}}^{\mathrm{T}} \boldsymbol{T}_{\mathrm{cen}} \right)^{-1} (\boldsymbol{t}_i - \overline{\boldsymbol{t}})^{\mathrm{T}}} \qquad (1-53)$$

也可写为

$$M_i = \sqrt{(n-1) \sum_{j=1}^{f} \frac{(t_{ij} - \overline{t}_j)^2}{\lambda_j}} \qquad (1-54)$$

式中, t_{ij} 为样本 x_i 的第 j 个主成分得分; $\overline{t}_{ij}$ 为类 $\boldsymbol{X}$ 的第 j 个主成分得分的平均值; λ_j 为矩阵($\boldsymbol{T}_{\mathrm{cen}}^{\mathrm{T}} \boldsymbol{T}_{\mathrm{cen}}$)的第 j 个特征值; f 为选用的主因子数。

由式(1-54)可见,与欧氏距离相比,马氏距离考虑了同一类中相同特征变量的变化(方差),以及不同特征变量间的变化(协方差)。因此,如图 1-6 所示,处于同一类的两个样本,其马氏距离较小,而其欧氏距离可能会较大;相反,对于不同类的两个样品,其马氏距离大,而其欧氏距离可能会较小。由于马氏距离考虑了样本的分布,在识别模型界外样品等方面发挥着重要的作用。

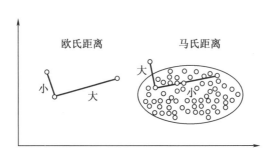

图 1-6 马氏距离与欧氏距离的比较示意图

1.3.2 偏最小二乘判别分析

偏最小二乘判别分析(partial least squares-discriminate analysis,PLS-DA)是在偏最小二乘回归的基础上,将多元因子线性回归、自变量主成分分析和多个变量之间的典型相关性分析的优势结合起来的一种判别分析方法。在建模时对光谱矩阵和浓度矩阵同步进行正交分解,有效消除光谱矩阵中自变量之间的相关性,并兼顾浓度矩阵的各个样本数据的信息,通过提取方差最大的几个主成分降低矩阵维度,对于自变量数目多并且具有多重相关性的光谱样本具有良好的鉴别能力。PLS 常用于样本的分类或识别的定性分析。本研究中,与拉曼光谱分析技术结合起来用于大米产地分类鉴别研究。

运用 PLS 建模的基本思想是:测定建模所需的 n 个样本,找到自变量光谱矩阵 $\boldsymbol{X}$ 与因变量类别矩阵 $\boldsymbol{Y}$ 的对应关系。首先对样本数据进行标准化处理,再按照方差最大原则对自变量 $\boldsymbol{X}$ 和因变量 $\boldsymbol{Y}$ 分别提取各自的主成分 t 和 u,直到通过偏最小二乘回归残差矩阵达到精度要求终止迭代,最终选择出前 m 个主成分 $t_1,t_2,\cdots,t_m$,建立因变量 $\boldsymbol{Y}$ 对应于自变量 $\boldsymbol{X}$ 的回归方程。如果因变量 $\boldsymbol{Y}$ 为类别属性,则通过设置阈值判定属性。

主成分个数的选择直接关系到 PLS 建模的质量,主成分个数过少不能最大限度地解释原始数据包含的样本信息,个数过多会导致模型解释因变量的能力变差。实验提取主成分的个数需要 k 折交叉验证法确定最佳个数 m,k 的大小通常选择 5 或者 10 为输入量,以均方根误差和相关系数的评价指标判定最佳个数 m。

在 PCR 中,只对光谱阵 $\boldsymbol{X}$ 进行分解,消除无用的噪声信息。同样,浓度矩阵 $\boldsymbol{Y}$ 也包含有无用信息,应对其做同样的处理,且在分解光谱阵 $\boldsymbol{X}$ 时应考虑浓度阵 $\boldsymbol{Y}$ 的影响。偏最小二乘法(partial least squares,PLS) 就是基于上述思想提出的多元因子回归方法。

PLS 首先对光谱阵 $\boldsymbol{X}$ 和浓度阵 $\boldsymbol{Y}$ 进行分解,其模型为

$$\boldsymbol{Y} = \boldsymbol{U}\boldsymbol{Q}^{\mathrm{T}} + \boldsymbol{E}_Y = \sum_{k=1}^{f} \boldsymbol{u}_k \boldsymbol{q}_k^{\mathrm{T}} + \boldsymbol{E}_Y \tag{1-55}$$

$$\boldsymbol{X} = \boldsymbol{T}\boldsymbol{P}^{\mathrm{T}} + \boldsymbol{E}_X = \sum_{k=1}^{f} \boldsymbol{t}_k \boldsymbol{p}_k^{\mathrm{T}} + \boldsymbol{E}_X \tag{1-56}$$

式中,$t_k(n\times1)$ 为吸光度矩阵 $\boldsymbol{X}$ 的第 k 个主因子的得分;$p_k(1\times m)$ 为吸光度矩阵的第 k 个主因子的载荷;$u_k(n\times1)$ 为浓度阵 $\boldsymbol{Y}$ 的第 k 个主因子的得分;$q_k(1\times p)$ 为浓度阵 $\boldsymbol{Y}$ 的第 k 个主因子的载荷;f 为主因子数。即:$\boldsymbol{T}$ 和 $\boldsymbol{U}$ 分别为 $\boldsymbol{X}$ 和 $\boldsymbol{Y}$ 矩阵的得分矩阵,$\boldsymbol{P}$ 和 $\boldsymbol{Q}$ 分别为 $\boldsymbol{X}$ 和 $\boldsymbol{Y}$ 矩阵的载荷矩阵,$\boldsymbol{E}_X$ 和 $\boldsymbol{E}_Y$ 分别为 $\boldsymbol{X}$ 和 $\boldsymbol{Y}$ 的 PLS 拟合残差矩阵。

PLS 的第二步是将 $\boldsymbol{T}$ 和 $\boldsymbol{U}$ 做线性回归:

$$\boldsymbol{U} = \boldsymbol{T}\boldsymbol{B} \tag{1-57}$$

$$\boldsymbol{B} = (\boldsymbol{T}^{\mathrm{T}}\boldsymbol{T})^{-1}\boldsymbol{T}^{\mathrm{T}}\boldsymbol{Y} \tag{1-58}$$

在预测时,首先根据 $\boldsymbol{P}$ 求出未知样品光谱阵 $\boldsymbol{X}_{未知}$ 的得分 $\boldsymbol{T}_{未知}$,然后由下式得到浓度预测值:

$$\boldsymbol{Y}_{未知} = \boldsymbol{T}_{未知}\boldsymbol{B}\boldsymbol{Q} \tag{1-59}$$

在实际的 PLS 算法中,PLS 把矩阵分解和回归并为一步,即 $\boldsymbol{X}$ 和 $\boldsymbol{Y}$ 矩阵的分解同时进行,并且将 $\boldsymbol{Y}$ 的信息引入到 $\boldsymbol{X}$ 矩阵分解过程中,在计算每一个新主成分前,将 $\boldsymbol{X}$ 的得分 $\boldsymbol{T}$ 与 $\boldsymbol{Y}$ 的得分 $\boldsymbol{U}$ 进行交换,使得到 $\boldsymbol{X}$ 主成分直接与 $\boldsymbol{Y}$ 关联。可见,PLS 在计算主成分时,在考虑所计算的主成分方差尽可能最大的同时,还使主成分与浓度最大程度地相关。方差最大是为了尽量多地提取有用信息,与浓度最大程度地相关则是为了尽量利用光谱变量与浓度之间的线性关系。这就克服了 PCR 只对 $\boldsymbol{X}$ 进行分解的缺点。

PLS 由 H Wold 提出的非线性迭代偏最小二乘算法(NIPALS)计算完成,其具体算法如下。

对于校正过程,忽略残差阵 $\boldsymbol{E}$,主因子数取 1 时有

对 $X=tp^T$，左乘 t^T 得：$p^T=t^TX/(t^Tt)$；右乘 p 得：$t=X_P/(p^Tp)$。

对 $Y=uq^T$，左乘 u^T 得：$q^T=u^TY/(u^Tu)$；两边同除以 q^T 得：$u=Y/q^T$。

（1）求吸光度阵 X 的权重向量 w。取浓度阵 Y 的某一列作为 u 的起始迭代值，以 u 代替 t，计算 w，方程为

$$X=uw^T \tag{1-60}$$

其解为

$$w^T=u^TX/(u^Tu) \tag{1-61}$$

（2）对权重向量 w 归一化：

$$w^T=w^T/\parallel w^T\parallel \tag{1-62}$$

（3）求吸光度阵 X 的因子得分 t，由归一化后 w 计算 t，方程为

$$X=tw^T \tag{1-63}$$

其解为

$$t=Xw/(w^Tw) \tag{1-64}$$

（4）求浓度阵 Y 的载荷 q 值，以 t 代替 u 计算 q，方程为

$$Y=tq^T \tag{1-65}$$

其解为

$$q^T=t^TY/(t^Tt) \tag{1-66}$$

（5）对载荷 q 归一化：

$$q^T=q^T/\parallel q^T\parallel \tag{1-67}$$

（6）求浓度阵 Y 的因子得分 u，由 q^T 计算 u，方程为

$$Y=uq^T \tag{1-68}$$

其解为

$$u=Yq/(q^Tq) \tag{1-69}$$

（7）再以此 u 代替 t 返回第（1）步计算 w^T，由 w^T 计算 $t_{新}$，如此反复迭代，若 t 已收敛 $\parallel t_{新}-t_{旧}\parallel\leqslant10^{-6}\parallel t_{新}\parallel$，转入步骤（8），运算，否则返回步骤（1）。

（8）由收敛后的 t 求吸光度阵 X 的载荷向量 p，方程为

$$X=tq^T \tag{1-70}$$

其解为

$$p^T=t^TY/(t^Tt) \tag{1-71}$$

（9）对载荷 p 归一化：

$$p^T=p^T/\parallel p^T\parallel \tag{1-72}$$

（10）标准化 X 的因子得分 t：

$$t=t\parallel p\parallel \tag{1-73}$$

（11）标准化权重向量 w：

$$w=w\parallel p\parallel \tag{1-74}$$

（12）计算 t 与 u 之间的内在关系 b：

$$b = u^{\mathrm{T}} t / (t^{\mathrm{T}} t) \qquad (1-75)$$

（13）计算残差阵 E：

$$E_X = X - t p^{\mathrm{T}} \qquad (1-76)$$

$$E_Y = Y - b t q^{\mathrm{T}} \qquad (1-77)$$

（14）以 E_X 代替 X，E_Y 代替 Y，返回步骤（1），以此类推，求 X、Y 的诸主因子的 w、t、u、q、b。用交互检验法确定最佳主因子数 f。

对未知样本 X_{un} 的预测过程如下：

（1）令 $h = 0$，$y_{un} = 0$；

（2）设 $h = h + 1$，并计算

$$t_h = x_{un} w_h^{\mathrm{T}} \qquad (1-78)$$

$$y_{un} = y_{un} + b_h t_h q_h^{\mathrm{T}} \qquad (1-79)$$

$$x_{un} = x_{un} - t_h p_h^{\mathrm{T}} \qquad (1-80)$$

（3）若 $h < f$，转步骤（2），否则停止运算，最终得到的 y_{un} 即为预测值。

对未知样本 x_{un}，也可通过下式直接计算出预测值：

$$y_{un} = b_{PLS} x_{un} \qquad (1-81)$$

式中，$b_{PLS} = w^{\mathrm{T}} (p w^{\mathrm{T}})^{-1} q$，$b_{PLS}$ 为 PLS 算法的回归系数。

PLS 方法又分为 PLS1 和 PLS2，所谓的 PLS1 是每次只校正一个组分，而 PLS2 则可对多组分同时校正回归，PLS1 和 PLS2 采用相同的算法。PLS2 在对所有组分进行校正时，采用同一套得分 T 和载荷矩阵 P，显然这样得到的 T 和 P 对 Y 中的所用浓度向量都不是最优化的。对于复杂体系，会显著降低预测精度。在 PLS1 中，校正得到的 T 和 P 是对 Y 中各浓度向量进行优化的。当校正集样品中不同组分的含量变化相差很大时，比如，一个组分的含量范围为 50%~70%，另一个组分的含量范围为 0.1%~1.0%，由于 PLS1 是对每一个待测组分优化的，PLS1 预测结果普遍优于 PLS2 以及 PCR 方法。而且，PLS1 可根据不同的待测组分选取最佳的主成分数。在光谱分析中，如果不特别注明，PLS 通常指的是 PLS1。

从以上介绍可以看出，MLR、PCR 和 PLS 是一脉相通、相互连贯的，并且可以清晰看出一条线性多元校正方法逐步发展的历程。PCR 克服了 MLR 不满秩求逆和光谱信息不能充分利用的弱点，采用 PCA 对光谱阵 X 进行分解，通过得分向量进行 MLR 回归，显著提高了模型预测能力。PLS 则对光谱阵 X 和浓度阵 Y 同时进行分解，并在分解时考虑两者相互之间的关系，加强对应计算关系，从而保证获得最佳的校正模型。可以说，偏最小二乘方法是多元线性回归、典型相关分析和主成分分析的完美结合。这也是 PLS 在光谱多元校正分析中得到最为广泛应用的主要原因之一。

1.3.3　支持向量机（SVM）

支持向量机（support vector machines，SVM）是通过支持向量运算的分类器，通过寻找

到一个超平面使样本分成两类,并使间隔最大。该方法可有效克服收敛难、解不稳定以及推广性差的缺点,在涉及小样本数、非线性和高维数据空间的模式识别问题上表现出了许多传统模式识别算法所不具备的优势。

为降低训练时间,降低计算复杂程度以及提高泛化能力,一些改进的支持向量机算法被提出,如最小二乘支持向量机(least squares support vector machines,LSSVM)。它是一种遵循结构风险最小化原则的核函数学习机器,采用最小二乘线性系统作为损失函数,通过解一组线性方程组代替传统 SVM 采用的较复杂的二次规划方法,降低计算复杂性,提高了求解速度。

设两类线性可分总训练集为 $(\boldsymbol{x}_i, y_i)$, $i = 1, 2, \cdots, n$,训练集共 n 个样本,$\boldsymbol{x} \in \mathbf{R}^d$ 为特征变量数,$y \in \{+1, -1\}$ 是类别标号。d 维空间中线性判别函数的一般形式为 $g(\boldsymbol{x}) = \boldsymbol{w}^{\mathrm{T}}\boldsymbol{x} + b$,分类面方程为 $\boldsymbol{w}^{\mathrm{T}}\boldsymbol{x} + b = 0$,将判别函数进行归一化,使两类所有样本都满足,此时离分类面最近样本的 $|g(\boldsymbol{x})| \geq 1$,这样分类间隔就等于 $2/\|\boldsymbol{w}\|$,所以,使分类间隔最大等价于使 $\|\boldsymbol{w}\|$ 或 $\|\boldsymbol{w}\|^2$ 最小。而要求分类面对所有样本都能正确分类,则必须满足:

$$y_i(\boldsymbol{w}^{\mathrm{T}}\boldsymbol{x}_i + b) - 1 \geq 0, i = 1, \cdots, n \tag{1-82}$$

因此,满足上述条件且使 $\|\boldsymbol{w}\|^2$ 最小的分类面就是最优分类面,过两类样本中离分类面最近的点且平行于最优分类面的 H_1、H_2 上的训练样本,即使上式等号成立的那些样本称为支持向量,因为它们支撑着最优分类面。

通过以上分析可以得出,求取最优分类面的问题可以表示成约束优化问题,即在约束条件 $y_i(\boldsymbol{w}^{\mathrm{T}}\boldsymbol{x}_i + b) - 1 \geq 0$ 下,求 $\|\boldsymbol{w}\|^2/2$ 最小值。为此,可定义如下的 Lagrange 函数:

$$L(\boldsymbol{w}, b, a) = \frac{1}{2}\boldsymbol{w}^{\mathrm{T}}\boldsymbol{w} - \sum_{i=1}^{n} \alpha_i [y_i(\boldsymbol{w}^{\mathrm{T}}\boldsymbol{x}_i + b) - 1] \tag{1-83}$$

式中,$\alpha_i \geq 0$ 为 Lagrange 系数,问题的目标是对 $\boldsymbol{w}$ 和 b 求 Lagrange 函数的最小值。把式(1-83)分别对 $\boldsymbol{w}$ 和 b 求偏微分并令其为 0,就可将原问题转化为如下这种简单的凸二次规划对偶问题。

在约束条件 $\sum_{i=1}^{n} \alpha_i y_i = 0$ 和 $\alpha_i \geq 0$,求解下列函数的最大值:

$$Q(\alpha) = \sum_{i=1}^{n} \alpha_i - \frac{1}{2} \sum_{i=1}^{n} \sum_{j=1}^{n} \alpha_i \alpha_j y_i y_j (\boldsymbol{x}_i^{\mathrm{T}} x_j) \tag{1-84}$$

这是一个不等式约束条件下二次函数求极值的问题,存在唯一最优解,且这个优化问题的最优解须满足:

$$\alpha_i [y_i(\boldsymbol{w}^{\mathrm{T}}\boldsymbol{x}_i + b) - 1] = 0, i = 1, 2, \cdots, n \tag{1-85}$$

若 α_i^* 为求取的最优解,则 $\boldsymbol{w}^* = \sum_{i=1}^{n} \alpha_i^* y_i \boldsymbol{x}_i$,对于多数样本 α_i^* 将为 0,α_i^* 值不为 0 对应的样本即为支持向量,它们通常只是全体训练集样本的很少一部分。

求解上述问题后,得到的最优分类函数为

$$f(x) = \mathrm{sgn}(\boldsymbol{w}^{*\mathrm{T}}\boldsymbol{x}_i + b^*) = \mathrm{sgn}\left(\sum_{i=1}^{n} \alpha_i^* y_i \boldsymbol{w}_i^{\mathrm{T}} \boldsymbol{w} + b^*\right) \tag{1-86}$$

sgn( )为符号函数,由于非支持向量对应的 α_i^* 均为 0,因此,式中的求和实际上只对支持向量求和。而 b^* 是分类的阈值,可以通过任意一个支持向量用约束条件 $\alpha_i[\boldsymbol{y}_i(\boldsymbol{w}^{\mathrm{T}}\boldsymbol{x}_i+\boldsymbol{b})-1]=0$ 求取,或通过两类中任意一对支持向量取中值求得。

当用一个超平面不能把两类样本完全分开时,有少数样本被错分,这时可引入松弛变量 $\xi_i,\xi_i \geqslant 0,i=1,2,\cdots,n$ 使超平面 $\boldsymbol{w}^{\mathrm{T}}\boldsymbol{x}+\boldsymbol{b}=0$ 满足 $\boldsymbol{y}_i(\boldsymbol{w}^{\mathrm{T}}\boldsymbol{x}+\boldsymbol{b}) \geqslant 1-\xi$,当 $0<\xi_i<1$ 时,样本 $\boldsymbol{x}_i$ 仍旧被正确分类,当 $\xi_i \geqslant 1$ 时,样本 $\boldsymbol{x}_i$ 被错分。为此,引入以下目标函数:

$$\varphi(\boldsymbol{w},\xi) = \frac{1}{2}\boldsymbol{w}^{\mathrm{T}}\boldsymbol{w} + C\sum_{i=1}^{n}\xi_i \qquad (1-87)$$

式中,C 为一个大于 0 的常数,称为惩罚因子,起到对错分样本惩罚程度控制的作用,实现在错分样本的比例与算法复杂度之间的折中。可用上述求解最优分类面相同的方法求解这一优化问题,得到一个二次函数极值问题,同样也得到几乎完全相同的结果,只是 α_i 的约束条件变为 $0 \leqslant \alpha_i \leqslant C$。

若在原始空间中的简单超平面的分类效果不能令人满意,则必须引入复杂的超曲面作为分界面。对于这种线性不可分问题,SVM 算法引入了核空间理论,即将低维的输入空间数据通过非线性映射函数 $\varphi(\boldsymbol{x})$ 映射到高维特征空间(Hilbert 空间),然后在这个新空间中求取最优线性分类面。可以证明,如果选用适当的映射函数 $\varphi(\boldsymbol{x})$,输入空间线性不可分问题在特征空间将转化为线性可分问题,如图 1-7 所示。

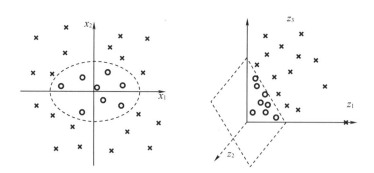

图 1-7　经非线性函数由低维输入空间到高维特征空间的映射

在非线性情况下,分类超平面为:$\boldsymbol{w}\varphi(\boldsymbol{x})+\boldsymbol{b}=0$。这时的最优化函数为

$$Q(\alpha) = \sum_{i=1}^{n}\alpha_i - \frac{1}{2}\sum_{i=1}^{n}\sum_{j=1}^{n}\alpha_i\alpha_j\boldsymbol{y}_i\boldsymbol{y}_j\langle\varphi(\boldsymbol{x}_i),\varphi(\boldsymbol{x}_j)\rangle \qquad (1-88)$$

式中,$\langle\varphi(\boldsymbol{x}_i),\varphi(\boldsymbol{x}_j)\rangle$ 表示 $\varphi(\boldsymbol{x}_i)$ 与 $\varphi(\boldsymbol{x}_j)$ 的内积(或点积)。

得到的最优分类函数为

$$f(\boldsymbol{x}) = \mathrm{sgn}\left(\sum_{i=1}^{n}\alpha_i^*\boldsymbol{y}_i\langle\varphi(\boldsymbol{x}_i),\varphi(\boldsymbol{x})\rangle + b^*\right) \qquad (1-89)$$

但是,如果直接在高维空间进行分类或回归,则存在须确定非线性映射函数的形式和参数,特征空间维数(维数很高,甚至是无穷维)等问题,而最大的障碍则是在高维特征空间运算时存在的"维数灾难"。采用核函数(kernel function)可以有效解决这些问题,核函

数 $K(\cdot)$ 定义为 $K(\boldsymbol{x}_i,\boldsymbol{x}_j)=\langle\varphi(\boldsymbol{x}_i),\varphi(\boldsymbol{x}_j)\rangle$,即核函数将高维空间的内积运算,转化为低维输入空间的核函数 $K(\cdot)$ 计算。从而解决了在高维特征空间中计算的"维数灾难"等问题,为在高维特征空间解决复杂的分类或回归问题奠定了理论基础。

用核函数 $K(\boldsymbol{x}_i,\boldsymbol{x}_j)$ 代替 $\varphi(\boldsymbol{x}_i)$、$\varphi(\boldsymbol{x}_j)$,优化函数变为

$$Q(\boldsymbol{\alpha}) = \sum_{i=1}^{n} \alpha_i - \frac{1}{2} \sum_{i=1}^{n} \sum_{j=1}^{n} \alpha_i \alpha_j \boldsymbol{y}_i \boldsymbol{y}_j, K(\boldsymbol{x}_i,\boldsymbol{x}_j) \qquad (1-90)$$

而相应的判别函数也相应变为

$$f(\boldsymbol{x}) = \text{sgn}\Big(\sum_{i=1}^{n} \alpha_i^* \boldsymbol{y}_i K(\boldsymbol{x}_i,\boldsymbol{x}) + b^* \Big) \qquad (1-91)$$

这就是支持向量机,其中,$\boldsymbol{x}_i$ 为支持向量;$\boldsymbol{x}$ 为未知向量。由于最终的判别函数只包含未知向量与支持向量的内积的线性组合,识别时的计算复杂度取决于支持向量的个数。

采用核函数后,不需要知道非线性映射函数 $\varphi(\boldsymbol{x})$ 的具体形式。目前常用的核函数形式主要有以下几种,它们都与已有的算法存在着对应关系。

(1)多项式形式的核函数,即

$$K(\boldsymbol{x}_i,\boldsymbol{x}_j) = \big[(\boldsymbol{x}_i^{\mathrm{T}}\boldsymbol{x})+1 \big]^q \qquad (1-92)$$

此时,对应的 SVM 是一个 q 阶多项式分类器。

(2)径向基形式的核函数,即

$$K(\boldsymbol{x}_i,\boldsymbol{x}_j) = \exp(- \| \boldsymbol{x}_i - \boldsymbol{x} \|^2 / 2\sigma^2) \qquad (1-93)$$

此时,对应的 SVM 是一种径向基函数分类器,它与传统径向基 RBF 函数的区别在于,此处每一个基函数的中心对应于一个支持向量,这些支持向量及其输出权重都是由算法自动确定的。

(3)S 形核函数,如

$$K(\boldsymbol{x}_i,\boldsymbol{x}_j) = \tanh\big[\beta_0(\boldsymbol{x}_i^{\mathrm{T}}\boldsymbol{x})+\beta_1 \big] \qquad (1-94)$$

此外,还有指数型径向核函数、傅里叶级数、样条函数和 B 样条函数等。

如图 1-8 所示,支持向量机的判别函数在形式上类似于一个神经网络,其输出可看成是若干隐含层节点的线性组合,而每一个隐含层节点对应于输入样本与一个支持向量的内积,因此,支持向量机也被叫作支持向量网络。SVM 实现的是一个两层的感知器神经网络,网络的权重和隐层节点数目都是由算法自动确定的。

对于分类学习问题,传统的模式识别方法强调降维,而 SVM 相反,对于特征空间中两类样本不能靠超平面分开的非线性问题,SVM 采用映射方法将其映射到更高维的空间,并求得最佳区分两类样本点的超平面方程,作为判别未知样本的判据。由于升维后只通过核函数改变了内积运算,并未使算法复杂性随维数的增加而增加,从而限制了过拟合。即使已知样本较少,仍能有效地做统计预报。具体应用 SVM 的步骤为:首先,选择适当的核函数;其次,求解优化方程以获得支持向量及相应的 Lagrange 算子;最后,写出最优分类面判别方程。

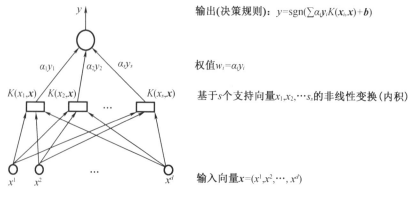

图1-8 支持向量机决策规则示意图

基于SVM的多值分类器的构造可以通过组合多个二值子分类器来实现,具体的构造有一对一和一对多等方式。支持向量机用于模式识别的实现步骤比较简单,不需要长时间的训练过程,只需根据初始样本求解最优超平面找出支持向量,进而确定判别函数,然后即可泛化推广识别其他未知样本。支持向量机的精度受核函数本身参数影响较大,如何选取这些参数,比如径向基函数的宽度、多项式核函数的阶数等,目前尚无比较成熟的方法,一般要靠多次尝试确定。

1.3.4 线性判别分析(LDA)

Fisher分类器也叫Fisher线性判别(Fisher linear discriminant),或称为线性判别分析(linear discriminant analysis,LDA)是一种经典的线性学习方法。LDA有时也被称为Fisher's LDA。最早于1936年,Fisher提出线性判别,后来于1948年进行改进成如今所说的LDA。

给定数据集$D=\{(x_i,y_i)\}_{i=1}^m, y_i \in \{0,1\}$,令$X_i, \mu_i, \Sigma_i$分别表示第$i \in \{0,1\}$类示例的集合、均值向量、协方差矩阵。若将数据投影到直线w上,则两类样本的中心在直线上的投影分别为$w^T\mu_0$和$w^T\mu_1$;若将所有样本点都投影到直线上,则两类样本的协方差分别为$w^T\sum_0 w$和$w^T\sum_1 w$,由于直线是一维空间,因此$w^T\mu_0$、$w^T\mu_1$、$w^T\sum_0 w$和$w^T\sum_1 w$均为实数。

欲使同类样例的投影点尽可能接近,可以让同类样例投影点的协方差尽可能小,即$w^T\sum_0 w + w^T\sum_1 w$尽可能小;而欲使异类样例的投影点尽可能远离,可以让类中心之间的距离尽可能大,即$\| w^T\mu_0 - w^T\mu_1 \|_2^2$尽可能大。同时考虑二者,则可得到最大化的目标,用如下公式表示:

$$J = \frac{\| w^T\boldsymbol{\mu}_0 - w^T\boldsymbol{\mu}_1 \|_2^2}{w^T\sum_0 w + w^T\sum_1 w} = \frac{w^T(\boldsymbol{\mu}_0 - \boldsymbol{\mu}_1)(\boldsymbol{\mu}_0 - \boldsymbol{\mu}_1)^T w}{w^T(\sum_0 + \sum_1)w} \tag{1-95}$$

定义"类内散度矩阵"(within-class scatter matrix)为

$$S_w = \sum_0 + \sum_1 = \sum_{x \in X_0} (x - \mu_0)(x - \mu_0)^T + \sum_{x \in X_1} (x - \mu_1)(x - \mu_1)^T \quad (1-96)$$

以及"类间散度矩阵"(between-class scatter matrix)为

$$S_b = (\mu_0 - \mu_1)(\mu_0 - \mu_1)^T \quad (1-97)$$

则式(1-97)可重写为

$$J = \frac{w^T S_b w}{w^T S_w w} \quad (1-98)$$

这就是 LDA 欲最大化的目标,即 S_b 与 S_w 的"广义瑞利商"(generalized Rayleigh quotient)。

式(1-98)的分子和分母都是关于 w 的二次项,因此式(1-98)的解与 w 的长度无关,只与其方向有关。不失一般性,令 $w^T S_w w = 1$,则式(1-98)等价于

$$\lim_w -w^T S_b w \quad (1-99)$$
$$s.t. \quad w^T S_w w = 1$$

由拉格朗日乘子法,上式等价于

$$S_b w = \lambda S_w w \quad (1-100)$$

其中 λ 是拉格朗日乘子。注意到 $S_b w$ 的方向恒为 $\mu_0 - \mu_1$,不妨令

$$S_b w = \lambda(\mu_0 - \mu_1) \quad (1-101)$$

代入式(1-100)即得

$$w = S_w^{-1}(\mu_0 - \mu_1) \quad (1-102)$$

考虑到数值解的稳定性,在实践中通常是对 S_w 进行奇异值分解,即 $S_w = U \sum V^T$,这里 $\sum$ 是一个实对角矩阵,其对角线上的元素是 S_w 的奇异值,然后再由 $S_w^{-1} = V \sum^{-1} U^T$ 得到 S_w^{-1}。

值得一提的是,LDA 可从贝叶斯决策理论的角度来阐释,并可证明,当两类数据同先验、满足高斯分布且协方差相等时,LDA 可达到最优分类。

可以将 LDA 推广到多分类任务中。假定存在 N 个类,且第 i 类示例数为 m_i 先定义"全局散度矩阵"为

$$S_t = S_b + S_w = \sum_{i=1}^m (x_i - \mu)(x_i - \mu)^T \quad (1-103)$$

式中,μ 是所有示例的均值向量。将类内散度矩阵 S_w 重新定义为每个类别的散度矩阵之和,即

$$S_w = \sum_{i=1}^N S_{w_i} \quad (1-104)$$

其中

$$S_{w_i} = \sum_{x \in X_i} (x - \mu_i)(x - \mu_i)^T \quad (1-105)$$

由式(1-103)~式(1-105)可得

$$S_b - S_t - S_w = \sum_{i=1}^{N} m_i (\mu_i - \mu)(\mu_i - \mu)^{\mathrm{T}} \qquad (1-106)$$

显然,多分类 LDA 可以有多种实现方法:使用 S_b, S_w, S_t 三者中的任何两个即可。常见的一种实现是采用优化目标为

$$\max_W \frac{tr(W^{\mathrm{T}} S_b W)}{tr(W^{\mathrm{T}} S_w W)} \qquad (1-107)$$

式中, $W \in \mathbf{R}^{d \times (N-1)}$, $tr(\cdot)$ 表示矩阵的迹(trace)。式(1-107)可通过如下广义特征值问题求解:

$$S_b W = \lambda S_w W \qquad (1-108)$$

W 的闭式解则是 $S_w^{-1} S_b$ 的 $N-1$ 个最大广义特征值所对应的特征向量组成的矩阵。

若将 W 视为一个投影矩阵,则多分类 LDA 将样本投影到 $N-1$ 维空间, $N-1$ 通常远小于数据原有的属性数。于是,可通过这个投影来减小样本点的维数,且投影过程中使用了类别信息,因此 LDA 也常被视为一种经典的监督降维技术。

1.3.5　BP 神经网络

人工神经网络(artificial neural networks,ANN)是用人造的神经网络系统模仿动物神经网络的一种非线性网络系统。自 1988 年由 Rumelharthe McClelland 提出 BP 神经网络系统以来,人工神经网络在模型识别和分类中的应用得到了空前的发展。BP 神经网络改进了以往的人工神经网络缺乏有效的隐层的连接权值调整的算法,采用"误差反向传播"和"信息正向传播"的算法成功解决了多层前馈神经网络的调参问题。

在人工神经网络发展历史中,很长一段时间里没有找到隐层的连接权值调整问题的有效算法。直到误差反向传播算法(BP 算法)的提出,成功地解决了求解非线性连续函数的多层前馈神经网络权重调整问题。一个完整的 BP 神经网络包括输入层、隐含层、输出层。其中隐含层可以根据需要设置多层,各层含有若干个神经元,BP 神经网络的架构如图 1-9 所示。

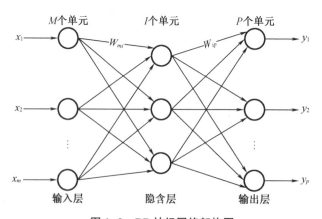

图 1-9　BP 神经网络架构图

信息正向传播过程为:将输入信号从 m 个输入层经过 i 个单元隐含层传向 p 个单元

输出层,经过 n 次迭代后,产生输出信号。若实际输出 $y_k(n)$ 满足设置的期望输入 d_p 计算结束,若 $y_k(n)$ 不满足设置的输出要求,则进行误差反向传播过程;误差反向传播过程为:不断调整各单元权值 w_{mi} 和 w_{ip} 使误差 $e_p(n)$ 减小,其中权值调整沿负梯度方向 δ 进行,一般采用单极性的激活函数例如 Sigmoid 函数,以学习速率 η 进行网络训练,直到满足误差函数限定的收敛值结束,若达到设定的最大训练次数仍不能满足误差要求,则网络训练结束。如图 1-10 所示。

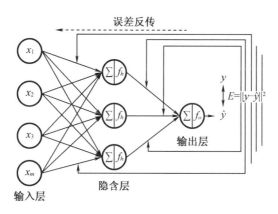

图 1-10　误差反传算法示意图

标准 BP 网络的算法如下:

(1)由随机数给定(0,1)范围内的初始权重。

(2)将样本的矢量输入到输入层。

(3)由式(1-109)~式(1-111)计算正向信息的传输。

隐含层的输出:

$$g_j = \frac{1}{1+e^{-net_j}} \tag{1-109}$$

式中, $net_j = \sum_{i=1}^{m} w_{ij}x_i + b_j, i = 1,2,\cdots,m, m$ 为输入层的节点数; $j=1,2,\cdots,h, h$ 为隐含层的节点数; w_{ij} 为输入层节点 i 与隐含层节点 j 之间的连接权重。

输出层的输出:

$$o_k = \frac{1}{1+e^{-net_k}} \tag{1-110}$$

式中, $net_k = \sum_{j=1}^{h} u_{jk}g_j + b_k, i = 1,2,\cdots,p, p$ 为输出层的节点数; u_{jk} 为隐含层节点 j 与输出层节点 k 之间的连接权重。

误差:

$$E = \sum_{i=1}^{n} \sum_{j=1}^{p} (y_{ij} - o_{ij})^2 \tag{1-111}$$

式中,n 为样本数。

(4)用式(1-112)式(1-113)计算输出层和隐含层的误差参数 δ。

输出层的误差参数:

$$\delta_k = (y_k - o_k) f'(net_k) \tag{1-112}$$

式中,若传递函数采用对数 Sigmoid 函数,$f'(net_k) = f(net_k)[1-f(net_k)]$,则 $\delta_k(y_k-o_k) \cdot o_k \cdot (1-o_k)$,$k=1,2,\cdots,p$,$p$ 为输出层的节点数。

隐含层的误差参数:

$$\delta_j = (\sum_k \delta_k w_{kj}) f'(net_j) \tag{1-113}$$

式中,若传递函数采用对数 Sigmoid 函数,$f'(net_j) = f(net_j)[1-f(net_j)]$,则 $\delta_j = (\sum_k \delta_k u_{kj}) \cdot g_j \cdot (1-g_j)$,$j=1,2,\cdots,h$,$h$ 为隐含层的节点数,$k=1,2,\cdots,p$,p 为输出层的节点数。

(5)由式(1-114)式(1-115)进行权重的调整。

隐含层节点 j 与输出层节点 k 之间的连接权重:

$$u_{jk}(l+1) u_{jk}(l) + \eta \delta_k g_j \tag{1-114}$$

输入层节点 i 与隐含层节点 j 之间的连接权重:

$$w_{ij}(l+1) = w_{ij}(l) + \eta \delta_j x_i \tag{1-115}$$

式中,η 为学习速率(learning rate),即步长,它决定训练(迭代)的速度;$l+1$ 为训练中的迭代次数。

(6)重复步骤(2)~(5),计算下一个训练样本。

(7)对于所用的训练样本,当误差达到预先给定值则停止迭代。对训练集中所有样本进行一次权重的训练被称为一次迭代。一般要经过上百次(100~5 000 次)的迭代才能使误差达到最小,而且每一次迭代计算最好能随机选取训练样本。

为加快迭代过程且防止迭代过程的振荡,可采用引入动量因子的学习算法,在权重修正值中加上一项"动量"项,即 $\Delta w(l+1) = \eta \delta_0 + \alpha \Delta w(l)$,其中 $\alpha \Delta w(l)$ 为动量项(或称惯性项),动量因子 α 初始值通常设定为0.9。

标准的 BP 学习算法是梯度下降算法,即网络的权值和阈值是沿着网络误差变化的负梯度方向进行调节的,最终使网络误差达到极小值或最小值(该点误差梯度为零)。梯度下降学习算法存在固有的收敛速度慢,易陷于局部最小值等缺点。因此,出现了许多改进的快速算法,从改进途径上主要分两大类,一类是采用启发式学习方法,如上面提到的引入动量因子的学习算法以及变学习速率的学习算法、"弹性"学习算法等;另一类是采用更有效的数值优化算法,如共轭梯度学习算法、Quasi-Newton 算法以及 Levenberg-Marquardt(L-M)优化算法等。目前,在光谱定量模型建立中,多选用 L-M 优化算法,该学习算法可有效抑制网络陷于局部最小,增加了 BP 算法的可靠性。

第2章　拉曼光谱基本原理和仪器

2.1　拉曼光谱基础

2.1.1　振动光谱的基本理论和能量方程

拉曼光谱是有机物分子的振转光谱,即分子内部电子态的不同振动–转动能级间跃迁产生的光谱,常用的波长 λ 范围为 2 500~25 000 nm,即波数 $\tilde{\nu}$ 为 4 000~400 cm^{-1} 的拉曼光谱。任何有共价键的化合物都有它自己特征的拉曼光谱。分子由原子构成,原子之间的连接是通过内部具有柔曲性的化学键结合起来的,因而可以发生振动。

以双原子为例,两个原子之间的拉伸振动可用 Hooke 定律和牛顿定律表示如下:

$$\tilde{\nu} = \frac{1}{2\pi c}\sqrt{\frac{k}{\mu}} \tag{2-1}$$

式中, $\tilde{\nu}$ 为振动波数,cm^{-1};c 为光速,取 3×10^8 m/s;k 为化学键的力常数,N/m;μ 为原子的折合质量,$\mu = \frac{1}{m_1} + \frac{1}{m_2}$,$m_1$ 和 m_2 分别表示原子的质量,kg。

如果将公式中的 π 值和 c 值带入,并将原子质量换成原子量,则公式(2-1)可变换为

$$\tilde{\nu} = 1\,307\sqrt{\frac{k}{\mu'}} = 1\,307\sqrt{\frac{K}{\mu'}} \tag{2-2}$$

式中,K 为以 mD/Å 表示的力常数,mD/Å,1 N/m = 10^{-2} mD/Å;μ' 为以摩尔原子量表示的折合质量,$\mu = \frac{\mu'}{6.02\times10^{23}\times10^3}$,g;其中 $\mu' = \frac{1}{M_1} + \frac{1}{M_2}$,$M_1$ 和 M_2 分别表示两个原子的原子量,g。

由式(2-2)可以计算出基频振动峰值的位置。由公式可知,影响分子振动频率的直接因素是原子量和化学键的力常数。拉曼光谱的波数(cm^{-1})与化学键的强度成正比,与原子量成反比。因为各种有机化合物的结构不同,其原子量和化学键的力常数也不相同,分子的振动频率就不同,拉曼位移的频率等于分子的振动频率,因此不同的共价键化合物有不同特征的拉曼散射光谱。这就是拉曼光谱可以鉴别不同化合物结构的原因。但需要注意的是,上述公式是用经典力学的方法计算双原子分子基频峰的振动频率,实际的有机

物化学键的振动要复杂得多,首先振动的能量为量子化的非连续数值的振动能量,是不同能级之间的跃迁;其次分子中各原子以基团的形式存在,各基团之间的化学键的振动并非独立存在且同一个化学键振动有多种形式,不同振动形式的能级之间也相互影响和相互作用;最后,外部因素的不同也会对振动产生影响。影响振动的因素可能是单一因素也可能是多种因素的综合作用,所以上述公式只能做分子振动频率的近似计算,与实测光谱频率存在差异。

2.1.2 分子振动类型

有机化合物的基本振动形式可以分成两大类:伸缩振动和弯曲振动(变形振动)。伸缩振动是指原子之间的化学键长度沿着键长方向发生伸长或收缩的振动;弯曲振动(变形振动)是指原子之间的化学键的键角发生变化而长度不变的振动。伸缩振动又可以分为两类:所有键同时伸长或收缩的对称伸缩振动和有的键伸长而有的键收缩的不对称伸缩振动。弯曲振动(变形振动)也分成两类:面内弯曲振动和面外弯曲振动。面内弯曲振动又分为剪式弯曲和平面摇摆式弯曲;面外弯曲振动又分为扭曲式弯曲和非平面摇摆式弯曲。具体的分类和表示符号如表 2-1 所示。

表 2-1 分子振动类型的分类和符号表达

振动类别和符号	具体振动形式和符号	示意图
伸缩振动 ν	对称伸缩振动 ν_s	
	不对称伸缩振动 ν_{as}	

表 2-1(续)

振动类别和符号	具体振动形式和符号	示意图
弯曲(变形)振动 σ	面内弯曲　剪式 σ_s	
	面内弯曲　平面摇摆式 ρ	
	面外弯曲　扭曲式 τ	
	面外弯曲　非平面摇摆式 ω	

注:箭头表示纸面内的振动,+和−表示垂直纸面的振动。

　　除了表 2-1 中列出的分子振动的基本形式,还有其他的振动如各种环状键的变形振动,包括环的对称扩大和缩小的呼吸振动等。这些分子的不同振动形式反映在拉曼光谱上所对应的散射程度各不相同,不同的散射程度引起波数(频率)的不同,从而产生不同特征的拉曼散射光谱。

2.1.3 拉曼光谱的振动谱带

分子的振动模式在拉曼光谱中出现的谱带要遵循光谱选律的限制。分子的振动过程中有偶极矩的变化和极化率的变化,下面说明偶极矩和极化率的概念。

偶极矩 μ 指的是分子中带正电荷($+q$)的原子核和带负电荷($-q$)的电子的中心距离 r 与所带电量 q 的乘积,表示为

$$\mu = q \times r \tag{2-3}$$

分子振动时如果正负电荷的中心重合,即振动时距离 r 不变,$\Delta r = 0$,则偶极矩在振动前后不变化,即 $\Delta \mu = 0$。一般非极性分子的振动属于 $\Delta r = 0$ 的伸缩振动,如 H_2、Cl_2、O_2 等同质双原子分子的伸缩振动和 CO_2、C_2H_4 等对称性分子的对称伸缩振动都是这类振动;而极性分子的伸缩振动因为振动时正负电荷中心不重合,即振动前后 $\Delta r \neq 0$,如 HCl、CO 等双原子极性分子和含 COH、C—CH 等极性基团的多原子分子都是这类振动。偶极矩 $\Delta \mu \neq 0$ 的振动属于拉曼非活性振动。

如果分子振动时偶极矩没有改变 $\Delta \mu = 0$,但电子云的形状在振动前后发生了变化,则称为分子极化率的变化。有分子极化率变化的振动属于拉曼活性振动,极化率越大、分子中电子云相对平衡位置的形状改变越大,拉曼散射越强。如图 2-1 所示为 CS_2 线性分子的振动方式示意图,在其对称伸缩振动中,因电子云形状在平衡位置前后发生变化,所以极化率发生改变,属于拉曼活性振动;而在不对称伸缩振动和弯曲振动中,虽然有偶极矩的变化(即 $\Delta \mu \neq 0$),但是电子云形状在平衡位置前后形状没有发生变化,所以属于非拉曼活性振动。由此可见,拉曼光谱照射有极化率改变的分子振动时,在拉曼光谱中会呈现该官能团对应的峰值。一般来说,非极性分子基团和具有对称结构的分子基团振动会产生分子极化率的改变,属于具有拉曼活性的分子基团。

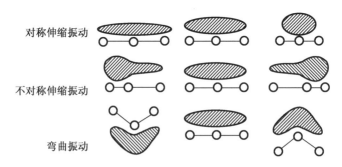

图 2-1 CS_2 分子的振动方式示意图

2.1.4 拉曼光谱的基本原理

拉曼光谱是 1928 年由印度物理学家 Raman 发现,用单色光照射样品时,会产生强度很弱且频率不同于入射光的散射光存在,称为拉曼散射。

1. 拉曼光谱散射机理

当频率为 ν_0 入射光照射样品分子时,入射光与样品分子间产生弹性碰撞并产生频率与入射光频率相等的瑞利散射($\nu = \nu_0$),除此之外,还有极少部分的由非弹性碰撞产生的频率与入射光频率不相等的拉曼散射。在瑞利散射中因频率与入射光频率相等,所以光子的能量依然是入射前的能量 $E = h\nu_0$(其中 h 为普朗克常数),瑞利散射强度和入射光频率的四次方成正比,而拉曼散射强度仅为瑞利散射强度的 $10^{-8} \sim 10^{-6}$,拉曼散射增大或减小的入射光为 ν_1,则拉曼散射的能量为 $E = h(\nu_0 \pm \nu_1)$,$h\nu_1$ 相当于分子振动能级跃迁的能量。

分子的散射能级图如图 2-2 所示,在光子与分子的非弹性碰撞中发生的能量交换有两种可能情况。一种可能是处于振动基态($E_{\nu=0}$)的分子被入射光激发到一个虚态能级又返回到振动激发态($E_{\nu=1}$),在这个过程中振动能级($E_{\nu=1}$)发射的散射光频率为 $\Delta\nu = \nu_0 - \nu_1$,该频率的散射谱线为斯托克斯线;另一种可能是处于振动激发态($E_{\nu=1}$)的分子被入射光激发到更高的虚态能级然后返回到振动基态($E_{\nu=0}$)的过程,此时振动能级($E_{\nu=0}$)发射的散射光频率为 $\Delta\nu = \nu_0 + \nu_1$,该频率的散射谱线为反斯托克斯线。由于在常温下分子绝大多数处于振动基态,所以拉曼散射主要指斯托克斯线的散射光谱,拉曼光谱仪记录的也是斯托克斯位移。拉曼光谱仪通常是把入射光频率设为零($\nu_0 = 0$)来测量斯托克斯线频率相对入射光频率的位移,即拉曼位移为 $\Delta\nu = \nu_0 - \nu_1 = 0 - \nu_1 = -\nu_1$,该数值正好是分子振动能级跃迁的频率,从图中可以看出,拉曼位移与入射光频率无关,不管采用何种频率的入射光照射样品,记录的拉曼位移不变,只是产生的散射强度不同。

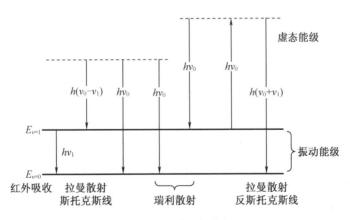

图 2-2　分子的散射能级图

2. 拉曼光谱的特点

(1)水和玻璃在拉曼光谱中的散射很弱,几乎不会产生峰值,所以在拉曼光谱中可以用水作为溶剂或用普通玻璃作为样本容器,拉曼散射光能全部通过水或玻璃不会对样本产生影响;

(2)拉曼光谱可以直接分析固体样本,不需要对固体样本进行研磨,可以在不破坏样本的情况下做到无损检测；

（3）拉曼光谱的常规测量范围是 4 000~40 cm^{-1}，光谱范围覆盖了大多数有机物和无机物的特征官能团信息，并且峰值尖锐，没有倍频和组合频谱发生，能清晰分辨振动频率；

（4）拉曼光谱激光落点直径小，一般只有 0.2~2 mm，甚至是通过显微镜聚焦到 20 μm 以下的面积上，所以拉曼光谱可以分析面积微小的样品；

（5）拉曼光谱对样本结构的变化能够显示清晰的差别，最适合研究非极性键的振动，如 S—S、C＝C、N＝N、C≡C、C≡N、C＝N、CO＝CO 等非极性但基于极化的基团在拉曼光谱中都呈现很强的峰值；

（6）拉曼散射的强度只有瑞利散射强度的百万分之一，可见拉曼散射的能量很低，背景噪声的引入容易对拉曼散射造成干扰，所以在测量样本时要注意背景噪声的有效去除。

3. 拉曼光谱的官能团区和指纹区

根据振动光谱和分子结构特征的不同，在拉曼光谱的测量范围内，可以将振动光谱大致分成两个区域：官能团区和指纹区。

官能团区（4 000~1 600 cm^{-1}）是指化学键或分子基团的特征频率区间。如图 2-3 所示，在官能团区的 3 600~2 800 cm^{-1} 区间，主要是 X—H 键的特征区域，如烷烃和芳环的 C—H 伸缩、醇类的—O—H、氨基酸的—N—H 等基团；在 2 800~1 600 cm^{-1} 区间，主要是不饱和的双键和三键的特征区域，所以在这个区间化学键的稳定性稍差，往往形成峰形稍宽且峰强稍弱的谱峰，如烯烃的 C＝C、醛、羧酸类的 C＝O 和苯环骨架的伸缩振动。

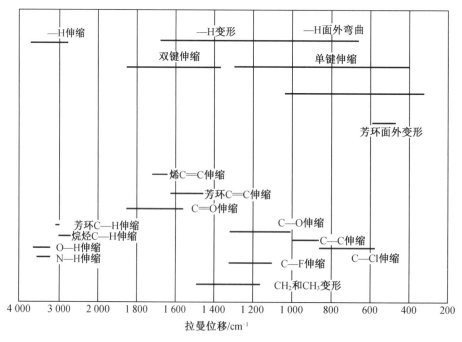

图 2-3　有机化合物主要官能团的拉曼谱峰位置分布图

指纹区(1 600~400 cm⁻¹)是指大多数单键的特征频率区间。因为有机化合物的主要特征化学键都在区间,只要对照参照物的拉曼光谱,指纹区的光谱相同则是同一物质的有力证据。在1 600~1 300 cm⁻¹区间,主要是一些X—H和双键的弯曲振动或变形振动,如—C—H、—O—H和—C≡H等;1 300~900 cm⁻¹区间,主要是C—O键、C—F键、CH₂和CH₃键的变形振动;900~400 cm⁻¹区间,主要是苯环、芳环和C—H键的面外弯曲振动。

对照拉曼光谱的特征谱带进行官能团的鉴定,应找出已知图谱中此基团的主要特征峰值,若在特征谱带中没有某化学键的对应峰值,则通常是此化合物中不含这个基团的证据。

2.2　拉曼光谱仪器

2.2.1　拉曼光谱仪器的组成

现代拉曼光谱仪器一般由6个部分组成,如图2-4所示:①激发光源,通常是氩离子或氦离子激光器;②外光路,光色散单色器;③样品池或样品容器;④光色散单色器;⑤光子检测器,常为光电倍增管和多通道检测器;⑥进行仪器控制,数据收集、操作和分析的计算机。

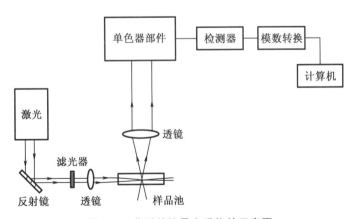

图2-4　典型的拉曼光谱仪的示意图

1.激发光源

激光出现以前,拉曼光谱仪主要用低压水银灯作为光源,目前已很少使用。为了激发拉曼光谱,对光源最主要的要求是应当具有好的单色性,即线宽要窄,并能够在试样上给出高辐照度。激光器能满足这些要求,常用的有可见及近红外激光光源等。例如,在488.0 nm、514.5 nm发射的Ar⁺气体激光器,在568.2 nm、647.1 nm和725.5 nm发射的

Kr⁺气体激光器,在 632.8 nm 发射的 He—Ne 气体激光器,在 785 nm 发射的二极管激光器,以及在 1 064 nm 发射的 Nd:YAG(钇铝石榴石)固体激光器。激光器的功率从几十毫瓦到数百毫瓦不等。在一些实验室大型拉曼光谱仪上,通常装有多个激光器,以满足不同测试样本的需要。

激光是拉曼光谱仪的理想光源,它的出现不仅在实验上给人们带来很大的便利,而且促使拉曼光谱在相当长的一段时间里得到了深入的研究。近几年来,可调激光器的研制成功促进了共振拉曼光谱和相干反斯托克斯技术的创建和发展。锁模激光器和激光全息技术的成功应用分别使微微秒时间分辨光谱和傅里叶变换拉曼光谱得以实现。激光技术的发展及其在拉曼光谱上的应用,更使拉曼光谱的面貌发生了飞跃性的变化,从而使激光拉曼光谱成为有力的分析和研究工具。激光光源的优点主要表现在以下几点:

(1)激光具有极高的亮度。虽然激光器的总输出功率并不很大,但是激光能把能量高度集中在一微小的样品区域内,在此区域内样品所受的激光照射可以达到相当大的数值,因此拉曼散射的强度大大提高,这样就不必在很大的立体角度内收集入射激光,也不必在很大的立体角度内收集拉曼散射光,同时也大大提高了检测灵敏度。

(2)激光的方向性极强。使用激光光源能使激光能量集中到极小的体积上,因此样品的体积可以大大缩小,对于微区和微量拉曼分析具有十分重要的意义。

(3)激光的谱线宽度十分狭小,单色性十分好,这为许多物质的精细结构分析提供了有力的工具,提高了拉曼分析的灵敏度和选择性。

(4)由于激光的发散度极小,激光可传输很长的距离而保持高亮度,因此激光光源可放在离样品很远的地方。这样可消除因光源靠近样品而导致的热效应。

目前用于产生激光的激光器种类繁多,并且新的激光器还在被不断研究和制造。迄今为止,已发现数百种材料可以用于制造激光器。根据所用的材料不同大致可把激光器分为气体激光器、固体激光器、半导体激光器、染料激光器等四大类。

激发光源是拉曼光谱仪器的关键部件。许多样品的拉曼信号很弱,激光可提高仪器检测灵敏度且又不受荧光干扰,最常用的激发光源可见区是 He—Ne 和 Ar⁺激光器,近红外区是 Nd:YAG 激光器。二极管激光器近来日趋普及,由于在红外区和近红外区激发,大大降低了荧光。

2. 光路(分光元件)

外光路系统是指在激光器之后、单色器之前的一套光学系统。它的作用是为了有效地利用光源强度分离出所需要的激光波长,减少光化学反应和减少杂散光,以及最大限度地收集拉曼散射光。

在外光路系统中,激光器输出的激光首先经过前置单色器,使激光分光,以消除激光中可能混有的其他波长的激光以及气体放电的谱线。纯化后的激光经棱镜折光改变光路再由透镜准确地聚焦在样品上。样品所发出的拉曼散射光再经聚光透镜准确地成像在单色器的入射狭缝上。反射镜的作用是将透过样品的激光束及样品发出的散射光反射回来再次通过样品,以增强激光对样品的激发效率,提高拉曼散射光的强度。

外光路系统的设计十分重要,各种型号的拉曼光谱仪的外光路系统的设计各不相同,它们各有所长、各有特点,其中最常见的有90°及180°照明系统两种。在90°照明系统中,激光方向与拉曼散射光方向成90°,而在180°照明系统中,激光方向与散射光方向成180°。在90°接收方式中,如图2-5(a)所示,入射激光束照射到样品上,在与入射激光束成90°方向上放置一个合理距离的收集镜组,一般采用大口径、短焦距类型的镜头以尽可能地增大收集散射光角度,在采集散射光过程中需要考虑光谱仪的透光效率和探测器的响应度两方面因素;在180°接收方式中,如图2-5(b)所示,入射激光束通过照明镜组(同时也是收集镜组)照射到样品上,样品的散射光经过收集镜组进入后续的光谱仪系统中。

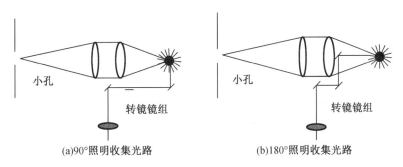

图2-5 两种照明光路

3. 样品池

由于在可见光区域内,拉曼散射光不会被玻璃吸收,因此拉曼光谱的一个优点是样品可放在玻璃制成的各种样品池中,这给样品的拉曼测试带来很大便利。样品池可以根据实验要求和样品的形态和数量设计成不同的形状。

气体样品一般置于直径$1\sim2$ cm,厚1 mm的玻璃管中。必要时气体样品还可以置于密闭的直径略大于激光束(约1 mm)的细毛细管中。由于气体样品的拉曼散射光很弱,为了获得较强的拉曼信号,样品池中的气体应有较大的压力,或是让激光束多次通过样品池。液体样品较易处理,它可置于试管、毛细管、烧瓶及其他常规的样品池中,具体情况要视样品的量而定。一般来说,对于微量样品,可以置于不同直径的毛细管中,若液体样品易挥发,则毛细管应封闭。如果样品的量较多,则可置于烧瓶、细颈瓶及其他常规样品池中。

常量固体粉末样品和细晶样品可放入烧瓶、试剂瓶等常规样品池中。若是粗大颗粒的样品,可以先研磨成粉状。再置于上述各种样品池中。若样品在空气中较易潮湿或分解,则应将样品池封闭。而对于透明的棒状、块状和片状样品可直接放在样品池中进行分析。对于极微量的固体样品(10^{-9} g),可先溶于低沸点的溶剂中,装入很细的毛细管中,在测定前将溶剂挥发。样品池的放置方法可参照液体样品。不过对于晶体粉末,由于多重反射和双折射增加了杂散光。因而必须改变观察方向。或采用楔形散射池,找出样品的最佳厚度。

常规拉曼光谱可测定液体、固体(粉末状、单晶、高聚物等)和气体等多种类型的样品,但要根据样品的类型和数量,选择合适的制样技术,同时还要考虑荧光和激光致热因素的影响,选择最佳的实验条件。

一般来说,液体样品最易测量,对于常量(毫升级)的液体或溶液样品,可选用常规的样品池,对于微量样品,则需要采用不同直径的毛细管作为样品池。对于低沸点、易挥发的液体样品,毛细管应密封。样品池的放置方式有多种,如图2-6所示。

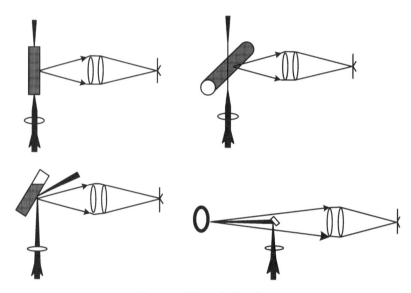

图2-6 样品池的放置方式

4. 检测器

拉曼光谱仪中最常用的检测器是光电倍增管。由于到达光电倍增管的拉曼散射光的能量很低,只为$10^{-11} \sim 10^{-10}$ W,要求光电倍增管有较高的量子效率,即在光电倍增管阴极上每秒钟出现的讯号脉冲数与每秒钟到达光电阴极的光子数之比值要高。最新的以Ga-As或多种碱金属为光电阴极表面的光电倍增管具有很高的量子效率。拉曼散射光经过光电倍增管的处理后光信号变成电信号,较弱的电信号需进一步放大处理。

自CCD在拉曼仪器应用以来,已经成为色散拉曼光谱仪的主要检测器,CCD提供了在可见和近红外区噪声低且灵敏的检测,由于硅线的影响,在可见区比近红外区的更适宜。

镓和In-GaAs检测器更适用于多数近红外拉曼系统。镓检测器必须在液氮温度中使用,但In-GaAs检测器既可在室温,也可在液氮温度使用以增加灵敏度。与CCD检测器相反,镓和In-GaAS检测受噪声限制。

在线拉曼光谱仪多采用CCD型和FT型光学结构,图2-7为CCD型在线拉曼光谱仪的结构示意图。CCD型在线拉曼光谱仪多选配功率可调的532 nm或785 nm激光器,以适应不同的应用要求,FT型在线拉曼光谱仪则多选用1 064 nm激光器。用于气体在线分析的拉曼光谱仪则多采用滤光片型的光学结构。

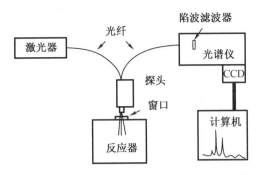

图 2-7　CCD 型在线拉曼光谱仪的结构示意图

2.2.2　拉曼光谱仪的分类

随着仪器技术的发展,拉曼光谱仪器的灵敏度和分辨率不断提高,体积减小,操作简便。同时拉曼光谱仪的应用领域也越来越广泛,由原来的材料领域拓展到了化学、催化、刑侦、地质领域、艺术、生命科学等各个领域。拉曼光谱仪按照不同的方法可以有不同的分类,以下按照激发波长和工作原理分类。

1. 按激发波长分类

拉曼光谱仪的激发波长种类繁多,按照激发波长可以分为近红外、可见光、紫外光三个种类。近红外的激发波长一般在 700 nm 以上,常见的有 785 nm、830 nm 和 1 064 nm。可见光的激光波长一般在 400~760 nm,常见的有 514 nm、532 nm 和 633 nm。紫外光的波长范围在 100~400 nm,常见的有 266 nm。

采用近红外的激发波长通常是为了抑制荧光干扰。荧光需要先吸收外来的光,然后才能发射出荧光。而拉曼光谱是单纯的光散射过程,无须吸收。大多数样品的荧光吸收带都处于可见光的部分,只有少数材料的吸收带位于近红外区域,因此测试大部分的样品,近红外激光不会引起荧光。而拉曼光谱却可以正常出现。当样品在可见激发下有很强的荧光干扰时,使用近红外拉曼光谱是一个很好的解决方案,可以获得优质的拉曼光谱。但是近红外的激光激发的效率不高(拉曼信号强度与激发波长的四次方成反比)会导致灵敏度降低。所以,785 nm 激光激发的拉曼光谱强度几乎只有 532 nm 激光激发的拉曼光谱强度的 1/5;1 064 nm 激光激发的拉曼信号强度只有 532 nm 激光激发的 1/15。此外,CCD 探测器的灵敏度在近红外部分的响应度也比较低,因此,与使用可见激光测量相比,要获得同样的光谱质量,近红外拉曼光谱的测量时间相对长很多。采用紫外的激发波长同样可以抑制荧光影响,和近红外相似,荧光的吸收带主要在可见波长段,荧光信号和拉曼不在同一区域(近可见波长段可能也会出现荧光),虽然荧光信号远远高于拉曼信号,但是拉曼信号不会受到荧光的干扰。许多生物样品(例如蛋白质、DNA、RNA 等)会与紫外激发波长产生共振,使拉曼信号增强数倍,对测试这类样品的结构提供便捷。此外,紫外激光在半导体材料中的穿透深度一般在几个纳米的量级,对于测试样品表面的薄膜可以进行选择性的分析。紫外波长的激发效率较高,因此使用较低的功率就可以激发出较强的拉曼信号。但是由于紫外激发波长的热效应较高,在紫外激光照射下会使得样品烧坏或者降解。同时,紫外光束无法用肉眼看见,紫外的激光器体积更大,操作复杂,价格也更为昂贵,紫外拉曼依然需要专业技术人员操作。各种激发波长的应用领域和用途如表 2-2 所示。

表 2-2　激发波长的选择

波长范围	激发波长	优点	缺点	应用领域
紫外	266 nm	能量高(激发效率高)拉曼散射效应强,提升了空间分辨率,抑制荧光	容易损伤样品,激火器成本极高,对滤波要求高(光学镜片要求高)	荧光强的样品(石化类、生物样品(DNA、RNA 蛋白质)共振实验)
可见	514,532,633 nm	应用范围广	荧光信号强	材料、化学、化学反应(无机材料)、生物医学、共振(石墨稀、碳材料)、表面增强
红外	785,830,1 064 nm	荧光干扰小	激发能量低,拉曼信号弱,激发效率低	抑制荧光、化工类、生物组织、有机组织

2. 按工作原理分类

目前,拉曼光谱仪被应用在各个领域的不同场所来进行物质的分子光谱检测,按照激发光源与分光系统的不同可分为两大类:色散型拉曼(激光拉曼)光谱仪和傅里叶变换(傅变拉曼)拉曼光谱仪。前者采用短波的可见光激光器(200~800 nm)激发、光栅分光系统,近年向着更短的紫外激光器发展;后者则采用长波的近红外激光器(1 064 nm)激发、迈克尔逊干涉仪调制分光等技术。

激光拉曼和傅变拉曼由于在仪器的设计上有很多不同,使得其应用领域亦不完全相同,总的来说,由于激光拉曼采用可见激光作为光源,光子的能量较高,能激发出各种谱线,多用于纯物理、谱学、无机材料及纳米材料等方面的研究;而傅变拉曼采用近红外激光为光源,较好地避免了荧光效应,更适用于有机、高分子、生化、分析化学等研究。

激光拉曼按照不同的灵敏度要求又可以分为共聚焦显微拉曼仪、表面增强拉曼光谱仪和共聚焦显微拉曼仪。共聚焦显微拉曼分析技术是在拉曼光谱仪中加入特殊倍数,且能与光源、样品实现共轭聚焦的显微系统的拉曼光谱技术。共聚焦显微拉曼光谱技术可削弱散射光,增强拉曼散射,放大倍数可达百倍以上。表面增强拉曼光谱是通过操作样品分子吸附于金属元素表面,从而实现拉曼增强的技术。一般样品分子吸附于贵金属颗粒表面,如银、金、铜表面;吸附后的样品分子相对于吸附前的样品分子,其拉曼光谱强度一般会提高至百倍。增强的主要原因是,被吸附的化合物由于表面等离子基元被激发,引起电磁增强和粗糙表面的原子族及吸附在上层的分子结构形成拉曼增强活性点。共振拉曼光谱分析技术是入射光频率等于或接近样品量子点吸收频域时,样品的某些拉曼光谱强度增长百倍以上。共振拉曼光谱灵敏度高,所需的样品浓度相对较低,可实现定量分析等。

2.2.3　大米拉曼光谱采集仪器与设备

1.大米拉曼光谱仪

(1)532 nm 拉曼光谱仪

美国 DeltaNu 公司生产的台式拉曼光谱仪 Advantage 532,结合 ProScope HR 软件获取样本图像信息,光谱仪如图 2-8 所示。

图 2-8　Advantage 532 拉曼光谱仪

该仪器主要参数有:

仪器原理:拉曼散射

波长范围:3 400~200 cm^{-1}

激发波长:532 nm

激发功率:100~500 mW

积分时间:1~6 s

分辨率:1.4 cm^{-1}

位移准确度:±4 cm^{-1}

(2)785 nm 拉曼光谱仪

厦门奥谱天成光电有限公司制造的波长 785 nm 便携式拉曼光谱仪如图 2-9 所示。

图 2-9　奥谱天成 785 nm 拉曼光谱仪

主要参数如下：

检测范围：3 324.66~124.79 cm⁻¹

激发波长：785 nm

激发功率：100~500 mW

积分时间：1~6 s

分辨率：6.58 cm⁻¹

位移准确度：±4 cm⁻¹

2. 精米机

因种子外部包裹着谷壳，拉曼光谱仪器无法穿透谷壳直接进行采集，故对水稻种子研磨。首先，每次研磨量取种子 170 g，其次设置工作时间 50 s，然后对研磨完成种子过筛并去除干瘪、变形、畸形种子，最后装袋标号备用，后续研磨实验均采用相同参数，精米机如图 2-10 所示。

图 2-10　LJJM-2011 精米机

该仪器主要参数有：

工作电压：AC220 V　50 Hz

电机功率：750 W

脱壳率：≥99%

实验用量:170 g(270 mL)

一次工作时间:10~90 s可调

3. 光谱采集影响因素分析

拉曼光谱采集虽然不需要进行样品制备,但样品的形状、粗糙度及采集软件中设置的采集参数也会对结果带来影响,本次实验中,主要考察不同激光强度、不同积分时间条件、不同加工程度下的大米光谱,同时,对大米光谱进行实验方法学考察,分析同一米粒多次扫描结果的相关性,以期获得单粒大米拉曼光谱最佳扫描参数配置。

(1)没有强度超限时,激光强度越大效果越好

对不同激光强度 h(high)、mh(medium high)、m(medium)、ml(medium low)下同一米粒相同位置进行扫描,积分时间为5 s,结果如图2-11所示。由图可知,相同波数下,激光强度越强,获取的光谱相对强度越大,峰值越明显,不同激光强度下,h(high)强度效果最好。

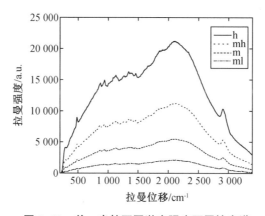

图2-11 单一米粒不同激光强度下原始光谱

(2)没有强度超限时,积分时间越长效果越好

对不同积分时间下同一米粒相同位置进行扫描,激光强度为h(high),结果如图2-12所示,1~6对应为积分时间为1~6 s。由图可知,积分时间越长,相同波数下,获得的拉曼相对强度越大,峰值越显著,但积分时间设置为6 s时,已经出现强度超限的现象,引入了大量噪声信息,不便于后续进一步分析处理,故积分时间为4 s或5 s相对较适宜。

(3)扫描次数越大,降噪效果越好而实验时间越长

对同一米粒相同位置进行扫描,设置扫描次数为1~10次,保存不同扫描次数获得光谱的均值,激光强度为h(high),积分时间为4 s,结果如图2-13所示。由图可知,不同扫描次数的均值随着扫描次数的增加呈现拉曼相对强度下降、噪声变小的趋势,故设置较多的扫描次数对消除随机噪声具有很好的效果,但随着扫描次数的增加,检测所需时间较长,增加了实验时间,故选择4或5次进行平均即可。

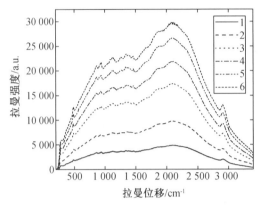

图 2-12　单一米粒不同积分时间(1~6 s)下原始光谱

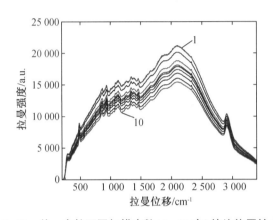

图 2-13　单一米粒不同扫描次数(1~10 次)的均值原始光谱

(4)加工程度增加光谱相对强度下降

针对不同加工程度的大米,采用相同激光强度相同扫描时间条件,获得的拉曼光谱如图 2-14 所示,图中为加工程度不断加大过程下的光谱,随着加工程度的增加,大米拉曼光谱的相对强度呈现下降趋势,尤其在 1~5 之间下降显著,6~12 之间下降逐渐减缓,同一波数下相对强度下降,差值缩小,实验说明不同加工程度的大米光谱虽然呈现相似的光谱峰值与趋势,但拉曼相对强度上存在差异,尤其是采用相对强度作为分析指标的方法时,不同加工程度的大米对拉曼光谱定量分析会产生影响,因为采样的同批次大米来自一个出处,加工程度相近,为了便于后续进行大米产地分类鉴别,故继续考察同批次大米拉曼光谱相关性大小进一步分析定量分析的可能性。

(5)米粒不同位置光谱相对强度存在差异

相同激光强度(h)、相同积分时间(4 s)下,考察同一米粒相同位置、不同位置共 7 条拉曼光谱,如图 2-15 所示,同一米粒相同位置(1~3 米粒中间)、不同位置(4,5 米粒尖部,6,7 米粒根部)光谱趋势一致,拉曼相对强度上有差异。

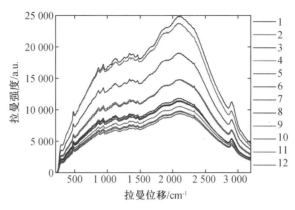

图 2-14　单一米粒不同加工程度下大米拉曼原始谱图

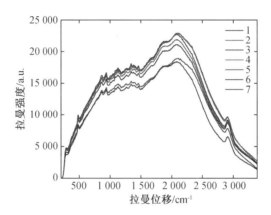

图 2-15　同一米粒相同位置、不同位置原始光谱

　　进一步考察不同光谱的相关系数,相关系数为 1 时表示两者完全正相关,相关系数为 -1 时表示两者完全负相关,相关系数为 0 时表示两者不相关,得到相关系数如表 2-3 所示,由表可知,同一米粒相同位置的相关系数均在 0.999 9 以上,不同位置的相关系数均在 0.982 9 以上,位置不同会对光谱产生一定影响,但从光谱相关系数大于 0.982 9 这个结果来看,本实验方法对测定同一颗大米拉曼光谱重现性良好,可排除人为对焦因素对实验所造成的影响,考虑到不同位置会使光谱产生细微变化,后续实验中通过采集同一米粒不同位置作为分析数据来减少样品不均匀对结果的影响。

表 2-3　同一米粒相同位置(1~3)不同位置(4~7)光谱相关系数

	1	2	3	4	5	6	7
1	1	0.999 966	0.999 945	0.996 019	0.994 949	0.996 033	0.997 501
2	—	1	0.999 966	0.996 186	0.995 149	0.995 820	0.997 676
3	—	—	1	0.996 254	0.995 235	0.995 722	0.997 792
4	—	—	—	1	0.999 829	0.984 767	0.997 769

表 2-3(续)

	1	2	3	4	5	6	7
5	—	—	—	—	1	0.982 922	0.997 686
6	—	—	—	—	—	1	0.990 464
7	—	—	—	—	—	—	1

(6)同类型大米光谱呈现较强的相关性

继续考察同类型大米的拉曼光谱,相同激光强度(h)、相同积分时间(4 s)下获取了同类型不同颗粒大米的原始光谱,如图 2-16 所示。由图可知,同类型大米具有相似的趋势,对 6 条大米光谱信息进行相关系数计算,相关系数如表 2-4 所示,由表可知,相关系数均大于 0.986 6,体现出同类型大米的强相关性,重现性良好。

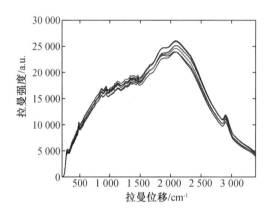

图 2-16　同类型大米原始光谱

表 2-4　同类型大米原始光谱相关系数

	1	2	3	4	5	6
1	1	0.994 978	0.986 696	0.996 722	0.995 073	0.990 783
2	—	1	0.997 932	0.999 763	0.999 974	0.999 265
3	—	—	1	0.996 435	0.997 859	0.999 572
4	—	—	—	1	0.999 753	0.998 338
5	—	—	—	—	1	0.999 196
6	—	—	—	—	—	1

综上所述,确定后续实验大米光谱采集具体参数为:激光强度为 h,积分时间为 4 s 或 5 s,扫描次数为 4 次,在大米强度没有超限时不进行再次加工,每个米粒取根、中、尖 3 个位置进行检测,获取 3 400～200 cm^{-1} 范围的拉曼光谱数据作为大米光谱数据。

第3章 基于拉曼光谱的北方粳稻种子品种鉴别方法

3.1 粳稻种子拉曼光谱的采集与预处理

3.1.1 实验仪器与设备

1. LJJM-2011 精米机

LJJM-2011 精米机如图 2-10 所示。

2. 拉曼光谱仪

实验使用美国 DeltaNu 公司生产的台式拉曼光谱仪 Advantage 532,结合 ProScope HR 软件获取样本图像信息,光谱仪如图 2-8 所示。

3. 数据分析软件

实验选用 Mathwork 公司的 Matlab 2018a 实现。

3.1.2 实验材料

实验选用黑龙江省 2019 年主要种植的粳稻种子为研究对象,样品由黑龙江省农业科学院提供。水稻样本信息如表 3-1 所示。

表 3-1 水稻样本信息表

品种	编组	编号	样本数量	品种详细信息
龙稻	1~12	1~180	180	龙稻 3、龙稻 4、龙稻 6、龙稻 10、龙稻 18、龙稻 23、龙稻 24、龙稻 28、龙稻 102、龙稻 113、龙稻 185、龙稻 1602
龙粳	13~24	181~360	180	龙粳 29、龙粳 39、龙粳 46、龙粳 47、龙粳 50、龙粳 59、龙粳 1437、龙粳 1624、龙粳 3001、龙粳 3040、龙粳 3100、龙粳 3407
松粳	25~29	361~435	75	松粳 16、松粳 18、松粳 19、松粳 28、松粳 29
绥粳	30~33	436~495	60	绥粳 105、绥粳 109、绥粳 209、绥粳 306

3.1.3 拉曼光谱采集实验

在采集样本的光谱信息时,需要找到采集样本的最佳位置,首先将粳稻种子样本从塑封袋中取出,然后取单粒完整饱满的样本置于拉曼光谱仪器的测量硅片上,并打开拉曼光谱仪器相对应的 ProScope HR 便携式数字显微镜软件,其次调节光谱仪器的支架高度及左右可控位置,其间通过软件显示的界面图片,寻找能够清晰显示样本纹理信息的位置,最后确定最佳采集光谱数据位置,具体如图 3-1 所示。

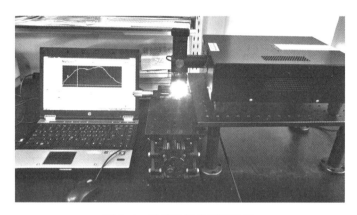

图 3-1　光谱采集位置调试图

在对样本开始采集时,首先打开配套 NuSpec 软件;然后调整采集参数,对本研究采集软件参数设置:激光强度为 high,积分时间为 5 s,扫描次数为 4 次;最后开始光谱采集并保存为 prn 格式文件,为方便后期的数据处理,所有数据获取都在室温下暗室内进行,后续实验数据采集均采用上述参数设置,具体如图 3-2 所示。

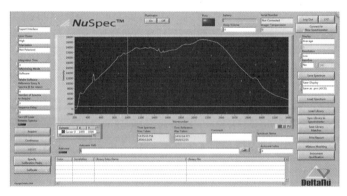

图 3-2　NuSpec 软件采集参数调试图

3.1.4 光谱预处理

在光谱仪器采集样本信息的实验中,由于仪器、环境和人为等因素产生的影响,使得光谱数据中除含有数据化学信息外,还包含无关信息和噪声。因此,为了得到准确的模型并正确预测未知样本的属性,必须通过预处理方式来消除或减少其中的误差与干扰。预处理主要包括数据规范化、去噪、导数、基线校正等。

数据规范化的方法主要有均值中心化、标准化和归一化等。均值中心化是通过变换使光谱数据转变为均值为零的数据。在应用光谱数据建模前对光谱数据进行均值中心化处理可以增强样本之间的差异,提高建设模型的稳健性和预测能力。

图 3-3 为 200 个粳稻样本原始光谱曲线图和经均值中心化处理后光谱曲线图。

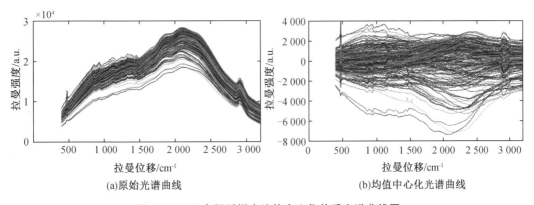

(a)原始光谱曲线　　　　　(b)均值中心化光谱曲线

图 3-3　200 个粳稻样本均值中心化前后光谱曲线图

去噪在光谱预处理中是进行数据平滑不可或缺的一部分。图 3-4 所示为窗口为 13 的卷积平滑处理粳稻种子光谱样本,由图可见,经过 SG 卷积平滑后的光谱曲线较原始数据曲线平滑,滤除了原始光谱数据中的部分噪声。

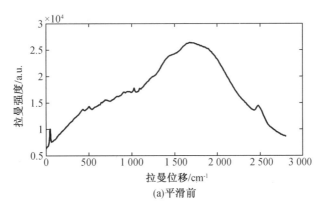

(a)平滑前

图 3-4　Savitzky-Golay 卷积平滑前后粳稻样本

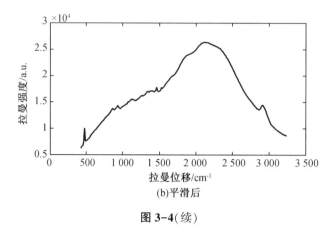

(b)平滑后

图 3-4(续)

光谱的一阶和二阶导数是光谱分析中常用的基线校正和光谱分辨预处理方法。在利用导数进行光谱预处理时,差分宽度的选择是十分重要的。如果差分宽度的值选择过小,噪声会很大,从而影响所建立模型的预测能力;如果差分宽度的值选择过大,则会导致平滑过度,从而失去大量的光谱细节信息。图 3-5 所示为 200 个粳稻种子样本拉曼光谱经过一阶导数和二阶导数处理后的光谱。

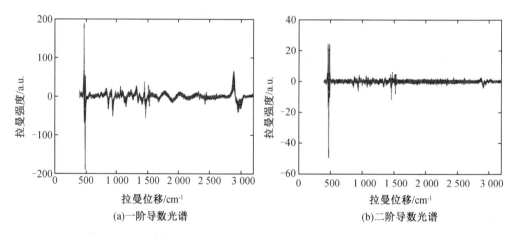

(a)一阶导数光谱   (b)二阶导数光谱

图 3-5　200 个粳稻种子样本拉曼光谱 25 点平滑导数处理后光谱曲线

在特征区域,AIRPLS 迭代的权重为 0,而对于非特征区域,其权重系数的更新均基于迭代过程中的误差。引入的参数 λ 可以控制曲线的平滑程度,当 λ 越大则处理后的背景曲线就越平滑,设定参数惩罚参数 λ 为 $10e^6$,权重为 0.05,最大迭代次数为 20 时,背景曲线如图 3-6 所示,其中图 3-6(a)为单个粳稻种子样本,图 3-6(b)为 200 个粳稻种子样本,两者原始光谱曲线和经过 AIRPLS 方法去除光谱背景后曲线如图所示,图上方为原始光谱曲线,下方为经 AIRPLS 处理去除光谱背景后的光谱曲线。

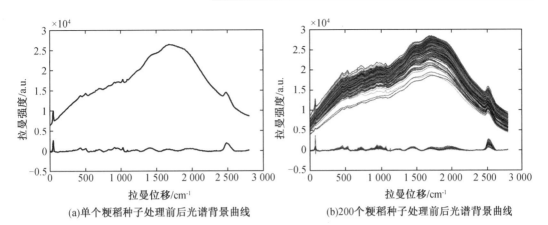

(a)单个粳稻种子处理前后光谱背景曲线　　　(b)200个粳稻种子处理前后光谱背景曲线

图 3-6　原始光谱和 AIRPLS 处理去除背景后光谱曲线对比

3.1.5　光谱特征提取

本研究获取粳稻样本 3 400~200 cm⁻¹ 的拉曼光谱信息,光谱数据量大,波段所含信息丰富,能够解决多光谱无法鉴别的分类问题,但过多数据不仅是对所建模型预测性能的考验,而且对海量数据的存储和处理也是实际应用中需面对的问题。选择合适的方法对光谱数据进行提取,不仅能滤除冗余数据,保留反映该样本差异的特征光谱信息,提高所建模型的预测性能,而且能减少模型运行时间。本节主要通过连续投影算法、逐步回归算法和竞争自适应加权采样法对粳稻样本光谱数据进行特征筛选。

3.2　基于 3 200~400 cm⁻¹ 波段光谱的种子分类识别和相似度分析方法研究

3.2.1　数据来源

实验数据为表 3-1 中 33 种粳稻种子的拉曼光谱数据,共计 495 个样本,将采集的 495 条拉曼光谱数据进行整理,利用 Matlab 软件进行分析如图 3-7 所示。

由图 3-7 可知,拉曼光谱仪器的测量范围为 3 400 ~ 200 cm⁻¹,且光谱数据在 3 3 200~400 cm⁻¹ 内无信息变量,在 400 ~ 200 cm⁻¹ 内有一个明显峰值,查阅资料可知 269 cm⁻¹ 处为 C 骨架振动峰,在此峰位处,所有种子趋势一致,无明显差异,为了降低建模时间,减少数据冗杂的影响,本章选用 3 200~400 cm⁻¹ 波段光谱作为预处理和建模输入数据波段。

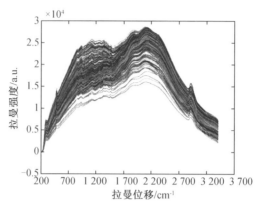

图 3-7 样本原始光谱曲线

3.2.2 结果与分析

1. 拉曼光谱数据预处理

利用第一章所述预处理方法对 3 200～400 cm⁻¹ 波段光谱数据进行预处理,经过 SG 平滑、AIRPLS、2-Der、MC、1-Der 数据预处理后光谱如图 3-8 所示。其中,图 3-8(b)上方为原始光谱曲线,下方为经 AIRPLS 处理后曲线。可以看出,经过 AIRPLS 方法处理去掉了荧光背景,经过 1-Der 和 2-Der 方法处理后凸显峰值特征。由预处理结果可知,在 3 200～400 cm⁻¹ 波段范围内,水稻样本的光谱曲线形状较为相近,无法从数条光谱曲线中对品种进行直观区分,需要通过数学建模方法进行鉴别分析。

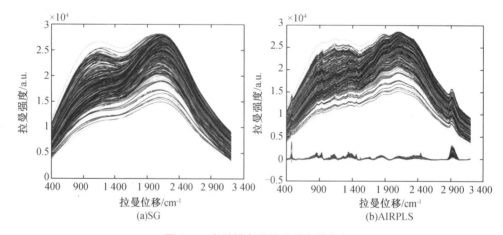

图 3-8 水稻样本预处理后光谱分布

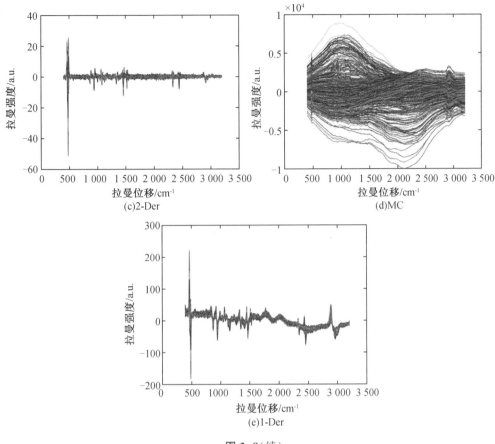

图3-8(续)

　　样本的选择关系模型的建模效果,因此选择合适的样本作为模型的输入是极其重要的。本研究对比分析了 Kennard-Stone(KS)样本划分方法、光谱-理化共生距离(SPXY)样本划分法和隔二选一的样本划分方法,分析发现,由于 KS 和 SPXY 均属于随机样本划分方法,每次划分样本可能存在区别,易出现以下情况:①在进行 33 种水稻训练集和测试集样本划分时,会出现部分水稻品种样本数据均出现在训练集,从而导致样本集无测试样本数据;②随机划导致每个品种样本划分作为训练集和测试集的样本个数存在差别,部分水稻品种存在因训练集样本个数少,进而测试效果不理想。隔二选一的样本集划分方法,一方面保证了每种品种训练集和测试集的样本个数比例;另一方面控制了整体测试集和训练集的样本个数,尽量保证每种品种样本训练充分,以便达到良好效果。因此,本章采用隔二选一的划分方法对样本数据进行划分,经过划分,训练集样本数为330,测试集样本数为165。

　　2. 基于分类算法的粳稻种子判别模型

　　(1)基于偏最小二乘法建立粳稻种子分类判别模型

　　为研究不同预处理方法对模型性能的影响,以 3 200~400 cm^{-1} 波段粳稻种子光谱数据为研究对象,以 SG、1-Der、2-Der、AIRPLS 和 MC 预处理方法及其不同组合为研究手段对光谱进行预处理,研究未处理原始光谱数据、不同预处理方法及组合对偏最小二乘判别(PLSDA)模型判别效果的差异,表 3-2 为 PLSDA 模型中经过处理后的六种模型参数。

表 3-2　基于 PLSDA 方法的不同预处理数据建模鉴别结果

预处理方法	潜变量因子数	均方根误差	交叉验证/%	误判个数(训练集/测试集)	训练集NER/%	测试集NER/%	运行时间/s
未处理原始光谱	8	0.969 7	0.666 7	215/122	34.85	26.06	250.43
SG	12	0.909 1	0.571 4	177/92	46.36	44.24	173.49
AIRPLS	17	0.371 5	0.774 2	65/54	80.30	67.27	355.23
1-Der	19	0.155 2	0.938 3	39/43	88.18	73.94	290.61
2-Der	17	0.473 2	0.700 9	77/52	76.67	68.48	380.49
MC	8	0.969 7	0.666 7	215/122	34.85	26.06	182.36
AIRPLS+SG	17	0.371 5	0.774 2	65/54	80.30	67.27	315.82
AIRPLS+1-Der	19	0.175 5	0.966 2	48/37	85.48	77.58	458.29
AIRPLS+2-Der	17	0.475 8	0.698 1	76/52	76.97	68.48	522.66
AIRPLS+MC	17	0.371 5	0.774 2	65/54	80.30	67.27	320.61
SG+MC	12	0.909 1	0.571 4	177/92	46.36	44.24	218.60
AIRPLS+ SG+MC	17	0.371 5	0.774 2	65/54	80.30	67.27	227.88
AIRPLS+1-Der+MC	19	0.175 5	0.966 2	48/37	85.48	77.58	484.88
AIRPLS+2-Der+MC	17	0.475 8	0.698 1	76/52	76.97	68.48	360.15

由表 3-2 中 13 种预处理方法所建模型的性能参数对比可以看出,MC 方法建立模型性能参数最差,为 26.06%,和未处理原始光谱数据所建模型参数相同,除此之外的 12 种模型中,模型的训练集和测试集准确度均得到大幅度提升,其中 SG、SG+MC 两种预处理方法仅好于原始光谱和 MC 预处理方法所建模型,其训练集和测试集准确度也分别仅增加 11.51% 和 18.18%,可能是因为 SG 只是对光谱数据进行平滑,MC 是使数据变为均值为 0 的数据(故准确率与原光谱相同),两者都没有对光谱数据中无关信息或噪声问题处理。AIRPLS+1-Der 和 AIRPLS+1-Der+MC 组合方法模型的性能参数相对较好,RMSE 最小为 0.175 5,且交叉验证值达到了 0.966 2,训练集和测试集准确度最高,分别为 85.48% 和 77.58%,说明 12 种预处理方法均能有效地提升模型的性能参数。

AIRPLS、AIRPLS+SG 和 AIRPLS+MC 三种预处理方法所建模型的性能参数相同,模型运行速率不同,与 2-Der、AIRPLS+2-Der 和 AIRPLS+2-Der+MC 三种模型测试集准确度相差不大,分别为 67.27% 和 68.48%,但可以看出,在 AIRPLS 基础上对输入的光谱数据进行二阶求导在一定程度上提高了模型的准确度,但同时也降低了模型训练集的准确度,增加了模型的运行时间。

（2）基于支持向量机（SVM）方法建立粳稻种子分类判别模型

上面着重探讨了不同预处理方法在偏最小二乘判别分析模型中的建模效果,为进一步研究不同预处理方法的建模效果,此处首先以 3 200~400 cm^{-1} 波段光谱为研究对象,然后利用 13 种预处理方法对光谱进行预处理,同时,对预处理后数据和未处理原始光谱数据以 SVM 方法进行建模,对比分析不同预处理方法对 SVM 模型建模效果的影响。

表 3-3 列出了处理前后在 SVM 模型中的 5 种模型的模型参数,模型参数包括最优参数 C、V 准确度、训练集和测试集的误判个数、训练集准确度、测试集准确度和模型运行时间等,具体如下。

表 3-3　基于 SVM 方法的不同预处理数据建模鉴别结果

预处理方法	最优参数 C、V 准确度/%	误判个数（训练集/测试集）	训练集 NER/%	测试集 NER/%	运行时间/s
未处理原始光谱数据	0	63/119	80.91	27.88	1 438.76
SG	0	93/128	80.91	27.88	1 373.67
AIRPLS	82.424 2	0/27	100	83.64	1 419.66
1-Der	88.181 8	0/17	100	89.70	1 389.82
2-Der	89.090 0	0/23	100	86.06	1 107.19
MC	0	83/101	74.85	38.79	1 105.27
AIRPLS+SG	82.424 2	0/27	100	83.64	1 469.64
AIRPLS+1-Der	89.697 0	0/15	100	90.91	1 457.07
AIRPLS+2-Der	88.787 9	0/21	100	87.27	1 453.45
AIRPLS+MC	83.636 4	0/27	100	83.64	1 612.69
SG+MC	0	63/119	80.91	27.88	1 368.94
AIRPLS+ SG+MC	82.424 2	0/27	100	83.64	1 076.76
AIRPLS+1-Der+MC	87.313 4	0/15	100	90.91	1 508.86
AIRPLS+2-Der+MC	88.787 9	0/21	100	87.27	1 104.95

由表 3-3 可知,SG、MC 和 SG+MC 在模型中鉴别准确率分别为 27.88%、38.79% 和 27.88%,其中 SG 和 SG+MC 在模型中鉴别效果最差,除以上情况外的 10 种预处理组合方法所建模型的训练集准确度都为 100%,模型测试集准确率均达到 83% 以上,说明这 10 种数据建模均有较好的预测效果,且能有效提升模型的性能参数,使水稻品种信息在模型中较好地进行表达。

在 14 种模型的性能参数中,未处理原始光谱数据建立模型性能参数最差,测试集准确度为 27.88%,AIRPLS +1-Der 和 AIRPLS +1-Der+MC 两种方法模型效果最好,不仅在两种模型中训练集准确度均为 100%,而且测试集准确度均达到 90.91%,但 AIRPLS +1-

Der 方法相比较 AIRPLS +1-Der+MC 程序简单,建模也相对简便,模型运行速率较高,此时 5 折交叉验证(cross validation,CV)检验 SVM 模型最好性能为 89.697 0%,并结合网格搜索算法对模型中惩罚系数 C 和核函数半径 g 进行优化的最优参数分别为 1.741 1 和 0.003 9。

(3)粳稻种子分类鉴别模型对比分析

上面主要研究了以 3 200~400 cm^{-1} 波段光谱数据作为研究对象时,不同预处理方法对分类判别模型 PLSDA 和 SVM 判别效果的影响,通过分析可知:

未处理原始光谱数据在 PLSDA 和 SVM 两种模型中测试集准确度分别为 26.06% 和 27.88%,远远低于应用预处理方法的测试集准确度,说明预处理方法可以有效滤除原始光谱数据中的噪声和背景干扰,其中 AIRPLS+1-Der 和 AIRPLS +1-Der+MC 预处理方法在两种模型中,对 33 种粳稻种子的品种识别率均为最高,分别达到 77.58% 和 90.91%,由于 AIRPLS +1-Der 方法相比较 AIRPLS +1-Der+MC 程序简单,建模也相对简便,综合模型性能参数、建模的简便程度以及模型的运行速率,AIRPLS+1-Der 模型不仅可降低模型的预测时间,而且可以有效提高模型的建模效果。因此,本论文在后续研究中,选择 AIRPLS+1-Der 组合的预处理方法进行深入建模分析。

对比 PLSDA 和 SVM 建模方法可知,相同的数据集,SVM 方法建模的训练集和测试集判别准确率明显优于 PLSDA 方法,但在模型运行时间上,SVM 方法略显劣势。

3. 基于相似度分析方法的粳稻种子判别模型

上面主要为采用 PLSDA 和 SVM 方法对粳稻种子拉曼光谱数据进行分类鉴别,通过分类模型,可以实现品种间的分类,但品种内、品种间在成分和官能团振动等方面的具体相似程度,仍需要采用数学方法深入研究,本节拟分别采取基于相关系数和余弦相似度的分析方法,对 33 种粳稻种子拉曼光谱数据进行种内和种间样本的相似度深入分析,并进一步开展判别。

(1)基于相关系数的粳稻种子相似度分析方法

计算品种内相似度平均值,首先利用 AIRPLS+1-Der 预处理方法,得到去除噪声和背景的光谱数据,然后将光谱数据作为输入,放入相关系数算法模型中分析。表 3-4 是龙稻 3 品种的第 1 号样本到第 10 号样本之间的相似程度,10 表示该品种训练集中样本总数。

表 3-4　龙稻 3 样本间相似度

样本	样本 1	样本 2	样本 3	样本 4	样本 5	样本 6	样本 7	样本 8	样本 9	样本 10
样本 1	1.000 0	0.893 4	0.906 0	0.872 1	0.902 7	0.883 0	0.893 8	0.882 5	0.839 6	0.813 4
样本 2	0.893 4	1.000 0	0.900 2	0.891 7	0.880 9	0.885 1	0.887 4	0.898 5	0.836 0	0.810 6
样本 3	0.906 0	0.900 2	1.000 0	0.887 9	0.906 7	0.900 0	0.900 6	0.883 9	0.841 3	0.805 7
样本 4	0.872 1	0.891 7	0.887 9	1.000 0	0.899 3	0.886 8	0.865 2	0.888 2	0.830 7	0.818 9
样本 5	0.902 7	0.880 9	0.906 7	0.899 3	1.000 0	0.899 8	0.884 6	0.897 1	0.826 7	0.807 8

表 3-4(续)

样本	样本 1	样本 2	样本 3	样本 4	样本 5	样本 6	样本 7	样本 8	样本 9	样本 10
样本 6	0.883 0	0.885 1	0.900 0	0.886 8	0.899 8	1.000 0	0.873 9	0.889 3	0.830 8	0.814 5
样本 7	0.893 8	0.887 4	0.900 6	0.865 2	0.884 6	0.873 9	1.000 0	0.878 1	0.818 2	0.803 0
样本 8	0.882 5	0.898 5	0.883 9	0.888 2	0.897 1	0.889 3	0.878 1	1.000 0	0.827 2	0.817 9
样本 9	0.839 6	0.836 0	0.841 3	0.830 7	0.826 7	0.830 8	0.818 2	0.827 2	1.000 0	0.844 8
样本 10	0.813 4	0.810 6	0.805 7	0.818 9	0.807 8	0.814 5	0.803 0	0.817 9	0.844 8	1.000 0

由表 3-4 可以看出,该品种内样本间相似度相差不大,龙稻 3 品种样本间相似度最高是样本 3 和样本 5,间相似度为 0.906 7,最低是样本 7 和样本 10,间相似度为 0.803 0,该品种所有样本间相似程度整体均在 0.8 以上,可以说明,该品种样本个体间差异较小,但因同种样本不同个体间相似度数据量大(均为 10×10 矩阵),无法直观看出品种内不同样本之间的相似度差别,因此实验采用求取均值的方式,对数据进行进一步分析。

图 3-9 是龙稻 3 品种中对样本 1-1、样本 1-2、样本 1-3、样本 1-4、样本 1-5、样本 1-6、样本 1-7、样本 1-8、样本 1-9 和样本 1-10 号的相似度均值得到 1 号样本训练集和测试集相似度平均值分布,依次类推得到 2 到 10 号样本的相似度均值分布,如图 3-9 所示。

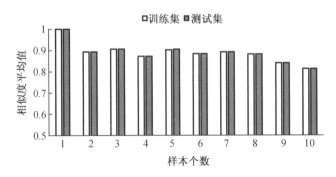

图 3-9 龙稻 3 样本间相似度均值分布

由图 3-9 可以看出,龙稻 3 品种样本 1 到样本 10 的训练集和测试集相似度均值大致相同,9 号样本和 10 号样本相对其他样本的相似度均值偏小,但整体样本相似度均值均高于 0.83,说明品种内样本的相似度虽存在差别;但总体差异不大,可以通过品种总体均值来反映该品种与其他品种的差异,进而对品种进行相似度判别分析。图 3-10 为 33 种品种 3 200~400 cm^{-1} 波段相似度均值曲线。图 3-10(a)、3-10(b)分别表示训练集和测试集。其中系列 1 和系列 2 分别表示除该品种外与该品种样本种间相似度均值第二的和均值最大的品种所对应曲线,系列 3 表示该品种样本种内相似度均值曲线。

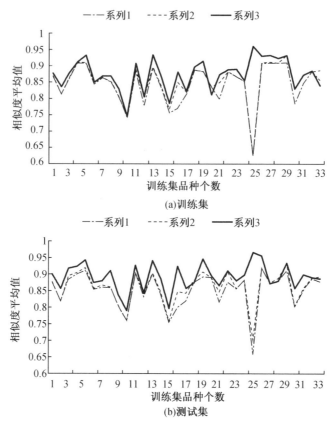

图 3-10　33 种品种 3 200~400 cm^{-1} 波段相似度均值曲线

由图 3-10 可知,不论是训练集还是测试集,某品种样本种内相似度均值整体高于其他品种样本种间相似度均值曲线,说明利用相关系数算法,通过品种间相似度均值,实现对不同品种的相似度判别是可行的;但在训练集龙稻 113(品种 10)、龙稻 1602(品种 12)、龙粳 1624(品种 20)和绥粳 306(品种 33)中,品种自身的相似度均值低于该品种与其他品种的相似度均值,在测试集中,龙稻 1602、龙粳 59(品种 18)、松粳 19(品种 27)、松粳 28(品种 28)和绥粳 306 情况与测试集相同,出现这种情况的原因可能是品种样本间个体差异明显,导致该品种的相似度程度低,从而在求取平均时品种整体的相似度均值降低了。图 3-11 是对训练集和测试集进行整体对比分析。

由图 3-11 可知,在 33 种品种的相似度均值中,测试集均值整体比训练集均值高,说明测试集可以有效提升相似度判别模型的建模效果,但龙粳 59、松粳 19 和松粳 28 测试集相似度相比训练集有了降低,三者在测试集中品种内相似程度低于该品种与其他品种间相似程度,其中三者的相似度均处在该样品均值中第 2 名;龙稻 113 和龙粳 1624 相似度均值在训练集出现低于其他品种间相似度均值的现象,但其测试集相似度均值较训练集均值有了显著提升,虽然龙稻 1602 和绥粳 306 的测试集相对训练集均值也有所提高,但两者在训练集和测试集相似程度均低于种间相似度均值。可能是龙稻 1602 中个体差异大,导致光谱化学信息存在偏差,故求取该品种样本平均值时,整体相似度平均值降低,难于判别。

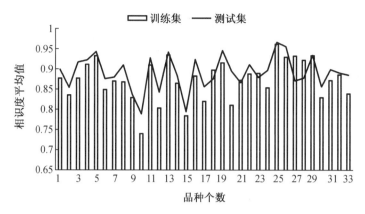

图 3-11 33 种品种训练集和测试集相似度均值图

从 33 种样本相似度训练集和测试集的整体结果可知,松粳 16(品种 25)样本种内相似度平均值超过 96%,远高于其他品种间相似度平均值,易于区分;且共有 5 种样本品种内相似度均值低于样本与其他品种间相似度平均值,整体效果良好,因此可以用此方法对不同品种水稻种子进行相似度判别。

(2)基于余弦相似度的粳稻种子相似度分析方法

上面着重探讨了 33 种粳稻品种在相关系数度算法中的各类样本之间的相似程度,为对各样本间相似度进一步进行研究,以 3 200~400 cm⁻¹ 波段光谱数据为输入,以余弦相似度算法为手段展开研究。

余弦相似度通过测量两个向量的夹角余弦值来度量它们之间的相似性。当两向量夹角余弦值为 1 时,表明这两向量完全重合;当两向量夹角的余弦值接近于 1 时,表明两向量相似;两向量夹角的余弦值越小,表明两向量相关性越差。因此当两向量余弦值越接近1,说明待测成分与样本成分越相近。其计算公式为

$$\cos \theta = \frac{x_1 y_1 + x_2 y_2 + \cdots + x_n y_n}{\sqrt{x_1^2 + x_2^2 + \cdots + x_n^2} \cdot \sqrt{y_1^2 + y_2^2 + \cdots + y_n^2}} \quad (3-1)$$

式中,n 表示向量个数。

利用上面相同求均值方法,求得 33 种粳稻品种在应用余弦相似度算法相似度均值分布图如图 3-12 所示,其中图 3-12(a)至 3-12(c)表示训练集的均值分布,图 3-12(d)至 3-12(f)表示测试集的均值分布。并且,系列 1 和系列 2 分别表示某品种样本种内相似度均值与其他 32 种品种样本种间相似度均值第二和均值最大的品种所对应数值,系列 3 表示该品种样本种内的相似度均值。

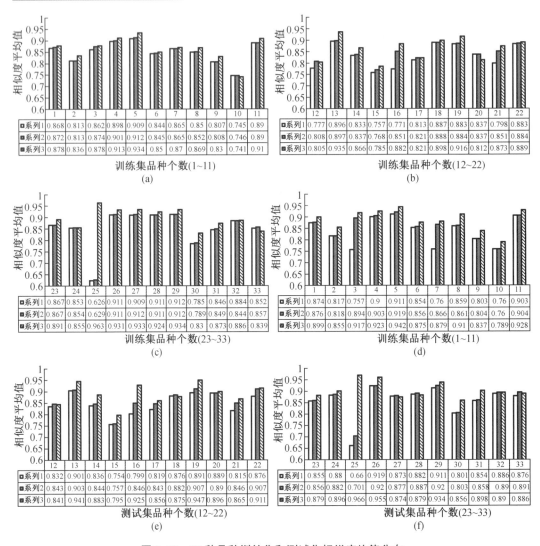

	1	2	3	4	5	6	7	8	9	10	11
■系列1	0.868	0.813	0.862	0.898	0.909	0.844	0.865	0.85	0.807	0.745	0.89
■系列2	0.872	0.813	0.874	0.901	0.912	0.845	0.865	0.852	0.808	0.746	0.89
■系列3	0.878	0.836	0.878	0.913	0.934	0.85	0.87	0.869	0.83	0.741	0.91

训练集品种个数(1~11)
(a)

	12	13	14	15	16	17	18	19	20	21	22
■系列1	0.777	0.896	0.833	0.757	0.771	0.813	0.887	0.883	0.837	0.798	0.883
■系列2	0.808	0.897	0.837	0.768	0.851	0.821	0.888	0.884	0.837	0.851	0.884
■系列3	0.805	0.935	0.866	0.785	0.882	0.821	0.898	0.916	0.812	0.873	0.889

训练集品种个数(12~22)
(b)

	23	24	25	26	27	28	29	30	31	32	33
■系列1	0.867	0.853	0.626	0.911	0.909	0.911	0.912	0.785	0.846	0.884	0.852
■系列2	0.867	0.854	0.629	0.911	0.912	0.911	0.924	0.789	0.83	0.844	0.857
■系列3	0.891	0.855	0.963	0.931	0.933	0.924	0.934	0.83	0.873	0.886	0.839

训练集品种个数(23~33)
(c)

	1	2	3	4	5	6	7	8	9	10	11
■系列1	0.874	0.817	0.757	0.9	0.911	0.854	0.76	0.859	0.803	0.76	0.903
■系列2	0.876	0.818	0.894	0.903	0.919	0.942	0.866	0.866	0.91	0.804	0.904
■系列3	0.899	0.855	0.917	0.933	0.942	0.875	0.879	0.91	0.837	0.789	0.928

训练集品种个数(1~11)
(d)

	12	13	14	15	16	17	18	19	20	21	22
■系列1	0.832	0.901	0.836	0.754	0.799	0.819	0.876	0.891	0.889	0.815	0.876
■系列2	0.843	0.903	0.844	0.757	0.846	0.843	0.882	0.907	0.89	0.846	0.907
■系列3	0.841	0.941	0.883	0.795	0.925	0.856	0.875	0.947	0.896	0.865	0.911

测试集品种个数(12~22)
(e)

	23	24	25	26	27	28	29	30	31	32	33
■系列1	0.855	0.88	0.66	0.919	0.873	0.882	0.911	0.801	0.854	0.886	0.876
■系列2	0.856	0.882	0.701	0.92	0.877	0.887	0.92	0.803	0.858	0.89	0.891
■系列3	0.879	0.896	0.966	0.955	0.874	0.879	0.934	0.856	0.898	0.89	0.886

测试集品种个数(23~33)
(f)

图 3-12　33 种品种训练集和测试集相似度均值分布

由图 3-12 可知,品种内相似度均值整体高于品种间相似度均值,说明利用余弦相似度对不同品种的相似度判别是可行的。在图 3-12(a)至 3-12(c)训练集中可以看出,龙稻 113(品种 10)、龙稻 1602(品种 12)、龙粳 1624(品种 20)和绥粳 306(品种 33)其样本均值均低于样本和其他样本均值,但其与其他品种的均值相差不大,均小于或等于 0.025。在图 3-12(d)至 3-12(f)测试集中可知,整体上测试集均值整体比训练集高,龙稻 113、龙稻 1602、龙粳 1624 和绥粳 306 都有了显著提升,数值上看,虽然以上 4 种品种均值有了提高,但龙稻 1602 和绥粳 306 均值依旧低于其样本和其他品种间均值,分别相差 0.002 和 0.005,且龙粳 59(品种 18)、松粳 19(品种 27)和松粳 28(品种 28)出现均值小于样本和其他品种均值的情况,原因可能是品种内部样本个体差异显著,而其他品种内部相似度较为平均,故在求取相似度均值时出现低于自身样本和其他品种均值的情况。不论训练集还是测试集,松粳 16(品种 25)样本间种内相似度均值远远大于其样本和其他品种样本种间相似度均值。

从整体上可知,样本种内相似度在训练集和测试集中和其他样本种间相似度较为一致,但测试集种内相似度程度整体要好于训练集。从 33 种样本整体上,3 200～400 cm⁻¹ 光谱波段在应用余弦相似度算法进行相似度判别分析时,有 5 种样本种内相似程度低于该品种与其他品种样本种间相似度均值情况,整体效果较好,说明在光谱分析中,利用余弦相似度算法,通过一组样本的光谱方法预测值与另一组样本测定值之间的相关性,对 33 种粳稻种子的品种间判别分析是可以实现的。

(3)粳稻种子相似度判别方法对比分析

上面主要研究了 3 200～400 cm⁻¹ 波段光谱数据在相关系数和余弦相似度算法中各品种的种内和种间相似度均值的判别结果,其中,两种算法判别模型对 3 200～400 cm⁻¹ 光谱数据测试集及整体判别效果分别如图 3-13 和表 2-5 所示。

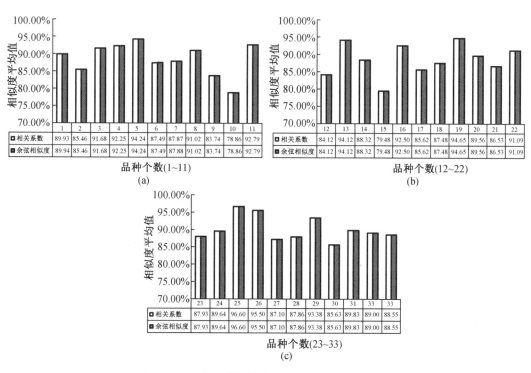

图 3-13 33 种品种训练集和测试集相似度均值分布

表 3-5 3 200～400 cm⁻¹ 波段光谱在两种算法判别模型中效果

相似度算法	种内低于种间均值个数		种内低于种间均值品种
相关系数	训练集	4	龙稻113、龙稻1602、龙粳1624、绥粳306
	测试集	5	龙稻113、龙粳59、松粳19、松粳28、绥粳306
余弦相似度	训练集	4	龙稻113、龙稻1602、龙粳1624、绥粳306
	测试集	5	龙稻113、龙粳59、松粳19、松粳28、绥粳306

由图 3-13 和表 3-5 实验结果可知：

从 33 种粳稻种子 3 200~400 cm^{-1} 光谱数据的判别效果可知，不论训练集还是测试集，龙稻 113 样本和绥粳 306 样本判别模型的效果较差，还需要对其进行进一步分析；对比相关系数和余弦相似度算法可知，相同的数据集，两种算法判别结果一致，训练集和测试集分别有 5 种和 4 种品种出现样本种内相似度均值低于该品种与其他品种样本种间相似度均值情况，但应用余弦相似度算法时，龙稻 3、龙粳 47、龙粳 50 和绥粳 109 的样本种内相似度均值要略优于相关系数算法，均为 0.01%。

在两种相似度算法判别模型中，相关系数和余弦相似度均是对两两样本向量进行比较得出，在数据集相同的情况下，同品种样本间若存在明显差异，则该品种样本种内相似度均值必然会降低，出现其他品种样本种间平均值高于该品种样本种内相似度均值的情况。

3.3 基于 1 700~400 cm^{-1} 波段光谱的种子分类识别和相似度分析方法研究

3.3.1 数据来源

由图 3-8 可知，粳稻种子的拉曼光谱官能团振动主要集中在 1 700~400 cm^{-1} 波段范围内，波段 3 200~1 700 cm^{-1} 内只在 2 910 cm^{-1} 附近存在一处特征峰，为降低建模数据量，进一步选择表 3-1 中 33 种粳稻种子的 1 700~400 cm^{-1} 波段范围内 1 301 个光谱数据点，作为输入数据构建分类算法和相似度算法判别模型，探究样本 1 700~400 cm^{-1} 区间内波段在模型中判别效果。其中光谱数据在 1 700~400 cm^{-1} 曲线具体如图 3-15 所示。

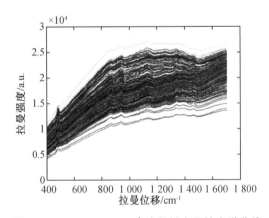

图 3-14 1 700~400 cm^{-1} 波段样本原始光谱曲线

3.3.2　结果与分析

1. 拉曼光谱数据预处理

运用第一章所述方法对光谱进行预处理,图 3-15 和图 3-16 分别为 AIRPLS 方法预处理和 AIRPLS+1-Der 方法预处理结果。其中,图 3-15 中,上方为原始 1 700~400 cm⁻¹ 光谱数据曲线,下方为经过 AIRPLS 方法预处理后光谱曲线效果图,通过上下对比,可以看出,经过预处理去除了背景的光谱曲线能够更加显著反映水稻的特征峰值位置;图 3-16 中,在 AIRPLS 方法预处理基础上进行光谱数据一阶导数,窗口宽度为 13,由 AIRPLS+1-Der 处理得到的曲线可以看出,导数光谱不仅有效地消除基线和其他背景的干扰,而且可以分辨重叠峰,从而提高模型的分辨率和灵敏度。

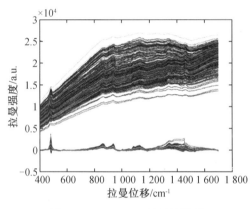

图 3-15　AIRPLS 处理结果图　　　图 3-16　AIRPLS+1-Der 预处理结果图

2. 基于分类算法的粳稻种子判别模型

(1)利用偏最小二乘方法建立粳稻种子判别模型

3.2.2 章节第 1 小节介绍了 3 200~400 cm⁻¹ 波段光谱数据结合不同预处理方法,并通过 PLSDA 模型中性能的影响进行了探讨,因此,此处选择 AIRPLS+1-Der 预处理方法对光谱数据进行处理,构建粳稻种子在 1 700~400 cm⁻¹ 波段范围内 PLSDA 判别模型,分析 PLSDA 模型中潜变量因子数、均方根误差、交叉验证系数、误判个数、训练集准确度、测试集准确度和模型运行时间等 6 种模型参数的变化,其中模型参数潜变量因子数和均方根误差的联系如下图 3-17 所示。

由图 3-17 可以发现,在 PLSDA 模型中,模型参数均方根误差随着潜变量因子数的增大而逐渐减少,为探究潜变量因子数对不同模型参数的影响,取不同潜变量因子数取,观察不同模型参数的变化规律,具体如表 3-6 所示。

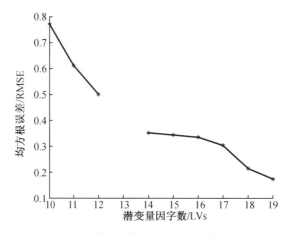

图 3-17　PLSDA 模型中潜变量因子数和均方根误差关系图

表 3-6　基于 PLSDA 方法的不同潜变量因子数对模型参数影响

潜变量 因子数	均方根误差	交叉验证 /%	误判个数 （训练集/测试集）	训练集 NER /%	测试集 NER /%	运行时间 /s
19	0.175 1	0.920 3	59/52	82.12	68.48	216.09
18	0.214 9	0.883 2	62/56	81.21	66.06	208.08
17	0.304 8	0.853 4	92/62	72.12	62.42	207.47
16	0.336 0	0.761 9	98/66	70.30	60.00	207.42
15	0.343 9	0.763 4	104/73	68.48	55.76	206.33
14	0.352 5	0.715 9	115/75	65.15	54.55	204.67
12	0.502 0	0.600 0	121/77	63.33	53.33	204.50
11	0.610 6	0.492 5	132/83	60.00	49.70	202.46
10	0.770 7	0.380 0	134/84	59.39	49.09	202.03

　　由表 3-6 可以看出,在 9 种模型中,当潜变量因子数为 19 时,模型的性能参数相对最好,均方根误差在逐渐接近 0,此时达到最小,为 0.175 1,交叉验证在逐渐接近 1,此时达到最大,为 0.920 3,训练集和测试集准确度均最高,分别为 82.12% 和 68.48%,但模型的运行时间相对最长,与潜变量因子数为 10 时模型运行时间相差 14.06 s,但当潜变量因子数为 10 时,模型参数在 9 种模型中最差,其中,模型训练集和测试集准确度与潜变量因子数为 19 时相比,准确率分别下降了 22.73% 和 19.39%,因此,可以看出当样本相同,潜变量因子数的增大提高了模型训练集和测试集的准确度,但在一定程度上增加了模型的运行时间。

　　(2)利用支持向量机建立粳稻种子判别模型

　　由章节 3.2.2 可知,在 33 种 3 200~400 cm^{-1} 光谱数据样本类型下,SVM 模型具有较高的识别准确率。因此,此处以 1 700~400 cm^{-1} 光谱为输入,进一步分析相同预处理方法在不同模型中的差异,是否同样适用于 1 700~400 cm^{-1} 光谱数据。

SVM 模型的分类精度受惩罚因子 C 和核函数半径 g 影响较大,因此,选择合适的参数优化算法,可以提升模型整体判别效果。SVM 的选择算法主要有网格搜索算法、遗传算法和粒子群算法等,采用 5 折交叉验证选择最佳惩罚系数 C 和核函数半径 g 参数时,这 3 种算法具体参数选择和所选参数所建模型准确度如表 3-7 所示。

表 3-7　SVM 模型三种参数优化算法建模准确度

参数优化算法	最优参数 C、V 准确度/%	最优参数 C	最优参数 g	误判个数（训练集/测试集）	训练集 NER/%	测试集 NER/%	运行时间/s
网格搜索法	88.787 9	1.741 1	0.011 8	0/21	100	87.27	534.35
遗传算法	84.848 5	5.502 5	1.670 7	0/29	100	82.42	1 181.82
粒子群算法	85.151 5	0.100 0	0.364 3	0/28	100	83.03	3 032.25

由表 3-7 可知,在 SVM 模型的 3 种对 C、g 参数优化的算法中,整体准确率在 82%以上,说明,3 种算法均可以有效提高模型性能;从模型准确度上可以看出,网格搜索法误判个数最少,为 21 个,其准确率最高为 87.27%,粒子群算法次之,为 83.03%,遗传算法最差,仅为 82.42%,从模型运行速率上可知,网格搜索法用时最短,为 534.35 s,遗传算法次之(网格搜索算法用时的 2.21 倍),粒子群算法用时最长(网格搜索算法用时的 5.67 倍),因光谱数据量维数高,数据量大,对运行设备要求有一定要求,结合模型的综合参数、运行速率和鉴别效果等因素,研究采用以网格搜索法作为 SVM 模型 C、g 参数的优化算法,进而对数据进一步研究。图 3-18 展示了以网格搜索算法作为最优参数选择算法时,惩罚因子 C 和核函数半径 g 选择示意图。

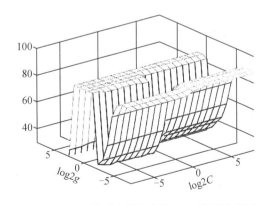

图 3-18　SVM 模型中最优参数 C、g 选择示意图

图 3-18 可以看出,网格搜索算法选择最优惩罚因子 C 为 1.741 1,核函数半径 g 为 0.011 824 时,交叉验证准确率最高,为 88.787 9%,采用最佳参数 C 与 g 对整个训练集进

行训练获取支持向量机模型,利用获取的模型进行测试与预测,进而观察模型对 1 700~400 cm^{-1} 波段光谱数据的鉴别效果,具体结果如图 3-19 和图 3-20 所示。

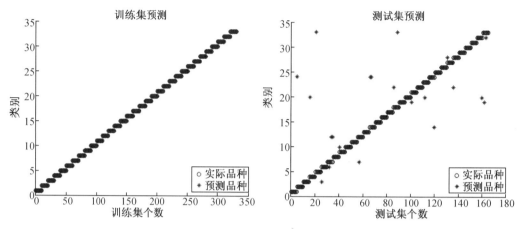

图 3-19　SVM 模型中训练集预测结果图　　图 3-20　SVM 模型中测试集预测结果图

图 3-19 和图 3-20 分别是模型训练集和测试集实际品种与预测品种的效果图,通过图 3-19 训练集结果可知,训练集正确率为 100%,说明利用最优参数 C、g 所建模型训练效果较好,使得样本整体在模型中均得到较好表达;图 3-20 测试集中,龙粳 1624 分别被误判为龙稻 10、龙粳 3100 和绥粳 209,原因可能是在 1 700~400 cm^{-1} 波段范围内无法涵盖水稻种子全部化学信息,且部分光谱信息较为相近,易出现误判;龙稻 24 和龙稻 1602 出现相互误判,可能的原因是这两种样本是同种系列的品种,化学信息比较相近,在光谱数据较为局限的条件下,模型无法进行进一步分析,但测试集整体准确率也达到了 87.27%,模型运行时间为 534.35 s。

(3)粳稻种子分类判别模型对比分析

本节主要研究了 1 700~400 cm^{-1} 光谱数据分别在分类判别模型 PLSDA 和 SVM 模型中的鉴别效果,通过以上研究分析可知:

①在 PLSDA 方法所建模型中,均方根误差在逐渐接近 0,交叉验证逐渐接近 1 时,潜变量因子达取到最大值,这时模型参数相对更好,训练集和测试集准确度也最高,分别为 82.12% 和 68.48%,且模型的运行时间相对较短,为 216.09 s;在 SVM 模型中,惩罚因子 C 为 1.741 1,核函数半径 g 为 0.011 824 时,此时交叉验证准确率最高,为 88.787 9%,对 33 种粳稻种子的品种识别率均为最高,训练集和测试集分别达到 100% 和 87.27%。

②以 1 700~400 cm^{-1} 波段光谱数据为研究对象,以 PLSDA 和 SVM 建模方法为研究手段,相同的数据集,SVM 方法建模的训练集与测试集鉴别准确率分别比 PLSDA 模型高 17.88% 和 18.79%,但在模型运行时间上,SVM 方法比 PLSDA 方法多耗时 318 s 耗时约长为 318 s,略显劣势,且与基于 3 200~400 cm^{-1} 波段光谱数据为研究对象时的结论趋势一致。

3. 基于相似度分析方法的粳稻种子判别模型

（1）基于相关系数的粳稻种子相似度分析方法

在 3.2.2 章节第 3 小节中着重探讨了以 33 种粳稻品种 3 200~400 cm⁻¹ 波段光谱数据为研究对象，通过相关系数算法，探究各类样本间的相似程度。本节以 1 700~400 cm⁻¹ 波段光谱数据为研究对象，探究是否与 3 200~400 cm⁻¹ 波段光谱间存在相似的判别关系。

图 3-21 表示在 1 700~400 cm⁻¹ 波段范围内，33 种粳稻种子品种间训练集和测试集的相似度平均值分布，图 3-22 表示 33 种粳稻品种 1 700~400 cm⁻¹ 波段光谱数据在应用相关系数算法后的相似度均值，其中图 3-22（a）~3-22（c）表示训练集的均值分布，图 3-22（d）~3-22（f）表示测试集的均值分布，其中，系列 1 和系列 2 分别表示某品种样本种内相似度均值与其他 32 种品种样本种间相似度均值第二和均值最大的品种所对应数值，系列 3 表示该品种样本种内的相似度均值。

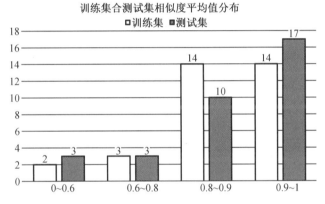

图 3-21　训练集和测试集相似度平均值分布

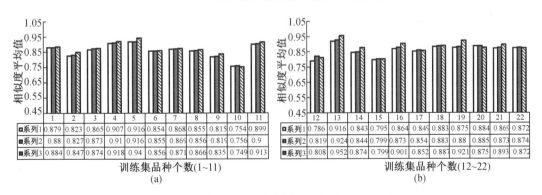

图 3-22　33 种品种训练集和测试集相似度平均值分布

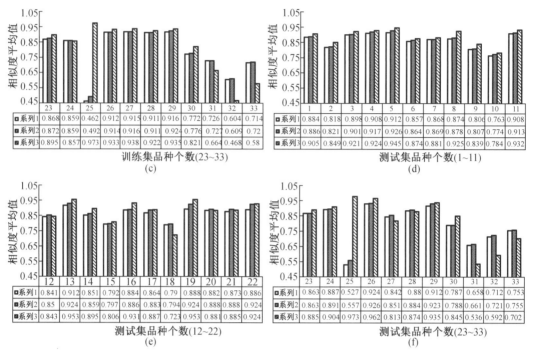

训练集品种个数(23~33)	23	24	25	26	27	28	29	30	31	32	33
系列1	0.868	0.859	0.462	0.912	0.915	0.911	0.916	0.772	0.726	0.604	0.714
系列2	0.872	0.859	0.492	0.914	0.916	0.911	0.924	0.776	0.727	0.609	0.72
系列3	0.895	0.857	0.973	0.933	0.938	0.922	0.935	0.821	0.664	0.468	0.58

(c)

测试集品种个数(1~11)	1	2	3	4	5	6	7	8	9	10	11
系列1	0.884	0.818	0.898	0.908	0.912	0.857	0.868	0.874	0.806	0.763	0.908
系列2	0.886	0.821	0.901	0.917	0.926	0.864	0.869	0.878	0.807	0.774	0.913
系列3	0.905	0.849	0.921	0.924	0.945	0.874	0.881	0.925	0.839	0.784	0.932

(d)

测试集品种个数(12~22)	12	13	14	15	16	17	18	19	20	21	22
系列1	0.841	0.912	0.851	0.792	0.884	0.864	0.79	0.888	0.882	0.873	0.886
系列2	0.85	0.924	0.859	0.797	0.886	0.883	0.794	0.924	0.888	0.888	0.924
系列3	0.843	0.953	0.895	0.806	0.931	0.887	0.723	0.953	0.881	0.885	0.924

(e)

测试集品种个数(23~33)	23	24	25	26	27	28	29	30	31	32	33
系列1	0.863	0.887	0.527	0.924	0.842	0.88	0.912	0.787	0.658	0.712	0.753
系列2	0.863	0.891	0.557	0.926	0.851	0.884	0.923	0.788	0.661	0.721	0.755
系列3	0.885	0.904	0.973	0.962	0.813	0.874	0.935	0.845	0.536	0.592	0.702

(f)

图 3-22(续)

由图 3-21 可知,训练集和测试集样本品种内相似度均值分别有 28 种和 27 种都在 80% 以上,模型的整体判别效果较好,说明 1 700~400 cm⁻¹ 光谱数据包含了大量的品种化学信息,使得同种样本间光谱数据较为相似,利用相关系数算法可以实现对粳稻种子品种进行判别。从图 3-22 判别效果上可以看出,训练集和测试集分别有 10 种和 9 种存在品种样本种内相似度均值低于该品种和其他品种样本种间相似度均值情况;从判别的种类上,龙稻 6(品种 3)、龙稻 113(品种 10)、龙稻 1602(品种 12)、龙粳 50(品种 17)、龙粳 1624(品种 20)、龙粳 3040(品种 22)、龙粳 3407(品种 24)、绥粳 109(品种 31)、绥粳 209(品种 32)和绥粳 306(品种 33)在训练集相似程度均值低于种间均值,且龙稻 1602、龙粳 1624、绥粳 109、绥粳 209 和绥粳 306 在测试集也出现类似情况,除此之外龙粳 59(品种 18)、龙粳 3001(品种 21)、松粳 19(品种 27)和松粳 28(品种 28)在训练集中种内相似度均值高于种间相似度均值,但测试集中品种样本种内相似度均降低,可能是因为在 1 700~400 cm⁻¹ 波段范围内,样本所涵盖的光谱化学信息有限,且样本间光谱数据相差较大,导致整体样本的平均值低。但松粳 16(品种 25)在训练集和测试集中,品种样本种内相似度均值远远高于该品种样本和其他品种样本种间相似度均值,均为 97.3%。

为进一步探究龙粳 59、龙粳 3001、松粳 19 和松粳 28 等品种存在上述情况原因,实验以龙粳 59 为例,对数据进行对比分析,其中,松粳 29(品种 29)和龙粳 29(品种 13)分别比龙粳 59 样本种内相似度均值高,具体如图 3-23 所示。

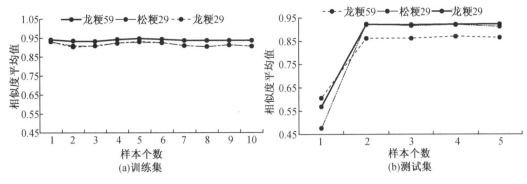

图3-23　相似度平均值曲线

由图3-23可以看出,在训练集中,3种水稻品种样本种内和种间相似度均值较为平缓,皆在0.85~0.95之间,但龙粳59样本种内相似度均值始终高于该样本与松粳29和龙粳29样本种间相似度均值,说明训练集样本间个体差异较小,故在测试集龙粳59判别无误;在测试集中,龙粳59除样本1高于其他两种品种样本种间相似度均值外,其他4个样本种内相似度均值皆低于该样本与松粳29和龙粳29样本种间的相似度均值,但松粳29和龙粳29样本与龙粳59样本间相似度均值仍在0.85~0.95之间,龙粳59样本间相似度相比训练集却下降到0.85左右,说明测试集样本个体光谱化学信息存在差异,导致样本间相似度的差距增大,从而降低了样本的整体平均值。

（2）基于余弦相似度的粳稻种子相似度分析方法

3.2.2章节第3小节中研究了33种粳稻种子品种3 200~400 cm^{-1}光谱数据之间的相似程度,本小节利用余弦相似度作为粳稻种子品种的判别方法,继相关系数算法的从品种之间相似角度出发,探究33种粳稻种子品种1 700~400 cm^{-1}光谱数据之间的相似程度,图3-24表示33种粳稻品种1 700~400 cm^{-1}光谱数据在应用余弦相似度算法后的相似度均值,其中图3-24（a）至3-24（c）表示训练集的均值分布,图3-24（d）至图3-24（f）表示测试集的均值分布,系列1和系列2分别表示某品种样本种内相似度均值与其他32种品种样本种间相似度均值第二和均值最大的品种所对应数值,系列3表示该品种样本种内的相似度均值。

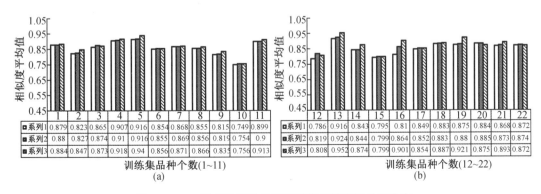

	1	2	3	4	5	6	7	8	9	10	11
系列1	0.879	0.823	0.865	0.907	0.916	0.854	0.868	0.855	0.815	0.749	0.899
系列2	0.88	0.827	0.874	0.91	0.916	0.94	0.856	0.869	0.866	0.819	0.754	0.9
系列3	0.884	0.847	0.873	0.918	0.94	0.856	0.871	0.866	0.835	0.756	0.913

训练集品种个数（1~11）
(a)

	12	13	14	15	16	17	18	19	20	21	22
系列1	0.786	0.916	0.843	0.795	0.81	0.849	0.852	0.875	0.884	0.868	0.872
系列2	0.819	0.924	0.844	0.799	0.864	0.852	0.883	0.88	0.921	0.875	0.873	0.874
系列3	0.808	0.952	0.874	0.799	0.901	0.854	0.887	0.921	0.875	0.893	0.872

训练集品种个数（12~22）
(b)

图3-24　33种品种训练集和测试集相似度平均值分布

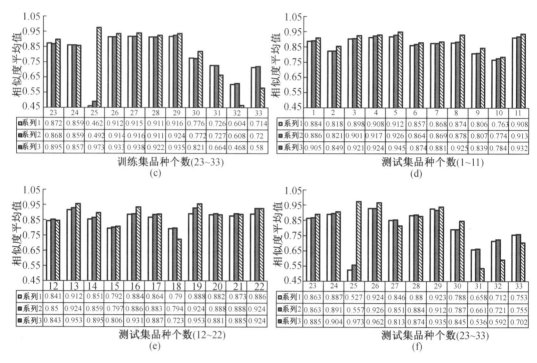

图 3-24(续)

由图 3-24 判别效果上可以看出,训练集和测试集分别有 10 种和 9 种品种样本种内相似度均值低于该品种与其他品种样本种间均值情况,说明余弦相似度算法在一定程度上也可以提高模型的判别准确率;从相似度均值的数值上可知,龙稻 3(品种 1)、龙粳 39(品种 14)、松粳 18(品种 26)和绥粳 306(品种 33)等品种测试集比训练集种内相似度均值分别提高 0.021%、0.021%、0.029% 和 0.122%,说明余弦相似度测试集可以有效提高模型相似度均值;从整体判别效果上可知,余弦相似度算法和相关系数算法在训练集和测试集判别种内低于种间相似度均值的个数和品种相同,龙粳 59(品种 18)、龙粳 3001(品种 21)、松粳 19(品种 27)和松粳 28(品种 28)在测试集中种内相似度均值高于种间相似度均值,但测试集中其种内相似度均值均降低,说明这 3 种品种和其他品种光谱信息在 1 700~400 cm^{-1} 范围内相似,仍需要进行下一步分析。但松粳 16(品种 25)不论在相关系数算法还是余弦相似度算法的训练集和测试集中,其种内相似度均值与相关系数相同,均为 97.3%,远远高于其样本和其他品种样本种间相似度均值,为探究其和其他品种样本间关系,对其训练集(样本 1 至样本 10)和测试集(样本 1 至样本 5)与各样本种内相似度均值进一步分析,结果如图 3-25 所示。

由图 3-25 可知,松粳 16 样本种内相似度在训练集和测试集中均大于 95%,说明该品种样本个体差异较小,且光谱化学信息较其他品种样本个体化学信息差异较大,因此,在利用相似度算法对其进行判别分析时,其整体相似度远远高于其他品种样本种间相似度。

(3)粳稻种子相似度判别方法对比分析

本节主要研究了 1 700~400 cm^{-1} 区间光谱数据在相关系数和余弦相似度算法中各

品种间相似度均值的联系,通过以上研究,可得两种算法相似度模型中的判别效果如表3-8所示,除此之外,将相关系数测试集和余弦相似度测试集进行对比,结果如图3-26所示。

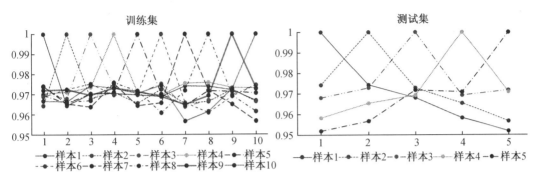

图 3-25　品种 25 训练集和测试集相似度平均值分布

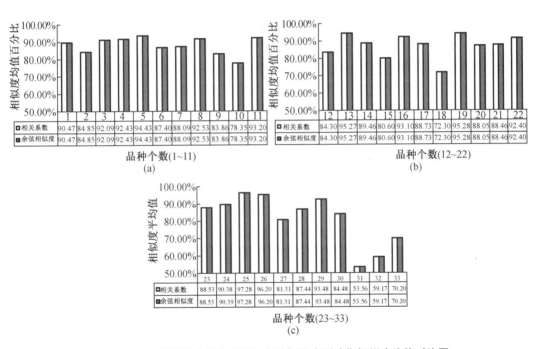

图 3-26　33 种品种中相关系数和余弦相似度测试集相似度均值对比图

表 3-8　1 700~400 cm⁻¹ 波段光谱在 2 种算法判别模型中效果

相似度算法		种内低于种间均值个数	种内低于种间均值品种
相关系数	训练集	10	龙稻 3、龙稻 113、龙稻 1602、龙粳 50、龙粳 1624、龙粳 3040、龙粳 3407、绥粳 109、绥粳 209、绥粳 306
	测试集	9	龙稻 1602、龙粳 1624、龙粳 59、龙粳 3001、松粳 19、松粳 28、绥粳 109、绥粳 209、绥粳 306

表 3-8(续)

相似度算法		种内低于种间均值个数	种内低于种间均值品种
余弦相似度	训练集	10	龙稻 3、龙稻 113、龙稻 1602、龙粳 50、龙粳 1624、龙粳 3040、龙粳 3407、绥粳 109、绥粳 209、绥粳 306
	测试集	9	龙稻 1602、龙粳 1624、龙粳 59、龙粳 3001、松粳 19、松粳 28、绥粳 109、绥粳 209、绥粳 306

由图 3-26(a)至图 3-26(c)和表 3-8 实验结果可知：

1 700~400 cm⁻¹ 波段光谱数据在两种相似度判别模型中，训练集和测试集分别有 10 种和 9 种品种存在样本种内相似度均值低于该品种和其他品种样本种间相似度均值现象，且出现此类情况的品种种类相同，整体判别效果一致，其中，龙稻 1602、龙粳 1624、绥粳 106、绥粳 209 和绥粳 306 在训练集和测试集均出现种内低于种间均值情况，而龙粳 59、龙粳 3001、松粳 19 和松粳 28 在训练集判别正确，在测试集其样本种内相似度均值却低于该品种样本与其他品种样本种间相似度均值，原因可能和相关系数判别中的龙粳 59 相同，但在两种相似度识别算法中品种识别率最高的是松粳 16，相似度均值达到 97% 以上。

对比余弦相似度和相关系数算法可知，相同的数据集，相关系数算法和余弦相似度均值整体相等，除龙粳 1473(品种 19)相关系数比余弦相似度均值高 0.01%。由此可以看出，在 1 700~400 cm⁻¹ 波段范围内，运用两种相似度算法对水稻种子品种样本间相似度得判别结果一致。

本节主要研究了 1 700~400 cm⁻¹ 波段光谱数据在 PLSDA 和 SVM 两种鉴别模型和相关系数和余弦相似度两种相似度判别模型中的效果，结合模型的综合参数、运行速率和鉴别效果等因素，总结如下：

1 700~400 cm⁻¹ 波段光谱数据在 PLSDA 和 SVM 两种鉴别模型中，SVM 鉴别模型鉴别效果优于 PLSDA 模型，从模型鉴别准确度上，SVM 测试集准确度为 87.27%，相比 PLSDA 模型的 68.48%，整体鉴别准确率提高了 18.79%；从模型运行速率上，SVM 模型的运行时间为 534.35 s，相比 PLSDA 模型的 216.09 s 慢 318.26 s，可见，SVM 模型速率低于 PLSDA 模型。

1 700~400 cm⁻¹ 波段光谱数据不论在相关系数算法还是余弦相似度判别模型中，种内低于种间相似度均值的种类和个数完全相同，训练集和测试集分别有 10 种和 9 种存在该品种样本种内相似程度低于该品种和其他品种样本种间相似度均值现象，虽然测试集相比训练集判别准确度有所提高，但龙稻 1602、龙粳 1624、绥粳 106、绥粳 209 和绥粳 306 等品种在训练集和测试集中均出现上述情形，判别效果不是很理想，还需要进行下一步分析。

通过 1 700~400 cm⁻¹ 波段光谱数据和 3 200~400 cm⁻¹ 波段光谱数据在分类鉴别模

型和相似度分析方法 4 种模型中的判别效果可知:在 PLSDA 和 SVM 分类鉴别模型中,SVM 在两种建模数据中判别效果均为最好,但 1 700~400 cm⁻¹ 波段光谱数据的鉴别准确率(87.27%)较 3 200~400 cm⁻¹ 波段光谱数据准确率(90.91%)差;在相关系数和余弦相似度分析模型中,两模型判别效果一致,但 3200~400 cm⁻¹ 波段数据判别效果优于 1 700~400 cm⁻¹ 波段数据,其中绥粳 209 和绥粳 306 均为种内低于种间相似度均值,仍需进一步分析;在判别时间上,1 700~400 cm⁻¹ 波段数据在分类鉴别模型中运行时间较 3 200~400 cm⁻¹ 波段数据皆缩短为不到原来的一半;由上可知,光谱建模数据的减少可以提高模型的运行速率,但建模效果在一定程度上呈现下降趋势。

3.4 基于光谱特征值的种子分类识别和相似度分析方法研究

3.4.1 数据来源

为进一步对建模数据进行压缩,对表 3-1 中 33 种粳稻种子的 3 200~400 cm⁻¹ 波段拉曼光谱数据采用特征提取方法提取特征值,首先运用 AIRPLS+1-Der 方法对其进行预处理,然后通过 SPA、SR 和 CARS 三种特征提取方法提取光谱特征,最后将提取的特征值作为研究对象,分析粳稻种子光谱特征值作为输入的分类识别和相似度分析模型的效果。

3.4.2 结果与分析

1. 拉曼光谱数据特征提取

由于原始及预处理数据量大,故进一步研究特征提取方法减少建模数据量。此处利用 3.1.4 和 3.1.5 所述方法对光谱进行预处理和特征波长的提取,3.2.2 章节中详细介绍了 3 200~400 cm⁻¹ 波段光谱数据的预处理结果,在此不再进行详细表述。应用 3 种特征提取方法对光谱数据提取过程如下:

(1)采用 SPA 方法对样本拉曼光谱数据进行特征值提取,运行结果如图 3-27 所示,由图 3-27(b)可以看出,最佳特征波数(图中"□"所对应的横坐标)对应均方根误差(RMSE)最小时个数为 39,说明提取的特征值包含粳稻种子的品种差别信息和真实值相比具有较高的相似性,因此,选取该 39 个波段及对应强度值作为后续建模数据。

(2)利用 SR 特征提取算法提取特征值,使最终样本集包含所有对因变量显著的变量,且包含的自变量要尽可能少,最终得到一个最优的变量集合,实验通过逐步回归选取特征变量数为 125 个。

(3)使用 CARS 算法(设置蒙特卡洛采样次数为 50)进行特征选取后结果如图 3-28 表示。由于指数衰减函数 EDP 的作用,在前 5 次采样中波段变量数减小的速度较快,随后逐渐变缓,表明其在特征变量选取中具有"粗选"和"精选"两个阶段,如图 3-28(a)所示。通过观察 RMSECV 值随采样次数的变化趋势,可见在采样次数的增加初始阶段,五折交互验证 RMSECV 值逐渐变小,表明大量与水稻品种鉴别无关或部分共线的信息被剔除,如图 3-28(b)表示。在采样次数为 16 时 RMSECV 取得最小值(图 3-28(c)中"＊"垂线标示),随着采样次数继续增加,RMSECV 值逐渐增加,说明模型性能会随着光谱数据中的关键信息的刨除逐渐变差。因此取第 16 次 MC 采样后获得的变量确定为预测水稻品种鉴别的特征值变量,共 405 个。

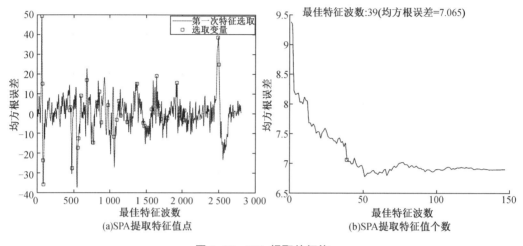

图 3-27　SPA 提取特征值

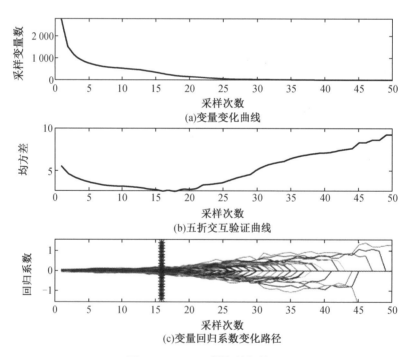

图 3-28　CARS 提取特征值

2. 基于分类算法的粳稻种子判别模型

（1）基于偏最小二乘建立粳稻种子判别模型

模型好坏不仅与鉴别准确度相关,模型的运行时间也是衡量其好坏的一个重要因素。实验探究了各种类粳稻种子在经过特征提取算法后,利用 PLSDA 模式识别分类算法中的判别效果,对训练集和测试集样本在经过 3 种特征提取方法后在模型中的效果进行分析。基于特征提取数据建模效果与模型运行时间分析如表 3-9 所示。

表 3-9　基于不同特征提取方法所建 PLSDA 模型的鉴别结果

特征提取方法	特征个数	潜变量因子数	均方根误差	交叉验证/%	误判个数（训练集/测试集）	训练集 NER/%	测试集 NER/%	运行时间/s
ORIGINAL	*	19	0.175 5	0.966 2	48/37	85.48	77.58	458.29
SPA	39	11	0.632 7	0.583 3	83/85	74.85	48.48	652.46
SR	125	19	0.206 3	0.854 8	54/49	83.64	70.30	83.18
CARS	405	18	0.303 0	0.812 5	53/48	83.94	70.90	51.23

注: * 表示未进行特征点选取,ORIGINAL 表示 3 200~400 cm^{-1} 光谱波段,下同。

表 3-9 中对比了 3 200~400 cm^{-1} 原始光谱和 3 种特征提取后光谱数据的 PLSDA 建模效果,由表可知,应用特征提取方法提取的特征值所有模型的训练集和测试集识别效果都较 ORIGINAL 光谱数据建模的模型效果差,可能是因为 ORIGINAL 模型只是去除了光谱数据中的背景和噪声,保留了水稻品种内绝大多数的特征,而 3 种特征提取方法均对 3 200~400 cm^{-1} 波段光谱数据的特征峰值进行了选择性保留,不同特征提取方法在选择特征值时存在偏差;通过 3 种特征提取算法所建模型的性能参数对比可知,SPA 特征提取方法建立模型性能参数最差,测试集准确度仅为 48.48%,且耗时最长,造成这种结果的原因可能是,SPA 方法提取的特征值个数最少,仅为 39 个,对光谱特征值的提取不能涵盖所有峰值,导致水稻品种内具有标志性的光谱峰值被滤除,使得光谱理化信息在模型中不能得到较好表达,SR 和 CARS 两种特征提取方法较 SPA 方法提取的特征值个数都得到提升,但两者测试集准确度相差不大,分别为 70.30% 和 69.70%（CARS 比 SR 多误判一个）,CARS 方法训练集准确度较 SR 方法高,与 ORIGINAL 模型训练集准确度相近,而且 CARS 方法比 SR 方法的模型运行时间短 20 s 左右,但两者相比 ORIGINAL 模型,运行时间都得到极大的提升,说明应用特征提取方法对光谱数据处理,在一定的条件下提升了模型的运行速率。

（2）利用支持向量机建立粳稻种子判别模型

为了进一步探究各种类粳稻种子在经过特征提取算法后在模型中的判别效果,实验采用和 PLSDA 模型相同的数据集和处理方法,利用 SVM 模式识别分类算法对训练集和测试集样本在经过 3 种特征提取方法后在模型中的效果进行分析。表 3-10 列出了在 SVM 模型中的 6 种模型的模型参数,模型参数包括提取特征个数、最优参数 C、V 准确度、误判个数、训练集准确度、测试集准确度和模型运行时间等,如表 3-10 所示。

表 3-10　基于不同特征值提取方法所建 SVM 模型的鉴别结果

特征值 提取方法	特征 个数	最优参数 C、V 准确度/%	误判个数 (训练集/测试集)	训练集 NER/%	测试集 NER/%	运行时间 /s
ORIGINAL	*	89.697 0	0/15	100	90.91	1 457.07
SPA	39	64.242 4	0/57	100	65.45	648.21
SR	125	86.567 2	0/18	100	89.09	112.32
CARS	405	89.881 8	0/13	100	92.12	169.07

由表 3-10 可知,所有模型的训练集识别效果较好;在测试集鉴别准确率数据对比中,基于 CARS 的特征提取方法建模效果好于其他几种,为 92.12%,说明特征波长提取算法可以有效滤除光谱数据中的无信息变量。基于 SPA 和 SR 的特征提取方法,虽然降低了建模数据维数,但建模准确率较 3 200~400 cm^{-1} 光谱差,SPA 方法建立模型性能参数最差,测试集准确率只达到 65.45%,从 3 种特征提取方法特区的特征个数可以看出,SPA 提取的特征只有 39 个,相比 SR 的 125 个和 CARS 的 305 个,SPA 提取的特征值最少,说明利用特征提取方法对数据提取的特征值个数,在一定程度上影响了光谱信息的表达;从模型运行时间数据对比可以看出,SR 特征提取数据建立的模型运行时间最短,CARS 次之,而 SPA 特征提取后数据建模运行时间则最长,但比 ORIGINAL 模型变短不用倍数,因此,可以得出,特征提取算法在一定程度上大大提高了模型的运行速率,因 CARS 算法所建模型准确度最高,模型运行时间也相对较短,相比其他 2 种特征提取算法,CARS 算法更适合对粳稻种子品种的鉴别分析。

(3)粳稻种子分类判别模型对比分析

本节主要研究了 SPA、SR 和 CARS 共 3 种特征提取方法所提取特征值分别在 PLSDA 和 SVM 分类判别模型中,对 33 种粳稻种子分类的判别效果。通过提取的特征个数、模型训练集准确度、测试集准确度和模型运行时间等模型参数,对模型的鉴别效果,进行了系统的分析,通过以上结果可知:

基于 CARS 的特征提取方法建模效果在 PLSDA 和 SVM 模型中好于其他几种,模型准确度分别为 70.09% 和 92.12%,在 2 种模型中,基于 SPA 和 SR 的特征提取方法,虽然降低了建模数据维数,但建模准确率较原始光谱差,其中,SPA 模型效果最差,分别比原始光谱准确率低 29.10% 和 25.46%;从模型运行时间数据对比可以看出,2 种模型中 SR 特征提取数据建立的模型运行时间分别为 83.18 s 和 112.32 s,CARS 为 51.23 s 和 169.07 s,相比 ORIGINAL 光谱所建模型,运行时间均大幅度降低,而 SPA 特征提取后数据建模运行时间不仅在两种模型中均为最长,而且是 ORIGINAL 光谱所建模型运行时间的 1.42 和 2.25 倍;因此,对比 PLSDA 和 SVM 建模方法可知,相同的数据集,SVM 方法建模的训练集与测试集鉴别准确率明显优于 PLSDA 方法,但在模型运行时间上,SVM 方法略显劣势。

在探究 3 种光谱特征提取方法和运行时间对模型影响中,CARS 提取的特征值在模型中预测效果优于其他算法,在 PLSDA 和 SVM 模型中分别比 SPA 算法高 22.42% 和 26.27%,比 SR 算法所建模型准确度高 0.6% 和 3.03%。特征提取算法中,SVM 模型比 PLSDA 模型准确度高 22.03%,因此,SVM 分类判别模型在此条件下更适合对北方多品种粳稻种子的拉曼光谱鉴别。

3. 基于相似度分析方法的粳稻种子判别模型

(1)基于相关系数的粳稻种子相似度分析方法

在 3.4.2.2 章节中,利用 PLSDA 和 SVM 分类判别算法,探究了粳稻种子利用不同特征提取方法提取的特征值鉴别效果,在 3.2.2.3 和 3.3.2.3 小节中,分别探讨了 3 200~400 cm^{-1}波段光谱数据和 1 700~400 cm^{-1} 波段光谱数据在相似度算法中的粳稻种子判别效果,实验为进一步探究特征提取算法对分类判别效果的影响,找出品种间的相似度关系,首先将 SPA、SR 和 CARS 3 种特征提取方法提取的特征值为输入;然后利用相关系数算法,最后分析输出的相似度对于不同品种间的区别与联系。3 种特征提取方法提取的特征值在相关系数算法中训练集和测试集判别效果分别如下图 3-29、图 3-30 和图 3-31 所示。其中,系列 1 和系列 2 分别表示某品种样本种内相似度均值与其他 32 种品种样本种间相似度均值中第 2 和第 1 高的相似度均值,系列 3 表示该品种样本种内的相似度均值。

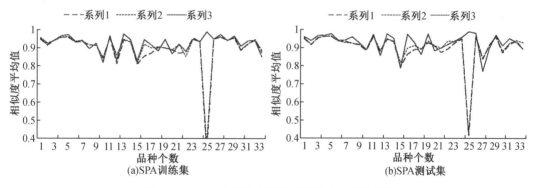

图 3-29 SPA 特征值在相关系数算法中判别效果

由图 3-29 可知,品种内相似度均值整体优于品种间相似度均值,但在 SPA 算法所建模型的训练集中有 13 种品种存在种内相似度均值低于种间相似度均值情况,品种分别为龙稻 6(品种 3)、龙稻 28(品种 8)、龙稻 113(品种 10)、龙稻 1602(品种 12)、龙粳 46(品种 15)、龙粳 59(品种 18)、龙粳 1624(品种 20)、龙粳 3040(品种 22)、龙粳 3407(品种 24)、松粳 18(品种 26)、松粳 28(品种 28)、绥粳 209(品种 32)和绥粳 306(品种 33);在测试集中有 9 种品种存在种内相似度均值低于种间相似度均值情况,整体准确度较训练集有所提高,但效果不太理想,其中,龙稻 6、龙稻 28、龙稻 113、龙粳 3407 和松粳 18 种内相似度均值较训练集整体提升,判别准确,但松粳 19(品种 27)种内均值降低,出现低于种间相似度均值情况,松粳 16 种内和种间样本相似度均值相差较大,判别效果较为明显。

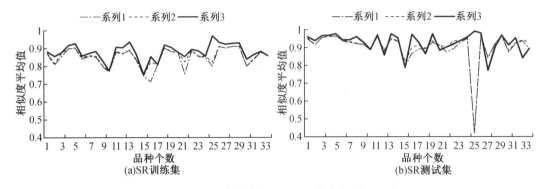

图 3-30　SR 特征值在相关系数算法中判别效果

由图 3-30 可知,在训练集中,不同品种样本种内相似度均值整体在种间相似度均值上方,判别效果相对较好,训练集有 5 种样本种内相似度均值低于种间均值;在测试集中,不同品种样本种内相似度均值较种间相似度均值波动较大,判别效果次于训练集,总计有 9 种品种存在这种情况,可能是由于 SR 特征提取算法一方面提取特征值少,不能涵盖所有特征峰值点;另一方面测试集样本个数少,样本训练不够充分,故判别效果较训练集差。除此之外,龙稻 113(品种 10)、龙粳 50(品种 17)和龙粳 3407(品种 24)虽在训练集种内相似度均值低,但在测试集中效果较好,而龙稻 1602(品种 12)、龙粳 46(品种 15)、龙粳 59(品种 18)、龙粳 3040(品种 22)、松粳 19(品种 27)、松粳 28(品种 28)、绥粳 209(品种 32)种内相似度均值均低于种间相似度均值,且龙粳 1624(品种 20)和绥粳 306(品种 33)不论在训练集,还是在测试集出现种内相似度均值低于种间相似度均值情况,因此,还需要对存在这种情况原因进行进一步探究。

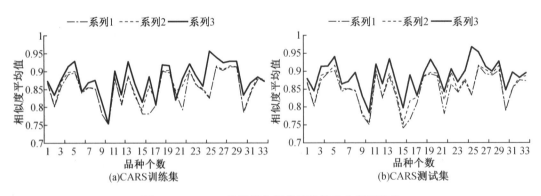

图 3-31　CARS 特征值在相关系数算法中判别效果

由图 3-31 可以看出,CARS 算法种内相似度均值测试集效果明显优于训练集,在训练集中,龙稻 113(品种 10)、龙粳 50(品种 17)、龙粳 1624(品种 20)和绥粳 306(品种 33)种内相似度均值低于种间相似度均值,在测试集中,只有绥粳 209(品种 32)种内相似度均值低于种间相似度均值,可见测试集的判别准确率得到提升,可能是因为 CARS 算法提取的特征值较 SPA 和 SR 算法多,为 405 个,包含了大部分光谱峰值,样本内部化学信息丰富,判别的准确率得到提高。

3 种特征提取方法提取的特征值和原始光谱数据在相关系数算法中,训练集和测试集种内相似度均值低于种间均值的品种个数,如图 3-32 所示。

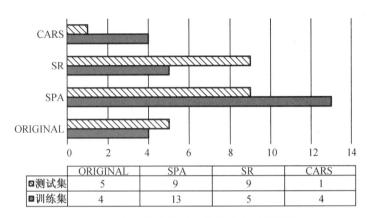

	ORIGINAL	SPA	SR	CARS
☐测试集	5	9	9	1
■训练集	4	13	5	4

图 3-32　特征值在相关系数算法中判别效果

由图 3-32 可知,3 种特征提取算法提取的特征值在相关系数算法中相似度识别效果除 CARS 外,均次于 ORIGINAL 光谱数据判别效果,说明不同特征提取方法提取特征值的数量,影响建模效果,CARS 方法提取特征值最多,为 405 个,其建模效果在 4 种模型中最好,SR 提取特征值 125 个和 SPA 方法 39 个,虽然降低了建模数据维数,相似度识别准确率较 ORIGINAL 原始光谱差,ORIGINAL 因包含全光谱数据,各粳稻种子品种内部的化学信息较为全面,故建模效果较好,但 ORIGINAL 波段光谱数据的数据量较大,影响模型的运行速度。由实验结果可知,CARS 特征提取算法在相似度算法中不仅缩短了数据维度,而且提高了相似度算法判别的准确度。

(2)基于余弦相似度的粳稻种子相似度分析方法

本小节利用余弦相似度算法,进一步探究特征提取算法对分类判别效果的影响,找出品种间的相似度关系,3 种特征提取方法提取的特征值在相关系数算法中训练集和测试集判别效果分别如图 3-33、图 3-34 和图 3-35 所示。其中,系列 1 和系列 2 分别表示某品种样本种内相似度均值与其他 32 种样本种间相似度均值中第 2 和第 1 高的相似度均值,系列 3 表示该品种样本种内的相似度均值。

3 种特征提取方法提取的特征值和 3 200~400 cm^{-1} 光谱数据在余弦相似度算法中训练集和测试集判别效果如图 3-36 所示。

由图 3-33、图 3-34 和图 3-35 可以看出,3 种特征提取算法提取的特征值在余弦相似度算法中识别效果较好,说明特征值可以使水稻光谱信息得到良好表达;由图 3-36 相似度识别准确度数据对比中可知,基于 CARS 的特征提取方法建模效果好于 SR 和 SPA,

其中 CARS 算法所建相似度模型的训练集和测试集,分别有 4 种和 1 种存在种内相似度均值低于种间相似度均值现象;基于 SR 和 SPA 的特征提取方法,虽然降低了建模数据的维数,但相似度识别准确率较 ORIGINAL 光谱差,其中,基于 SR 和 SPA 特征提取方法测试集判别效果相同,但 SR 训练集有 5 种存在种内相似度均值低于种间相似度均值现象,而SPA 有 13 种;CARS 方法和 ORIGINAL 光谱数据训练集判别效果相同,皆有 4 种以上情况,但 CARS 方法测试集却远远好于 ORIGINAL 测试集;由实验结果可知,CARS 特征提取方法在余弦相似度算法中能在对数据大幅度压缩的情况下,提高了相似度算法判别准确度。

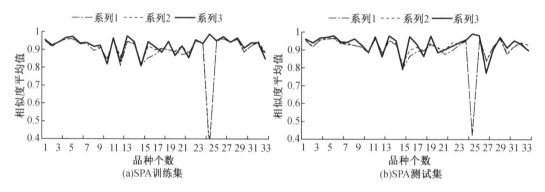

图 3-33　SPA 特征值在余弦相似度算法中判别效果

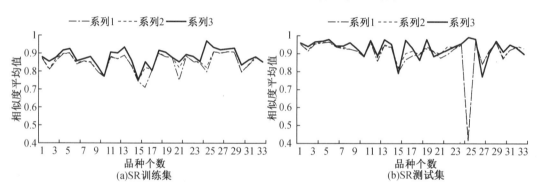

图 3-34　SR 特征值在余弦相似度算法中判别效果

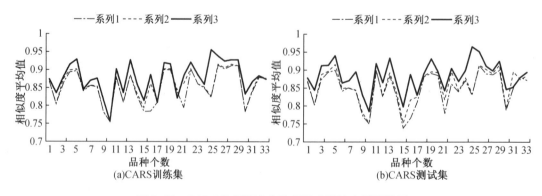

图 3-35　CARS 特征值在余弦相似度算法中判别效果

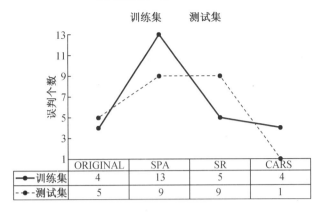

图 3-36　特征值在余弦相似度算法中判别效果

（3）粳稻种子相似度判别方法对比分析

通过 3 种特征提取方法在相关系数和余弦相似度算法中对 33 种粳稻种子品种的相似度判别结果分析,如表 3-11 所示。

表 3-11　基于不同特征值提取方法在相似度算法中的鉴别结果

特征提取算法	特征个数	相关系数(个数)		余弦相似度(个数)		运行时间
		训练集	测试集	训练集	测试集	/s
SPA	39	13	9	13	9	3 215.14
SR	125	5	9	5	9	22.01
CARS	305	4	1	4	1	11.05

由表 3-11 及以上研究可以得出以下结论:

在 3 种特征提取算法中,基于 CARS 特征提取算法构建的两种相似度算法训练集和测试集准确度均为最好,训练集中种内相似度均值低于种间相似度均值的种类为龙稻 113、龙粳 59、龙粳 1624 和绥粳 306,测试集种类为绥粳 209;SR 算法测试集准确度次之,其训练集存在低于种间相似度均值的种类为龙稻 113、龙粳 50、龙粳 1624、龙粳 3407 和绥粳 306,测试集种类为龙稻 1602、龙粳 46、龙粳 59、龙粳 1624、龙粳 3040、松粳 19、松粳 28、绥粳 209 和绥粳 306,SPA 和 SR 测试集种内相似度均值低于种间均值个数和种类完全相同,但 SPA 训练集准确度在 3 种模型中最差,其种内低于种间相似度均值的种类为 13 种,达到最高,出现这种情况可能是因为 SPA 算法进行特征提取时滤除了大部分光谱特征峰值,提取特征点较少,在进行建模分析时无法对两个同系列或相似品种进一步判别,故出现种内相似程度低于种间相似度均值情况;在 3 种特征提取算法的运行时间比较中,CARS 算法运行时间最短,为 11.05 s,SR 次之,SPA 运行时间最久。

在 SPA、SR、CARS 3 种特征提取算法中,CARS 算法相似度识别效果最好,为探究 CARS 算法在相关系数和余弦相似度 2 种算法中相似度均值得判别效果,实验将 2 种算法模型测试集进行对比分析,具体如图 3-37 所示。

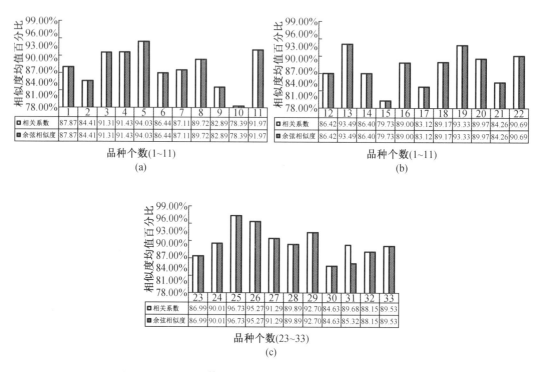

图 3-37　CARS 算法测试集在余弦相似度模型中判别效果

由图 3-37 分析可知,相同的数据集,应用余弦相似度算法对粳稻种子品种相似度的识别效果和相关系数算法识别效果相同,说明运用 CARS 算法在相关系数和余弦相似度两模型中判别效果相同,对比 3 种特征提取算法的相似度判别准确度,CARS 算法在 2 种相似度识别算法中判别准确度均高于其他几种特征提取算法,且运行时间最短。

本章主要介绍了 33 种粳稻种子品种特征值在分类算法 PLSDA 和 SVM 模型与相似度算法相关系数和余弦相似度模型中的判别效果。文章利用连续投影算法、逐步回归算法和竞争自适应加权采样法 3 种特征提取方法,通过特征值在 4 种模型中判别效果得到如下结论。

在 3 种特征提取算法中,CARS 算法不仅在 PLSDA 和 SVM 分类模型中识别效果较好,在 2 种模型中准确度均最高分别为 70.90% 和 92.12%,而且在相关系数和余弦相似度算法相似度模型中,识别准确度也优于 SR 和 SPA 特征提取算法,其在两种相似度算法判别模型中训练集和测试集判别效果一致,分别有 4 种和 1 种品种样本种内相似度均值低于种间相似度均值,分别是龙稻 113、龙粳 59、龙粳 1624、绥粳 306 和绥粳 209。

在 PLSDA 和 SVM 2 种鉴别模型中,相同的数据集,SVM 模型具有较高的识别准确率,其准确率比在 PLSDA 模型中高 21.22%,在余弦相似度算法和相关系数算法对品种间相似程度中的判别效果相当。

通过特征值光谱数据和 1 700~400 cm^{-1} 波段光谱数据在分类鉴别模型和相似度分析方法 4 种模型中的判别效果可知:在 PLSDA 和 SVM 分类鉴别模型中,SVM 在 2 种建模数据中判别效果均为最好,但 1 700~400 cm^{-1} 波段光谱数据的鉴别准确率(87.27%)较 CARS 算法提取特征值数据建模准确率(92.12%)差;在相关系数和余弦相似度分析模型中,两模型判别效果一致,但 CARS 算法提取特征值数据判别效果优于 1 700~400 cm^{-1} 波段数据,CARS 算法训练集(4 种)和测试集(1 种)相比 400~1 700 cm^{-1} 波段数据训练集(10 种)和测试集(9 种)种内低于种间相似度均值,极大提升了判别效果;在判别时间上,CARS 算法提取特征值数据在分类鉴别模型中运行时间较 1 700~400 cm^{-1} 波段数据皆减少至不到原来的三分之一;由上可知,提取特征值建模不仅提升模型的运行速率,而且还可以增强数据的建模能力,提高模型准确度。

3.5 本章小结

水稻是产量和种植面积均为黑龙江省首位的粮食作物,在不同积温带适宜栽种水稻种子的品种不一,而且水稻种子难以通过外观进行区分,为了方便、快捷、高效地对不同品种的水稻种子进行区分,本章以 33 种粳稻种子为研究对象,利用粳稻种子的分段拉曼光谱和光谱特征值,分别建立了的分类识别和相似度分析判别模型。主要结论如下:

分析了 SG、AIRPLS、1-Der、2-Der、MC 等预处理方法及其组合方式对建模效果的影响,通过 13 种预处理方法处理后数据与未进行处理的光谱数据在 3 200~400 cm^{-1} 波段光谱数据所建模型判别效果,综合对比可知:AIRPLS+1-Der 方法对样本的光谱背景和噪声的滤除效果都最佳,即 AIRPLS+1-Der 光谱预处理方法能有效滤除样本中的噪声的同时保持模型的判别准确度。

利用 AIRPLS+1-Der 为预处理方法,以 3 200~400 cm^{-1} 波段、1 700~400 cm^{-1} 波段和特征值等 3 种不同光谱信息为研究对象,构建 PLSDA 和 SVM 算法鉴别模型,分析 33 种粳稻种子品种鉴别效果。综合对比可知:3 种光谱在 SVM 模型建模效果整体优于 PLSDA 模型,从鉴别准确度上,CARS 算法提取特征值所建模型效果最好,准确度度达 92.12%,3 200~400 cm^{-1} 波段光谱数据次之,为 90.91%,1 700~400 cm^{-1} 波段光谱数据最差,为 87.27%;从模型运行时间上,数据量越少建模所用时间越短,CARS 算法提取特征值所建模型运行时间最短(169.07 s),1 700~400 cm^{-1} 波段次之(534.35 s),3 200~400 cm^{-1} 波段最久(1 457.07s)。

利用 AIRPLS+1-Der 为预处理方法,以 3 200~400 cm^{-1} 波段、1 700~400 cm^{-1} 波段和特征值等 3 种不同光谱信息为研究对象,构建相关系数和余弦相似度算法判别模型,分析 33 种粳稻种子品种相似度判别效果。综合对比可知,3 种光谱在两种算法的训练集和测试集判别效果相同,种内相似度均值低于种间相似度均值的个数和品种一致,但种内相似度均值整体高于种间相似度均值,松粳 16 样本种内相似度均值最高,为 97.3%;从判别效果种内低于种间的个数可知,CARS 算法效果最好(训练集和测试集分别为 4 种和 1 种),3 200~400 cm^{-1} 波段次之(训练集和测试集分别为 4 种和 5 种),而 1 700~400 cm^{-1} 波段效果最差(训练集和测试集分别为 10 种和 9 种);从判别效果种内低于种间的种类上可知,龙稻 1602、松粳 28 和绥粳 306 在 3 种光谱信息所建相似度模型中,测试集均出现种内低于种间相似度均值情况(除 CARS 算法所建模型),说明 CARS 算法可以有效提高相似度模型的判别能力;通过 3 种光谱模型的测试集相似度均值对比可知,余弦相似度算法在一定程度上可以提高训练集种内相似度均值,从而提高模型的判别能力。

第4章 基于拉曼光谱与有机成分分析的大米身份识别

在实施食品安全战略过程中,食品产地溯源是保障食品安全的重要途径之一,大米居于"五谷之首",其安全一直是人们重点关注内容。我国水稻种植区域大,品种多,传统的大米身份检测方法主要停留在感官检测和化学检测两方面,不仅费时费力,且不便于推广,一些不法商贩利用这些漏洞,用非优质大米充当优质大米等现象层出不穷,同时,食品产地溯源技术的推进进一步提高了大米质量精细管控的要求。研究单籽粒大米产地、品种的快速、无损检测技术对保护稻农利益,维护交易秩序及保障"舌尖上的安全"具有重要意义。

本章以东北地区14种大米为研究对象,利用拉曼光谱技术结合化学计量学方法及计算机编程技术,针对地域相近大米产地和品种无损检测分类难的问题,研究单籽粒大米产地、品种检测方法。

4.1 大米拉曼光谱采集与处理方法研究

4.1.1 材料与方法

1. 实验材料

实验选用2015年黑龙江省五常市古榆树村种植生产的五优稻2号粳米样本200 g,样品为古榆树村村民孙先生提供。实验初,去除有损伤的大米,在室温中存放15 d后进行光谱实验,以确保所有样品及光谱仪器处于等温、等湿度条件下,从而减少外界环境对实验结果的影响。

2. 仪器设备

实验使用美国DeltaNu公司生产的台式拉曼光谱仪Advantage 532,如第2章的图2-8所示,仪器配有可调三维样品架,结合ProScope HR软件获取样本图像信息,根据待测样品调节放置样品架高度及位置从而获得最佳光谱信息。

3. 实验方法

实验中,考虑样品的实际情况,对样本采取固体整粒测量方法,采用小于5 mW的低激发功率,测试条件为室温,相对湿度<50%。在测量中,首先以硅片作为基底,将米粒放置于硅片上,打开ProScope HR便携式数字显微镜软件,调节支架的高度及左右位置,不断观察软件显示界面图片,直到能够清晰地显示大米纹理信息,确定最佳位置,然后打开NuSpec软件,调整采集参数,在机器预热30 min后,开始光谱采集并保存为dnu和prn格

式文件,以方便后期数据处理,所有数据获取都在室温下暗室内进行。

在光谱分析过程中,除了使用仪器自带的 NuSpec 软件、ProScope HR 便携式数字显微镜软件外,还需要用到其他的数据分析处理软件,包括 Matlab 2010、Origin 9.0 等。

4.1.2 结果与讨论

1. 拉曼光谱预处理

为了增强数据差异达到促进建模效果的目的,光谱预处理是必不可少的。预处理主要涉及数据规范化处理、去噪、光程校正、基线校正等。

通过章节 1.1 方法对大米光谱进行预处理,进行去趋势、多项式拟合及自适应迭代重加权惩罚最小二乘法、改进移动平均平滑去基线方法等对光谱的去背景效果,将 4 种方法预处理扣除背景后光谱图作图进行对比,如图 4-1 所示。其中,多项式拟合次数为 4 次,AIRPLS 的惩罚参数 λ 为 $10e^6$,权重为 0.05,最大迭代次数为 20。4 条曲线都是去除背景后的光谱曲线,去趋势后曲线明显仍旧存在较大背景,且在 700 ~ 400 cm^{-1}、1 700 ~ 1 500 cm^{-1} 波段皆为负值,多项式拟合、适应迭代重加权惩罚最小二乘法及 IMA 扣除背景效果明显优于去趋势方法,将该 3 种方法作图于 4-2 中进一步对比,其中,多项式拟合也出现了部分波段为负值的情况,而自适应迭代重加权惩罚最小二乘法和 IMA 方法要好于前者,且初始端和结束端波段变化未出现多项式拟合的急速下降和上升问题,表现出更多的特征峰信息,自适应迭代重加权惩罚最小二乘法和 IMA 去背景方法得到的波形较为相似,出现了部分区域基本重合现象,但在 1 450~700 cm^{-1} 波段,自适应迭代重加权惩罚最小二乘法获得的曲线强度明显高于后者,但自适应迭代重加权惩罚最小二乘法在 700~500 cm^{-1}、1 000 cm^{-1}、1 200 cm^{-1}、1 500 cm^{-1} 附近出现了负值现象,而 IMA 全波段无负值,2 种方法其他波段相差不大。

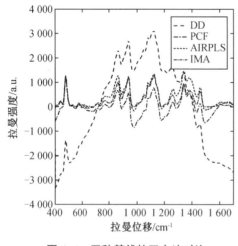

图 4-1　四种基线校正方法对比

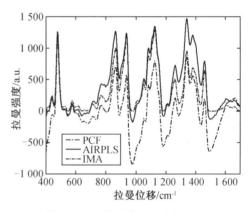

图 4-2　三种基线校正方法对比

综上所述,为了全面考查各种预处理方法对建模的数据增强作用,后续将讨论 SG 光滑、标准化、均值中心化、归一化、标准正态变量变换、多元散射校正、去趋势、SG-SNV、SNV-DD、SG-SNV-DD、AIRPLS 及 PCF 等 12 种方法对模型的识别效果。

2. 大米拉曼光谱特征波长提取与指认

经过 SG 光滑后,利用 Baseline Wavelet 方法对全光谱进行基线校正,为了突出较小的特征峰,避免过拟合,具体参数为脊线信噪比阈值 SNR Th = 1,峰的长度 ridgeLenth = 5,背景拟合参数 $\lambda = 100$,峰值形状阈值 threshold = 0.3,搜索峰值时步长 gapTh = 3,最终得到去除背景后的光谱如图 4-3 所示。

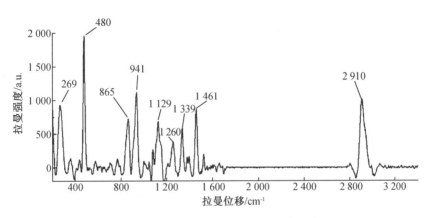

图 4-3 大米拉曼光谱特征峰

经过预处理及特征提取后,获得了大米拉曼光谱特征信息。大米的主要成分包括淀粉、蛋白质、脂肪等,由于不同化学成分、含量及结构可含有不同的振动光谱信息,大米拉曼光谱在 269、480、865、941、1 129、1 260、1 339、1 461、2 910 cm⁻¹ 处有明显的拉曼特征峰,表现出其主要营养成分为淀粉、蛋白质及脂肪,参考其他研究人员分析结果,具体拉曼归属见表 4-1 所示。

表 4-1 拉曼拉曼特征及其归属

序号	光谱波数/cm⁻¹	表现形式	光谱归属
1	269 s	C 骨架振动	淀粉
2	443 w	吡喃环骨架振动	糖类
3	480 s	骨架振动峰	淀粉
4	581 w	$\delta(C-C-O)+\tau(C-O)$	葡聚糖
5	714 w	$\delta(C-C-O)$	糖原
6	767 w	O＝C—N 变形振动和 OH 变形	酰胺Ⅳ
7	865 s	C—H 变形振动和 C—O 的环振动	支链淀粉、糖环

表 4-1（续）

序号	光谱波数/cm⁻¹	表现形式	光谱归属
8	941 s	C—O—C 的对称伸缩振动	糖原及支链淀粉
9	1 054 w	$v(C—O)+v(C—C)+\delta(C—O—H)$	脂肪
10	1 081 m	C—O—H 弯曲振动	直链淀粉
11	1 129 s	C—O 伸缩振动和 C—O—H 弯曲变形振动	糖
12	1 212 w	$v(C—C)+v(C—O)$	淀粉
13	1 260 s	酰胺Ⅲ带 C—N 伸缩振动峰	蛋白质
14	1 339 s	C—O—H 弯曲和 C—C 伸缩振动	糖
15	1 382 w, 1 399 w	C—C 伸缩振动	淀粉
16	1 461 s	C—H 面内弯曲振动	糖
17	1 527 w	酰胺Ⅱ带 C—N 伸缩振动	蛋白质
18	1 661 w	酰胺Ⅰ带 C＝O 伸缩振动	蛋白质
19	2 910 s	CH_2 伸缩振动及 NH_2 伸缩振动	淀粉

注：δ 为弯曲振动；v 为伸缩振动，s 为 strong，m 为 medium，w 为 weak。

4.2　大米身份识别建模方法的研究

产地与品种都会赋予大米差异性的成分信息，不同产地不同品种、不同产地相同品种、相同产地不同品种都会存在成分的差异，不同成分变化会导致光谱信息差异，由于光谱信息数据冗杂，本节首先对大米拉曼光谱进行预处理和降维处理，然后研究大米身份识别模型建模方法，对不同预处理下不同建模方法建立模型进行对比分析，选择在不同数据中具有较好适应性的模型用于大米身份识别，从而提高大米身份识别效率及准确率。

4.2.1　材料与方法

1. 实验材料

进行拉曼光谱采集的样本为 2015 年采收的大米样本，编组为 5~7 的样本为五常市古榆树村村民孙磊提供，其余编号样本为产地直接采收购买，所有样本均为粳米，详细信息如表 4-2 所示，共 8 种粳米样本，分别来自黑龙江省和辽宁省不同水稻主产区，既包括享誉全球的地理标志产品的五常大米，也包括我国主要粮食供应基地黑龙江农垦总局下属建三江分局七星农场的大米，同时还有其他地理标志产品，如响水大米、桓仁大米、泰来大米，所选大米样本具有地域、品种代表性。实验选用的 8 种粳米样本包含了不同产地、不同品种；相同产地、不同品种及不同产地相同品种的大米，对后续研究产地、品种对大米身份鉴别的影响具有重要意义。

表4-2　大米样本信息

品种	编组	编号	产地	年份
五优稻2号	1	1~45	黑龙江省五常市安家镇	2015
空育131	2	46~90	黑龙江省宁安市渤海镇响水村	2015
五优稻2号	3	91~135	黑龙江省齐齐哈尔市泰来县江桥镇	2015
七星一号	4	136~180	农垦总局建三江分局七星农场第四管理区	2015
五优稻2号	5	181~225	黑龙江省五常市古榆树村	2015
东农425	6	226~270	黑龙江省五常市古榆树村	2015
五常639	7	271~315	黑龙江省五常市古榆树村	2015
五优稻2号	8	316~360	辽宁省桓仁满族自治县	2015

2. 实验仪器与方法

实验仪器如图2-2所示,激光强度为h,积分时间为4 s,扫描次数为4次,在大米强度没有超限时不进行再次加工,每种大米最少15粒,测量根、中、尖3个位置并以大米产地、品种名称及位置信息进行存储。

4.2.2　结果与讨论

1. 拉曼光谱预处理与波长变量选择

(1)拉曼光谱预处理

利用第1章所述方法对光谱进行处理,图4-4和图4-5分别为SG和SG-PCF处理结果。由SG-PCF处理得到的曲线可以看出,经过PCF预处理后可凸显峰值特征,且去掉了荧光背景。

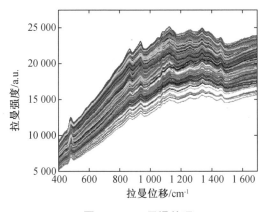

图4-4　SG平滑处理

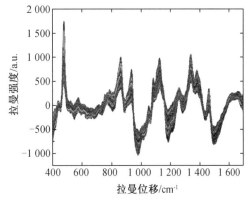

图4-5　平滑处理后最小二乘拟合

（2）波长变量选择与筛选

在建模前，除了对光谱数据进行必要的预处理外，往往需要提取光谱特征变量，即从已经获得的大米原始或已经预处理后的光谱数据中，除去冗杂的信息，保留能否反映该大米的差异性特征信息，此处主要通过主成分分析、连续投影算法对大米特征变量进行筛选，以备下一步分析。

①主成分分析（principal component analysis, PCA）特征提取

PCA 的目的是将数据降维，将可能存在相关性的原始数据通过正交变换的方法得到一组线性不相关的变量，这组变量就是主成分。在光谱数据分析中，几千个变量不可能每一个都能够表达原始数据的特征，把这些原始波长对应的相对强度数据通过变换得到能够表达原始数据的特征而不丢失有用信息，这就是特征提取。经过 PCA 进行数据压缩后，数据会变换到一个新的坐标系，坐标系以数据投影的方差由大到小排列，经转换得到的新变量相互正交，互不相关，消除了变量之间可能存在的多重共线性。

实验中，对已经剔除异常样本的大米原始光谱及经过各种预处理的光谱进行主成分分析，结果如表 4-3 所示，前 5 个主成分 PC1-PC3 累计贡献率达 91.89% 以上，满足主成分分析中主成分数确定的要求，为了研究主成分数对建模的影响，后续以 PCA 特征进行分类鉴别时将以得分前 10 列以内作为数据带入算法进行分析。

表 4-3　13 种预处理方法主成分分析前 5 个主成分的累计贡献率

预处理方法	方差贡献率/%					累计贡献率/%
	PC1	PC2	PC3	PC4	PC5	
OS	95.62	3.44	0.76	0.09	0.07	99.98
MC	55.37	36.62	6.29	1.30	0.15	99.73
NL	95.34	3.77	0.64	0.13	0.09	99.97
AS	94.99	4.03	0.74	0.12	0.09	99.97
SG	95.62	3.44	0.76	0.09	0.07	99.98
MSC	95.34	3.77	0.64	0.13	0.09	99.97
SNV	94.99	4.03	0.74	0.11	0.09	99.96
DD	78.98	17.33	2.70	0.31	0.18	99.50
SG-SNV	80.11	15.58	3.03	0.42	0.20	99.34
SNV-DD	94.99	4.03	0.74	0.12	0.09	99.97
SG-SNV-DD	76.51	18.51	3.68	0.50	0.15	99.35
PCF	64.81	17.31	6.27	2.40	1.10	91.89
AIRPLS	76.51	18.50	3.70	0.14	0.06	98.91

注：OS 为 1 700~400 cm^{-1} 原始光谱，下同。

　　PCA 得分图在一定程度上能够反映数据集的聚类情况,它是一种无监督模式识别方法。对编组为 2、4、5 的不同产地不同品种大米的原始光谱及不同预处理后光谱前两个主成分 PC1、PC2 作图,由于经过 AS、SG、MSC、SNV、DD、SNV-DD 、PCF 等预处理后的聚类图与 NL、MC、SG-SNV 及 SG-SNV-DD 中预处理后聚类图相近,故只列出了上述四种主成分聚类图,如图 4-6 所示,由图可知,无论哪种预处理方法经过主成分分析作图后,3 种样品基本上能够分布在 3 个区域,但彼此之间也存在重叠的部分,且出现部分样本在三个区域外的现象,导致此现象的原因可能为样本地域或品种相近、光谱差异性小;从样本分布的稀疏程度来看,2 号(宁安市渤海镇响水村空育 131)、4 号(佳木斯市建三江分局七星农场第四管理区七星一号)样本在主成分空间分布相对较为集中,而 5 号(五常市古榆树村五优稻 2 号)样本分布范围较分散,且 2 号与 5 号样本重叠区域较多,导致重叠区域样本身份很难采用主成分分析鉴别,但经过 SG-SNV、SNV-DD 及 SG-SNV-DD 预处理后的光谱主成分分析后明显比原始光谱聚类效果要好,分类界限更明显,不同预处理后光谱主成分分析作图后差异不大,若要分析不同处理方法对分类算法的影响,需要借助进一步分类鉴别的结果进行检验。

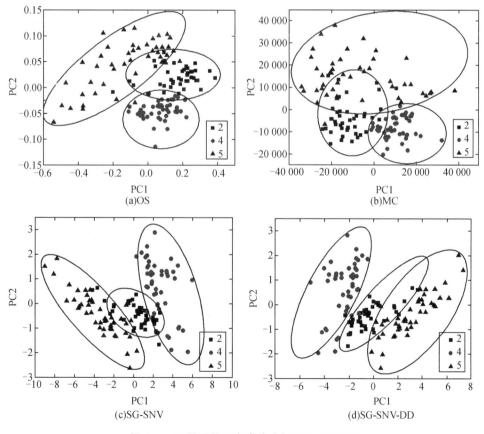

图 4-6　不同预处理主成分分析 PC1×PC2 图

②连续投影算法(SPA)特征提取

SPA 是一种特征波长提取方法,在给定需要选择的波长个数范围前提下,计算校正集光谱阵中列向量的投影值,提取最大投影值的波长变量序号,利用 MLR 等方法进行交互验证分析,以最小的 RMSECV 所对应的序号列为当前选择结果,通过循环方式,得到最终的特征变量列序号,从原始光谱中抽取序号对应列,从而组成特征矩阵。

已知校正集光谱阵 $X(n×m)$,给定波长个数最大值为 h,具体步骤如下:

①第 1 次迭代($p=1$)开始前,在光谱矩阵中任选一列向量 x_j,记为 $x_{k(0)}$,即 $k(0)=j,j \in 1,2,\cdots,m$。

②把还没被选入的列向量位置的集合记 $s,s=\{j,1 \leq j \leq m,j \notin \{k(0),\cdots,k(p-1)\}\}$。

③分别计算剩余列向量 $x_j(j \in s)$ 与当前所选向量 $x_{k(p-1)}$ 的投影:

$$px_j=x_i-[x_j^T x_{k(p-1)}]x_{k(p-1)}[x_{k(p-1)}^T x_{k(p-1)}]^{-1},j \in s \qquad (4-1)$$

④提取最大投影值的波长变量序号:$k(p)=\arg[\max(\|px_j\|)],j \in s$;令 $x_j=px_j,j \in s$;

⑤如果 $p=p+1$,如果 $p<h$,返回到第②步循环计算;

⑥最终选取的波长变量为 $\{k(p),p=0,1,\cdots,h-1\}$。

对应于每一个初始 $k(0)$,循环一次后进行 MLR 或 PLS 等交互验证分析,最小 RMSECV 所对应的 $k(p)$ 即为最终的选择结果。

SPA 方法在多种光谱的多元定量和定性分析中得到应用,均取得了较好的效果。借鉴其他研究人员的成果,设定波长变量数量范围为 1~40,以均方根误差为评价指标,以最小 RMSE 值对应的波长个数作为建模所需的特征波长个数,经过计算,不同预处理方法下 RMSE 及对应的最佳波长个数如表 4-4~表 4-6 所示,1 700~400 cm⁻¹ 波段的原始光谱与归一化、标准化、光滑、多元散射校正、标准正态变量变换、光滑后经标准正态变量变换光谱经 SPA 特征提取后结果相同,SG-SNV-DD 与 SNV-DD 的 SPA 特征提取变量结果相同,故将相同参数统计为一栏。

由表 4-4~表 4-6 可知,经过 SPA 筛选后的特征波长变量数量范围为 7~20,数据压缩比为 185~65,大大减少了建模数据,便于后续模型运算。但选择的波长与大米拉曼特征振动波长重合数量不多,能否代表各种大米的差异性信息有待于进一步通过模型建立与检验分析。

表 4-4　13 种预处理方法下编组为 2,4,5 的 SPA 提取波长

预处理方法	SPA 参数		选择波数/cm⁻¹
	RMSE	Var_sel	
OS/NL/AS/SG/MSC /SNV/SG-SNV	0.261 73	20	405,460,482,487,492,526,548,587,674,813, 942,956,980,1 034,1 214,1 228,1 339,1 450, 1 478,1 524

表 4-4（续）

预处理方法	SPA 参数		选择波数/cm⁻¹
	RMSE	Var_sel	
MC	0. 256 18	15	745,815,941,967,981,1 018,1 035,1 123,1 148,1 175,1 184,1 207,1 215,1 324,1 353
DD	0. 322 23	17	607,664,693,699,1 124,1 295,1 325,1 345,1 360,1 394,1 401,1 407,1 426,1 432,1 442,1 457,1 700
SG-SNV-DD/SNV-DD	0. 344 03	16	483,621,686,693,1 124,1 235,1 259,1 267,1 323,1 346,1 360,1 391,1 408,1 414,1 442,1 700
PCF	0. 310 09	17	463,682,711,761,953,1 034,1 157,1 323,1 352,1 421,1 426,1 445,1 562,1 590,1 612,1 645,1 660
AIRPLS	0. 218 82	20	427,453,494,554,561,568,632,646,831,886,955,1 116,1 227,1 285,1 342,1 450,1 524,1 600,1 683,1 696

注:RMSE 为均方根误差,Var_sel 为 SPA 筛选的特征波长数量,下同。

表 4-5 13 种预处理方法下编组为 1,3,8 的 SPA 提取波长

预处理方法	SPA 参数		选择波数/cm⁻¹
	RMSE	Var_sel	
OS/NL/AS/SG/MSC /SNV/SG-SNV	0. 272 06	14	440,456,469,500,515,524,538,689,848,871,942,997,1 063,1 201
MC	0. 300 24	11	538,727,746,774,875,986,1 172,1 188,1 282,1 370,1 499
DD	0. 307 3	17	651,673,699,706,775,1 064,1 219,1 288,1 357,1 363,1 375,1 380,1 387,1 394,1 398,1 409,1 442
SG-SNV-DD/ SNV-DD	0. 335 46	14	646,652,672,697,705,732,1 266,1 326,1 361,1 387,1 393,1 399,1 413,1 464
PCF	0. 303 92	10	508,706,821,1 064,1 164,1 419,1 440,1 471,1 627,1 661
AIRPLS	0. 357 55	16	400,470,479,487,515,628,658,675,943,975,987,1 191,1 255,1 324,1 335,1 443

表 4-6　13 种预处理方法下编组为 5、6、7 的 SPA 提取波长

预处理方法	SPA 参数		选择波数/cm^{-1}
	RMSE	Var_sel	
OS/NL/AL/SG/MSC /SNV/SG-SNV	0.206 92	11	406,412,501,696,945,1 071,1 382,1 448,1 472, 1 523,1 700
MC	0.220 1	14	716,893,943,987,1 060,1 072,1 101,1 110, 1 121,1 173,1 199,1 349,1 494,1 699
DD	0.244 77	7	621,716,941,1 190,1 264,1 453,1 472
SNV-DD/ SG-SNV-DD	0.229 3	9	643,699,1 122,1 195,1 287,1 325,1 344,1 353, 1 453
PCF	0.253 23	10	460,497,706,714,730,870,1 014,1 325,1 580, 1 648
AIRPLS	0.166 32	14	412,456,500,546,688,824,907,1 071,1 381, 1 451,1 460,1 472,1 505,1 533

2. 拉曼光谱建模方法选择依据

（1）光谱建模方法理论依据

在光谱分析技术实际应用过程中，往往只需要了解样品的类别或等级，无须知道样品的含量等问题，该类问题为定性分析问题，需要使用化学计量学中的模式识别方法来完成，模式识别方法分为有监督和无监督两类。当前，基于拉曼光谱数据的建模方法主要有 K 邻近法、线性判别分析、支持向量机、最小二乘支持向量机、偏最小二乘法、随机森林等。

①K 最近邻法

K 最近邻法（K-nearest neighbor，KNN）法是通过测量不同数据之间的距离进行分类，即根据给定的训练集数据，将未知样本与训练集所有数据进行距离计算，在训练集中找出与它最临近的 k 个样本，如果 k 个样本的多数属于某个类，则将该新样本归入该类。k 通常是不大于 20 的整数。KNN 算法中，所选择的邻居都是已经正确分类的对象。该方法在分类决策上只依据最邻近的一个或者几个样本的类别来决定待分样本所属的类别。

②线性判别分析

线性判别分析（linear discriminant analysis，LDA）是将带上标签的数据（点），通过投影的方法，投影到维度更低的空间中，投影后的点，会形成按类别区分一簇一簇的情况，相同类别的点，将会在投影后的空间中更接近。

③随机森林

随机森林（random forests，RF）是 Leo Breiman 提出的一种集成学习算法，是利用决策树为基本分类器对样本进行训练和预测，可以处理大量的输入变量并评估变量的重要性，对于不平衡的分类资料而言，该方法可以平衡误差。

④支持向量机

支持向量机(support vector machines,SVM)是通过支持向量运算的分类器,寻找到一个超平面使样本分成 2 类,并使间隔最大。该方法可有效克服收敛难,解不稳定以及推广性差的缺点,在涉及小样本数、非线性和高维数据空间的模式识别问题上表现出了许多传统模式识别算法所不具备的优势。

⑤最小二乘支持向量机

为降低训练时间,减少计算复杂程度以及提高泛化能力,提出了一些改进的支持向量机算法,如最小二乘支持向量机(least squares support vector machines,LSSVM)。它是一种遵循结构风险最小化原则的核函数学习机器,采用最小二乘线性系统作为损失函数,通过解一组线性方程组代替传统 SVM 采用的较复杂的二次规划方法,降低计算复杂性,加快了求解速度。

⑥偏最小二乘法

偏最小二乘法(partial least squares method,PLS)是基于在建模时要同时考虑光谱阵和浓度阵的思想提出的多元因子回归方法。首先将 x 和 y 同时进行分解,得到各自的得分矩阵和载荷矩阵;然后将 x 和 y 的得分矩阵作线性回归得到预测模型。由于该方法综合了多元线性回归、典型相关分析和主成分分析的优势,具有预测能力强,模型相对简单等优点,被广泛应用于光谱分析领域。

综上所述,随机森林方法由于树的个数很难确定最优值,故应用较少;线性判别方法单独使用虽然效果不好,但是与其他方法配合使用的时候,经常会得到较好的识别效果;最小二乘支持向量机的快速求解得到青睐;偏最小二乘法因为内含主成分分析法,同时可以监督学习,在分类识别领域得到越来越多的应用。这些算法为大米身份识别模型的建立提供了可借鉴的方法与手段。

(2)大米身份识别建模方法的选择依据

大米作为一种食品,主要成分是淀粉、蛋白质及脂肪,其拉曼光谱主要体现在内部有机物成分及官能团振动信息,由于本实验选择的样品皆为东北大米,在地域及品种具有相近性,很多样本为品种相同、相近或者地域相同、相近,导致大米成分差异较小,在拉曼光谱中体现出极细微的变化很难被直观观察,必须结合化学计量学方法进行判别分析。具体判别依据如下:

①建模方法支持分段拉曼光谱。由上述可知大米的主要特征频率分布在 1 700 ~ 200 cm^{-1}、3 000 ~ 2 800 cm^{-1} 范围内。

②建模方法能够突出拉曼特征峰值。由上述可知大米的主要特征频率不明显,经过处理后仅有几条显著峰,因为所含成分较多,体现出多种官能团振动信息的叠加,难以分割。

③建模方法分类结果准确性高。能够对不同种大米进行身份识别,具有较高的准确率和适应性。

④建模方法分类方法的输入可扩展。建立的分类识别模型应具有较好的扩展性,可适应其他新加入种类的光谱数据建模及预测。

⑤建模方法具有科学性。应在已有的分类方法中进行选择,较好的应用基础对近地域近品种大米身份识别具有较好的指导作用,应在分析少类大米的基础上不断改进,最终适应于多种大米分类研究。

鉴于上述大米身份识别模型的要求及对以往科研人员在拉曼光谱及模式识别联合使用场合的经验总结,此处中选择线性判别分析、最小二乘支持向量机及偏最小二乘法进行数据建模,并进一步讨论不同预处理及特征变量提取方法与建模方法联用的优劣,进而确定大米身份识别模型,同时,由于 269 cm^{-1} 处为 C 骨架振动峰,2 910 cm^{-1} 处为淀粉 CH_2 伸缩振动及 NH_2 伸缩振动,其他特征峰均集中于 1 700~400 cm^{-1},且主要为指纹信息峰,故后续将 1 700~400 cm^{-1} 波段作为特征波段,利用建模方法对该波段及全光谱进行建模分析,选取识别准确率较高的模型进行多种大米的分类识别,根据模型的准确率和产生误差的原因对模型进行优化。

3. 身份识别建模方法的确定

为考查模型的识别效果,通常需要通过参数对模型识别的性能进行评价。混淆矩阵是样本的预测类别与实际类别的对应关系。对于一个 M 类的分类问题,混淆矩阵是一个 $M \times M$ 的矩阵。混淆矩阵的行表示真实的类别,列表示预测的类别。矩阵中的元素 n_{mk} 表示有 n_{mk} 个真实类别为 m 的样本被预测为类 k,矩阵对角线上的元素代表预测类别正确的样本数。若每个样本的预测类别都是正确的,则混淆矩阵为对角阵。

基于混淆矩阵,可计算出正确分类率公式为

$$NER = \frac{\sum_{m=1}^{M} n_{mm}}{n} \tag{4-2}$$

式中,n 为训练集或验证集中所有的样本数;M 为类别数。

为确定适用于本样本集的建模方法,采用不同产地不同品种大米、不同产地相同品种大米和相同产地不同品种大米的拉曼全光谱和特征变量数据分别作为输入,研究和确定的最优的大米身份识别建模方法。将经过不同预处理后的 1 700~400 cm^{-1} 波段光谱数据 PCA 及 SPA 提取的特征变量输入 LDA、LSSVM 及 PLS 进行建模,光谱数据包括不同产地不同品种大米(编号 2,4,5)、不同产地相同品种大米(编号 1,3,8)及相同产地不同品种大米(编号 5,6,7),其中,每种抽取 30 个样本用于建模,15 个样本用于验证。

(1)基于线性判别分析的大米身份识别

线性判别分析(LDA)包括马氏距离判别,二次判别函数判别等等,将样本输入后,对不同判别参数的输出结果进行比对,选择较优的建模结果列于表格中进行分析。由于 LDA 对 3 400~200 cm^{-1} 全波段建模不符合正定矩阵要求,故仅考察该方法对 1 700~400 cm^{-1} 特征波段及该波段预处理后数据建模结果。

以 1 700~400 cm^{-1} 特征波段及该波段预处理后结果数据用于建模,对不同产地不同品种大米 2,4,5 号利用 LDA 方法进行建模,结果如表 4-7 所示。由表可知,原始光谱及经过预处理后的光谱再进行 PCA-LDA 及 SPA-LDA 的训练集结果大于 98.89%,原始光谱及经过预处理后的光谱验证集分类结果为 93.33%~100%,其中,(MC/PCF)-PCA-

LDA、(OS/NL/AS/SG/MSC/SNV/SG-SNV/MC)-SPA-LDA 及(SG-SNV-DD/SNV-DD)-SPA-LDA 识别效果最好(训练集 100%,验证集 100%)。

表 4-7 不同产地不同品种大米 13 种预处理下 PCA-LDA 及 SPA-LDA 建模结果

预处理方法	变量选择	训练集 NER/%	验证集 NER/%
OS/ SG-SNV-DD/ AIRPLS	PCA	100	97.78
NL/AS/MSC/SNV/ SNV-DD		98.89	100
SG/DD/SG-SNV		100	97.78
MC/ PCF		100	100
OS/NL/AS/SG/MSC/SNV/SG-SNV/MC	SPA	100	100
DD/PCF		100	97.78
SG-SNV-DD/SNV-DD		100	100
AIRPLS-SPA- LDA		100	93.33

注:OS 为 1 700~400 cm^{-1} 原始光谱,下同。

对不同产地相同品种大米 1、3、8 号利用 LDA 方法进行建模,结果如表 4-8 所示。由表可知,训练集分类结果为 98.89% 以上,验证集分类结果为 91.11%~100%,其中,(SG-SNV-DD/PCF)-PCA-LDA、MC-SPA-LDA 识别效果最好(训练集 100%,验证集 100%)。

表 4-8 不同产地相同品种大米 13 种预处理下 PCA-LDA 及 SPA-LDA 建模结果

预处理方法	变量选择	训练集 NER/%	验证集 NER/%
OS/SG/DD/SG-SNV	PCA	100	97.78
MC/NL/AS/MSC/SNV/SNV-DD		100	95.56
SG-SNV-DD/PCF		100	100
AIRPLS		100	93.33
OS/NL/AS/SG/MSC/SNV/SG-SNV	SPA	100	97.78
MC		100	100
DD		100	95.56
SG-SNV-DD/SNV-DD	SPA	100	93.33
PCF		98.89	95.56
AIRPLS		100	91.11

对相同产地不同品种大米 5、6、7 号利用 LDA 方法进行建模,结果如表 4-9 所示。其中,训练集分类结果为 98.89 以上,验证集分类结果为 91.11%~100%,其中,AIRPLS-PCA-LDA 及(OS/NL/AS/SG/MSC/SNV/SG-SNV/MC)-SPA-LDA 识别效果最好(训练集 100%,验证集 100%)。

表 4-9 相同产地不同品种大米 12 种预处理下 PCA-LDA 及 SPA-LDA 建模结果

预处理方法	变量选择	训练集 *NER*/%	验证集 *NER*/%
OS/NL/AS/SG/MSC/SNV/SNV-DD		100	97.78
MC		100	95.56
DD/SG-SNV-DD	PCA	98.89	95.56
SG-SNV		100	93.33
PCF		98.89	93.33
AIRPLS		100	100
OS/NL/AS/SG/MSC/SNV/SG-SNV/MC		100	100
DD		*	*
SG-SNV-DD/SNV-DD	SPA	100	91.11
PCF		98.89	97.78
AIRPLS		100	95.56

注：* 为由于建模矩阵不符合建模要求，无结果输出。

基于 PCA 特征变量的 LDA 大米身份识别方法对不同产地不同品种大米训练集整体平均识别率为 99.57%，验证集整体平均识别率为 98.98%；对不同产地相同品种大米训练集整体平均识别率为 100%，验证集整体平均识别率为 96.75%；对相同产地不同品种大米训练集整体平均识别率为 99.74%，验证集整体平均识别率为 96.75%，不同预处理方法在不同样品分类中体现出不同的优势，与未经预处理的 OS 光谱相比，模型运算速度加快，个别预处理方法经 PCA 特征提取后的识别率高于原始光谱的识别率。

基于 SPA 特征变量的 LDA 大米身份识别方法对不同产地不同品种大米训练集整体平均识别率为 100%，验证集整体平均识别率为 99.14%；对不同产地相同品种大米训练集整体平均识别率为 99.91%，验证集整体平均识别率为 96.41%；对相同产地不同品种大米训练集整体平均识别率为 99.91%，验证集整体平均识别率为 97.96%，不同预处理方法在不同样品分类中体现出不同的优势，与未经预处理的 OS 光谱相比，模型运算速度有所提高，个别预处理方法经 SPA 特征提取后的识别率与原始光谱的识别率相同或略高，也有个别预处理方法处理后识别率下降，如 AIRPLS-SPA-LDA 及 AIRPLS-SPA-LDA 等。

（2）基于最小二乘支持向量机的大米身份识别

最小二乘支持向量机建模包括模型参数的选择、模型训练及预测等。将样本输入后，对不同判别参数的输出结果进行比对，选择较优的建模结果列于表格中进行分析，通过该方法主要考察基于 1 700~400 cm^{-1} 特征波段的特征变量及全光谱 LSSVM 建模结果。

①基于特征变量的大米身份识别建模方法

对不同产地不同品种大米 2、4、5 号利用 LSSVM 方法进行建模，结果如表 4-10 所示。由表可知，经过预处理后再进行 PCA-LDA 的训练集结果皆为 100%，而 SPA 特征提取的光谱训练集识别结果为 97.78% 以上,PCA-LDA 的验证集预测效果明显好于 SPA-LDA 的识别效果,其中,(MC/DD/SNV-DD/PCF)-PCA-LSSVM 识别效果最好(训练集 100%,验证集 100%)。

表 4-10　不同产地不同品种大米 13 种预处理下 PCA-LSSVM 及 SPA-LSSVM 建模结果

预处理方法	变量选择	训练集 NER/%	验证集 NER/%
OS/SG/SG-SNV/SG-SNV-DD	PCA	100	97.78
NL/AS/MSC/SNV/AIRPLS		100	95.56
MC/DD/SNV-DD/PCF		100	100
OS/NL/AS/SG/MSC/SNV/SG-SNV	SPA	100	97.78
MC		100	95.56
DD		98.89	91.11
SG-SNV-DD/SNV-DD		97.78	88.89
PCF		98.89	91.11
AIRPLS		100	95.56

对不同产地相同品种大米 1、3、8 号利用 LSSVM 方法进行建模,结果如表 4-11 所示。由表可知,光谱验证集分类结果为 93.33%~100%,其中,PCF-PCA-LSSVM 及(OS/NL/AS/SG/MSC/SNV/SG-SNV)-SPA-LSSVM 识别效果最好(训练集 100%,验证集 100%)。

表 4-11　不同产地相同品种大米 13 种预处理下 PCA-LSSVM 及 SPA-LSSVM 建模结果

预处理方法	变量选择	训练集 NER/%	验证集 NER/%
OS/SG/MC	PCA	100	97.78
NL/AS/MSC/SNV/SNV-DD		100	93.33
AIRPLS/DD/SG-SNV-DD		100	97.78
SG-SNV		100	95.56
PCF		100	100
OS/NL/AS/SG/MSC/SNV/SG-SNV	SPA	100	100
MC		98.89	93.33
DD/AIRPLS		100	95.56
SG-SNV-DD/SNV-DD		98.89	97.78
PCF		97.78	97.78

对不同产地相同品种大米 5、6、7 号利用 LSSVM 方法进行建模,结果如表 4-12 所示。由表可知,光谱训练集分类结果皆为 100%,验证集分类结果为 88.89%~100%,其中,AS/

AIRPLS-PCA-LSSVM识别效果最好(训练集100%,验证集100%)。

表4-12　相同产地不同品种大米不同预处理下PCA-LSSVM及SPA-LSSVM建模结果

预处理方法	变量选择	训练集NER/%	验证集NER/%
OS/NL/SG/SNV/SG-SNV/SNV-DD/SG-SNV-DD	PCA	100	97.78
AS/AIRPLS		100	100
MC/PCF		100	97.78
MSC/DD		100	95.56
OS/NL/AS/SG/MSC/SNV/SG-SNV	SPA	100	88.89
MC		100	93.33
DD/SG-SNV-DD/SNV-DD/AIRPLS		100	88.89
PCF		100	91.11

　　基于PCA特征变量的LSSVM大米身份识别方法对不同产地不同品种大米训练集整体平均识别率为100%,验证集整体平均识别率为97.61%;对不同产地相同品种大米训练集整体平均识别率为100%,验证集整体平均识别率为96.07%;对相同产地不同品种大米训练集整体平均识别率为100%,验证集整体平均识别率为97.78%。不同预处理方法在不同样品分类中体现出不同的优势,与未经预处理的OS光谱相比,模型运算速度加快,个别预处理方法经PCA特征提取后的识别率高于原始光谱的识别率。

　　基于SPA特征变量的LSSVM大米身份识别方法对不同产地不同品种大米训练集整体平均识别率为99.49%,验证集整体平均识别率为95.04%;对不同产地相同品种大米训练集整体平均识别率为99.57%,验证集整体平均识别率为98.29%;对相同产地不同品种大米训练集整体平均识别率为100%,验证集整体平均识别率为89.40%,不同预处理方法在不同样品分类中体现出不同的优势,与未经预处理的OS光谱相比,模型运算速度有所提高,个别预处理方法经SPA特征提取后的识别率与原始光谱相同的识别率或略高,也有个别预处理方法处理后识别率下降,如DD-SPA-LSSVM等。

　　②基于全光谱的大米身份识别建模方法

　　由于SG-SNV-DD、SNV-DD及SG-SNV与单独进行SG、SNV及DD差距较小,故对200~3 400 cm^{-1}波段全光谱将不进行上述3类预处理,仅将其他9种方法用于全光谱预处理过程。将8种大米的全光谱数据、通过标准化、中心化、归一化等预处理后的光谱送入LSSVM输入进行建模分析,结果如表4-13所示,其中,不同产地不同品种大米整体编码为I,不同产地相同品种大米整体编码为II,相同产地不同品种大米编码为III,不同产地不同品种大米验证集整体平均识别率为92.22%,不同产地相同品种大米验证集整体平均识别率为93.78%,相同产地不同品种大米验证集整体平均识别率为91.56%。

表4-13 10种预处理下全光谱 LSSVM 建模结果

预处理方法	验证集－Ⅰ NER/%	验证集－Ⅱ NER/%	验证集－Ⅲ NER/%
FS	97.78	91.11	95.56
NL	93.33	88.89	88.89
AS	93.33	91.11	88.89
SG	93.33	91.11	97.78
MSC	91.11	86.67	91.11
SNV	86.67	91.11	86.67
MC	91.11	97.78	100
DD	97.78	100	95.56
PCF	93.33	100	86.67
AIRPLS	84.44	100	84.44

注:FS 为 200~3 400 cm^{-1} 波段全光谱,下同。

（3）基于偏最小二乘法的大米身份识别

偏最小二乘法须先对数据进行主成分分析,选择最佳组成分数 n,然后以 n 个主成分得分作为最小二乘法输入数据进行回归分析,从而实现对不同样本的分类识别,其中,2/3 数据（90 组数据）被带入 PLS 进行建模,1/3 数据（45 组数据）被用于预测验证。

①基于特征变量的大米身份识别建模方法

将基于 SPA 特征提取后结果作为偏最小二乘法输入数据带入 PLS 进行建模,以（OS/NL/AS/SG/MSC/SNV/SG-SNV）-SPA 为例,不同产地不同品种大米的特征数为 20,将 20 列特征数据用于建模,得到结果如表 3-16 所示,以目标值上下 0.5 范围作为判定依据,出现 3 个样本分类错误,分类正确率为 93.33%。

表4-14 OS-SPA -PLS 建模结果

目标值	预测值	目标值	预测值	目标值	预测值
1	1.395	2	1.971	3	2.740
1	1.156	2	1.769	3	3.140
1	0.891	2	1.946	3	3.078
1	1.129	2	2.060	3	3.049
1	0.789	2	2.007	3	3.050
1	0.669	2	1.430	3	2.991
1	1.130	2	2.096	3	2.868

表 4-14(续)

目标值	预测值	目标值	预测值	目标值	预测值
1	1.031	2	2.132	3	2.795
1	1.399	2	2.036	3	2.504
1	1.701	2	1.642	3	3.145
1	1.483	2	2.381	3	2.586
1	1.430	2	2.105	3	3.370
1	1.149	2	1.863	3	3.474
1	1.185	2	1.876	3	3.421
1	1.585	2	1.935	3	2.932

由于偏最小二乘法的输出与上述 LDA 及 LSSVM 算法不同,可以设为多维矩阵并参与主成分分析,而上述分析过程将 Y 输出设定为单目标输出,以单一数值进行表示,故将不同种类大米的输出编码数值 1,2,3 改为数字量编码输出 100,010,001,使得输出参与分解过程,将新的数据矩阵重新带入 PLS 进行计算,得到结果如表 4-15 所示,由表可知,预测错误值已经回归正确,预测识别率达 100%,由此可见,采用 PLS 的多目标输出对提升分类正确率具有重要意义。

表 4-15   OS-SPA-PLS 多目标输出建模结果

目标值	OS-PLS 预测值			目标值	OS-PLS 预测值			目标值	OS-PLS 预测值		
100	0.81	0.09	0.10	010	0.14	0.77	0.09	001	0.15	0.16	0.70
100	1.05	0.00	−0.05	010	0.09	1.06	−0.15	001	−0.14	0.19	0.95
100	1.00	0.05	−0.05	010	−0.12	1.33	−0.20	001	−0.03	0.02	1.01
100	0.95	0.14	−0.10	010	−0.11	1.02	0.09	001	−0.02	0.10	0.92
100	0.95	0.08	−0.03	010	−0.10	1.04	0.05	001	0.06	0.03	0.91
100	1.06	0.17	−0.23	010	0.34	0.91	−0.25	001	−0.19	0.14	1.05
100	0.91	−0.06	0.15	010	−0.02	0.90	0.11	001	0.00	0.11	0.89
100	0.90	0.11	−0.01	010	−0.01	0.93	0.08	001	0.11	0.02	0.87
100	0.66	0.24	0.10	010	0.16	0.80	0.04	001	0.24	−0.06	0.83
100	0.75	0.00	0.25	010	0.27	0.86	−0.13	001	−0.01	−0.12	1.14
100	0.66	0.30	0.04	010	−0.03	0.79	0.23	001	0.25	−0.03	0.79
100	0.82	0.09	0.10	010	−0.16	0.94	0.22	001	−0.28	0.44	0.84
100	0.94	0.07	−0.01	010	0.18	0.81	0.01	001	−0.30	−0.13	1.43
100	0.97	0.06	−0.04	010	0.02	1.03	−0.04	001	−0.35	−0.01	1.36
100	0.79	0.07	0.13	010	0.10	0.87	0.03	001	0.13	−0.30	1.17

采用多目标二进制输出模式,对三大类大米样本经过不同预处理后 SPA 特征提取数据作为模型输入,得到 PLS 模型预测输出结果皆为 100%,预测效果优于单目标输出偏最小二乘法模型。

②基于全光谱的大米身份识别建模方法

将三大类样本原始光谱及经过不同预处理后的数据带入 PLS 进行建模,以原始光谱及经过 AIRPLS 预处理后数据预测结果为例,结果如表 4-16 所示,由表可知,FS-PLS 及 AIRPLS-PLS 的预测百分比相同;不同产地不同品种大米及不同产地相同品种大米预测正确率皆为 100%;而相同产地不同品种大米预测正确率为 95.56%。预测错误数量为 2 个,虽然经过 AIRPLS 预处理后的预测值有所改善,但仍旧无法实现预测百分百的提高,故借鉴基于特征变量的 PLS 建模多目标输出方法,重新建模,结果如表 4-17 所示,由于前两大类预测结果为 100%,故表格中仅列出了第三大类的预测结果,由表可知,预测结果达到 100%。

表 4-16　2 种预处理下全光谱 PLS 建模结果

目标值	FS-PLS 预测值			AIRPLS-PLS 预测值		
	Ⅰ类	Ⅱ类	Ⅲ类	Ⅰ类	Ⅱ类	Ⅲ类
1	1.091	0.875	0.965	1.052	0.947	0.996
1	1.166	0.663	1.068	1.198	0.933	1.051
1	0.980	0.922	0.922	1.012	1.032	0.863
1	1.265	1.323	1.050	1.242	1.330	1.128
1	1.248	1.075	1.099	1.274	1.041	1.086
1	1.180	0.952	1.044	1.217	1.079	1.056
1	1.106	1.042	1.248	1.128	1.039	1.236
1	1.061	1.247	1.338	1.052	1.232	1.420
1	1.168	0.841	1.171	1.118	0.854	1.204
1	1.104	0.790	1.396	1.079	0.873	1.465
1	1.053	1.147	1.246	1.048	1.168	1.297
1	1.163	0.941	1.386	1.230	1.040	1.527
1	1.031	0.892	1.103	1.083	0.881	1.200
1	1.117	0.837	1.231	1.169	0.850	1.333
1	0.986	0.850	0.933	1.062	0.815	1.035
2	2.092	2.203	2.210	2.160	2.118	2.278
2	1.858	1.953	2.712	1.928	1.840	2.657
2	1.856	1.956	2.213	1.885	1.810	2.314
2	2.055	2.220	1.753	2.034	2.196	1.798

表 4-16（续）

目标值	FS-PLS 预测值			AIRPLS-PLS 预测值		
	Ⅰ类	Ⅱ类	Ⅲ类	Ⅰ类	Ⅱ类	Ⅲ类
2	1.911	1.805	1.799	1.986	1.761	1.811
2	1.988	2.012	1.689	2.037	1.931	1.827
2	2.099	1.940	2.374	2.075	1.930	2.433
2	1.954	1.756	2.433	1.917	1.775	2.448
2	1.979	2.015	2.394	1.947	1.959	2.473
2	1.899	1.974	1.613	1.958	1.971	1.575
2	2.025	1.819	1.605	2.025	1.782	1.650
2	2.092	1.703	1.737	1.980	1.715	1.609
2	2.181	1.826	1.643	2.202	1.873	1.646
2	1.916	1.763	1.705	1.906	1.729	1.713
2	1.992	1.887	1.492	1.894	1.973	1.556
3	2.328	2.927	3.105	2.467	2.905	3.120
3	2.561	2.818	3.036	2.500	2.850	3.020
3	2.914	2.853	3.167	2.706	2.854	3.155
3	2.728	3.181	2.659	2.711	3.116	2.679
3	2.744	3.123	2.667	2.679	3.062	2.671
3	2.710	3.096	2.762	2.677	3.085	2.778
3	3.076	2.874	2.970	3.060	2.835	2.994
3	2.581	2.732	3.057	2.699	2.895	3.135
3	2.721	2.843	2.992	2.779	2.748	3.041
3	2.558	3.446	2.646	2.623	3.441	2.659
3	2.282	2.997	2.783	2.353	2.921	2.772
3	2.089	3.349	2.746	2.115	3.321	2.742
3	2.315	3.197	2.770	2.401	3.132	2.828
3	2.277	3.071	2.738	2.314	3.059	2.779
3	2.197	3.026	3.017	2.413	3.032	2.979

表 4-17　FS-PLS 多目标输出建模结果

目标值	FS-PLS 预测值			目标值	FS-PLS 预测值			目标值	FS-PLS 预测值		
100	0.96	0.10	−0.07	010	0.01	0.89	0.10	001	0.01	0.07	0.92
100	0.92	0.20	−0.13	010	0.09	1.02	−0.10	001	0.07	0.02	0.92
100	0.95	0.01	0.03	010	0.12	0.99	−0.12	001	0.02	0.10	0.88
100	0.89	−0.14	0.26	010	−0.13	1.01	0.12	001	−0.05	−0.04	1.09
100	1.00	−0.07	0.07	010	0.17	0.91	−0.08	001	−0.03	−0.01	1.04
100	0.93	−0.02	0.10	010	0.08	0.93	0.01	001	−0.01	−0.11	1.12
100	0.90	0.11	−0.01	010	0.07	0.96	−0.03	001	0.07	0.02	0.91
100	0.86	0.06	0.08	010	0.06	1.15	−0.21	001	0.01	0.13	0.86
100	0.99	0.09	−0.09	010	−0.01	1.08	−0.08	001	0.19	−0.16	0.98
100	0.99	0.13	−0.12	010	−0.03	1.11	−0.08	001	−0.22	−0.02	1.24
100	0.81	0.21	−0.02	010	0.14	1.00	−0.14	001	0.02	0.03	0.95
100	0.82	0.26	−0.08	010	0.15	1.02	−0.16	001	−0.15	−0.05	1.19
100	1.27	−0.43	0.16	010	0.08	1.02	−0.09	001	−0.03	−0.12	1.15
100	1.04	0.08	−0.12	010	0.15	1.03	−0.18	001	−0.03	0.01	1.07
100	1.04	0.11	−0.15	010	−0.03	1.09	−0.07	001	0.01	−0.06	1.05

基于上述分析过程,不同预处理下全光谱 PLS 建模皆采取多目标二进制编码方法,对三大类不同预处理下光谱数据进行建模,训练集与验证集预测结果皆为 100%。

(4)大米身份识别建模方法对比分析

通过线性判别分析、最小二乘支持向量机及偏最小二乘法对不同产地不同品种大米、不同产地相同品种大米及相同产地不同品种大米身份识别模型建立并预测,整体识别对照如表 4-18 所示,由表可知,PLS 方法识别效果最好,不论 SPA-PLS 还是 FS-PLS 预测结果皆为 100%。其中,采用不同方法建立的不同产地不同品种大米身份识别模型整体平均识别率最高为 97.57%,而相同产地不同品种大米身份识别模型整体平均识别率最低为 96.21%,说明与品种相比产地变化对大米成分光谱变化影响较大,相同产地大米时虽然品种不同,但区分难度仍然大于不同产地相同品种的大米。在采用 LSSVM 分类时,PCA-LSSVM 结果好于 SPA-LSSVM 及 FS-LSSVM,故在采用 LSSVM 分类时,可考虑与 PCA 结合使用提高其识别正确率;在采用 LDA 分类时,SPA-LDA 预测结果好于 PCA-LDA,但差距较小。

表 4-18　不同建模方法结果对照表

建模方法	验证集-I NER/%	验证集-II NER/%	验证集-III NER/%	预测平均 NER/%
PCA-LDA	98.98	96.75	96.75	97.49
SPA-LDA	99.14	96.41	97.96	97.84
PCA-LSSVM	97.61	96.07	97.78	97.15
SPA-LSSVM	95.04	98.29	89.40	94.24
FS-LSSVM	92.22	93.78	91.56	92.52
SPA-PLS	100	100	100	100
FS-PLS	100	100	100	100
预测平均 NER/%	97.57	97.33	96.21	

虽然采用上述方法建模使得辨识率较高,但由于每大类样本中只有 3 类大米,虽然地域与品种相近,但分类数较少,在现实中往往面临十几乃至几十种大米的识别,故模型在不同种大米的识别尤其是近地域近品种大米识别上的可靠性将在后续进一步分析。

4.3　大米身份识别模型的应用与优化

模型解决的分类问题往往是二分类问题,而现实面对的往往是多分类,而对于多分类问题经常是将多类转换为多个二类问题进行解决,在多类分类中,尤其类别较多时,如何找到适合该类数据的建模方法非常重要,上面主要针对地域品种相近的 8 种大米讨论 3 种分类形式下分类问题,随着种类的增多,内部模型数量及参数增多,计算时间增加,难度增大。本章重点研究 PLS 方法大米身份识别模型的多分类模型适应性与优化。

4.3.1　数据来源

为了研究多种大米对分类模型的影响,在表 4-2 大米样本信息表基础上增加 6 种大米,大米品种及产地信息表如表 4-19 所示。该表共 14 种样本,其中 10 种为 2015 年采收样本,4 种为 2016 年采收样本,样本汇聚了多种不同产地相同品种及相同产地不同品种样本,除了 8 号样本为辽宁省地域大米外,其他 13 种都为黑龙江省地域大米,地域相近,在此条件下讨论大米身份识别模型的适应性具有实际意义。对该表格中另外 6 种大米光谱进行采集,方法同第二章,结合前面的光谱数据,得到的 14 种大米拉曼光谱数据用于后续分析。

表 4-19　大米信息表

序号	品种	产地	样本数量	采样时间
1	空育 131	黑龙江省宁安市渤海镇响水村	45	2015.12
2	七星一号	建三江分局七星农场第四管理区	45	2015.12
3	五优稻 2 号	黑龙江省五常市古榆树村	45	2015.12
4	五优稻 2 号	黑龙江省五常市安家镇	45	2015.12
5	五优稻 1 号	黑龙江省五常市古榆树村	45	2015.12
6	五常 639	黑龙江省五常市古榆树村	45	2015.12
7	五优稻 2 号	辽宁省桓仁满族自治县	45	2015.12
8	五优稻 2 号	齐齐哈尔市泰来县江桥镇	45	2015.12
9	五优稻 1 号	黑龙江省肇源县四方山村	45	2015.12
10	绥粳 18	黑龙江省通河县浓河镇团结村	45	2015.12
11	五优稻 2 号	黑龙江省五常市龙凤山	45	2016.12
12	五常 639	黑龙江省五常市三河屯	45	2016.12
13	五优稻 2 号	黑龙江省杜蒙县江湾乡	45	2016.12
14	东农 425	黑龙江省杜蒙县江湾乡	45	2016.12

4.3.2 基于特征变量的多分类大米身份识别模型应用与优化

1. 大米种类变化的模型应用与分析

为了降低数据维数,采用降低数据维数效果较好的 SPA 算法对 1 700~400 cm^{-1} 波段原始及预处理光谱进行特征提取,利用 PLS 的预测结果如图 4-7 所示。当种类为前 4 种时,识别正确率为 91.67%~100%;当种类为前 5 种时,识别正确率为 82.67%~98.67%;当种类为前 8 种时,识别正确率为 86.67%~98.33%;当种类增加到 14 种时,识别正确率为 71.43%~86.67%。图 4-8 为 14 种样品经不同预处理方法的识别正确率。120 个验证样本,最多的错误是 60 个,为经过 AIRPLS-SPA 处理后光谱数据集;而最少的错误是 28 个,为 PCF-SPA 光谱数据集,可见,SPA 特征提取减少了建模数据量并提高了建模及预测速度。

在 14 种样本识别过程中,每种大米光谱不同预处理的 SPA 特征提取后 RMSEP 值如图 4-9 所示。RMSEP 值越小,预测能力越强,反之则越弱。不管哪种预处理方法,第 14

种大米的 RMSEP 值相较其他大米明显变小,表明预测能力最强;较差的为 4 号和 9 号,而 4 号为黑龙江省五常市安家镇五优稻 2 号大米,9 号也为五优稻系列品种,体现出该类数据下品种及地域对大米拉曼光谱的影响。

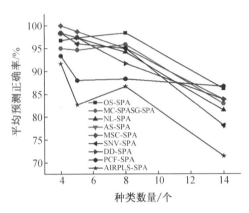

图 4-7　不同种类样品时 SPA-PLS 识别正确率　　图 4-8　14 种样品时 SPA-PLS 识别正确率

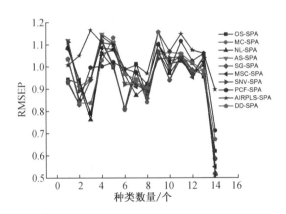

图 4-9　不同预处理 SPA-PLS 的 RMSEP 值

为进一步考查 PLS 建模中主成分个数及是否标准化对模型的影响,针对上述 14 种建模时预测效果最好的 PCF-SPA 数据进行建模分析,主成分数为 13~59,结果如图 4-10 所示。由图可知,训练效果明显好于预测结果,随着主成分数的增加,识别正确率趋于稳定。PCF-SPA 及 PCF-SPA-AS 预测集最大值分别为 86.67% 和 85.24%,标准化后预测准确率反而下降了 1.43 个百分点。

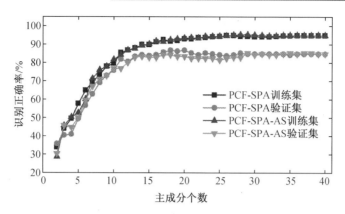

图 4-10 不同主成分时 PCF-SPA 与 PCF-SPA-AS 对比

2. 大米多种类的模型优化

除了必要的预处理及模型参数优选外,样本集选择方法对模型的预测能力也会产生很大影响,从所有样本中选择代表性强的样本建立校正模型,不仅可以加快模型的建立速度,还可以提高模型的适用范围。前述模型建立过程中,采用随机选择训练集与校正集数据的方法构建模型,随机选择法忽视了样本的个性差异,往往不具有很好的代表性。Kennard-Stone(K/S)方法是一种校正样本选择方法,在光谱数据建模的样本选择中被广泛应用。

对 PCF-SPA 数据采用 K/S 方法重新划分训练集与验证集,比例依然按照 2:1 进行,利用获得的样本集重新通过 PLS 算法建立分类模型,结果如图 4-11 所示。由图可知,相同主成分前提下,训练集与验证集识别正确率相差较小,两类数据训练集识别正确率最大值为 92.38% 和 93.10%,对应主成分数为 39 和 24,验证集识别正确率最大值分别为 90.95% 和 90.48%,对应主成分数皆为 14,此时的训练集正确率分别为 87.86% 和 88.33%,是否标准化对模型影响较小。

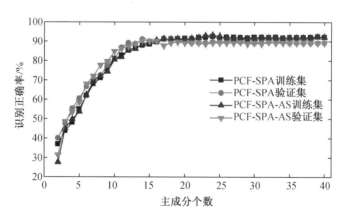

图 4-11 K/S 样本划分后不同主成分时 SG-NL-PCF 与 SG-NL-PCF-AS 对比

进一步对比 K/S 划分前后 PCF-SPA-AS 的 PLS 建模验证集正确率情况,结果如图 4-12 所示。由图可知,随着主成分数的增加,识别正确率逐渐趋于稳定,二者皆在主成分

14 附近达到最大值,经过 K/S 样本集选择后识别效果明显好于前者,在 2~40 个主成分范围内呈现相同态势,PCF-SPA-K/S-AS 较 PCF-SPA-AS 在最大值处同比提高 5.23 个百分点,正确数量上增加 11 个。

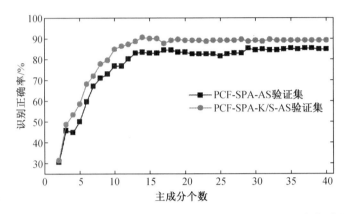

图 4-12　K/S 划分前后 PCF-SPA-AS PLS 建模验证集正确率对比

4.3.3　基于全光谱的多分类大米身份识别模型应用与优化

1. 大米种类变化的模型应用与分析

将 14 种样本 3 400~200 cm^{-1} 波段全光谱及预处理后数据作为输入,通过 PLS 建模,识别正确率结果如图 4-13 和图 4-14 所示。当样本类别较少时(4 种或 5 种),测试集识别准确率较高,范围为 93.33~100%。其中,经过 4 次多项式拟合 PCF 预处理后识别效果最好,4 种及 5 种时识别正确率为 100%,随着类别数增加,测试正确率呈现下降趋势,当类别数增加到 14 种时,识别正确率仅为 74.76%~81.90%。其中,PCF 预处理后正确率最高 81.90%,38 个样本出现识别错误(总测试样本数为 210 个),由此可知,当样本类别较少时,识别效果较好,但当样本类别增加到一定数量时,识别结果并不理想。考虑其原因主要是全波段光谱中 2 800~1 700 cm^{-1} 之间无明显特征,但存在一定噪声,同时,14 种大米在品种及地域上的相同或相近也为身份识别带来困难。

为了提高模型的预测能力及识别准确率,针对预测效果最好的 PCF 预处理数据分析不同 PLS 主成分时训练集及验证集的正确率,同时,考查是否标准化对结果的影响。主成分数范围为 13~59,分类结果如图 4-15 所示。由图可知,主成分个数对模型预测效果影响较大,且训练集与验证集识别正确率相差较大。当主成分数为 33 时,两种数据训练集识别正确率均达到 95.24%并趋于稳定;两种数据验证集最大值皆为 81.90%,主成分数对应为 29 和 55;对两种数据 47 个主成分下的训练集与验证集识别正确率求取平均值,结果分别为 93.78%、78.40%、93.80%和 78.27%,差距很小,表明标准化对该数据影响不大,未起到很好的促进作用。

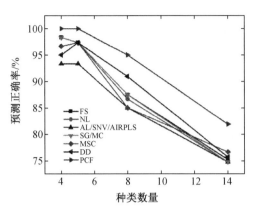

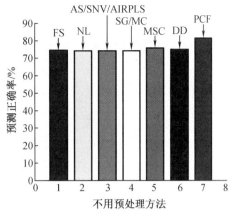

图4-13　不同预处理下不同种类时识别正确率　　图4-14　14种样本不同预处理识别正确率

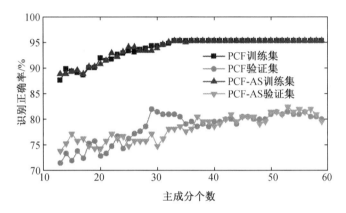

图4-15　不同主成分时 PCF 与 PCF-AS PLS 建模对比

2. 大米多种类的模型优化

对全光谱 PCF 预处理数据采用 K/S 方法重新划分训练集与验证集,获得训练集 420个样本,验证集 210 个样本。利用获得的样本集重新利用 PLS 算法建立分类模型,主成分个数为 13~59,建模结果如图 4-16 所示。两种数据训练集与验证集识别正确率整体呈现上升趋势,训练集与验证集识别正确率偏差较小,未经标准化数据验证集识别正确率最大值为 96.67%,训练集对应值为 95.48%,主成分数为 48;经标准化处理后验证集识别正确率最大值为 96.19%,训练集对应值为 93.57%,对应主成分数为 26,标准化与否对数据分类结果影响较小。

进一步对比分析 K/S 样本划分与否对模型效果的影响,图 4-17 是 K/S 划分前后PCF-AS PLS 建模验证集正确率对比。由图可知,经 K/S 处理后,验证集正确率提高17.92 个百分点,划分前后正确数量上差距 38 个样本,可知 K/S 处理对该模型影响较大。

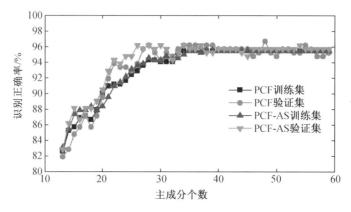

图 4-16　K/S 样本划分后不同主成分时 PCF 与 PCF-AS PLS 建模对比

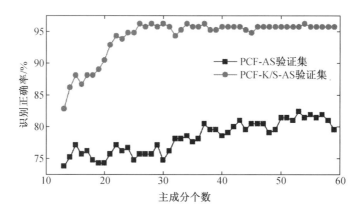

图 4-17　K/S 划分前后 PCF-AS PLS 建模验证集正确率对比

4.3.4　基于波段的多分类大米身份识别模型应用与优化

1. 大米种类变化的模型应用与分析

将 1 700~400 cm^{-1} 波段预处理光谱数据带入模型训练并预测,结果如图 4-18 所示,前 5 种大米识别准确率皆为 100%;8 种大米预测时,原始与预处理后谱数据识别正确率相同,皆为 99.17%,仅 1 个样本预测错误;但当大米种类达到 14 种时,识别正确率出现急剧下降,最小的 SG-NL-AIRPLS 达到 86.67%,最高的 SG-NL-PCF 为 92.86%。

不同预处理下不同种类大米预测 RMSEP 值如图 4-19 所示,RMSEP 越小,表明预测能力越强。由图可知,第 14 种大米 RMSEP 值较小,其次为序号 2,6 的大米,而序号 5,9,11 的大米 RMSEP 值较大,参考大米信息表 4-19 可知,预测能力强的前 3 种大米分别为黑龙江省杜蒙县江湾乡东农的 425、建三江分局七星农场第四管理区七星一号、五常市古榆树村的五常 639,表明这 3 种大米具有较强的聚类性,与其他种类大米有较大的差异性。而预测能力较差的后 3 种大米为黑龙江省五常市古榆树村五优稻 1 号、黑龙江省肇源县四方山村五优稻 1 号及黑龙江省五常市龙凤山五优稻 2 号大米,分析其原因为:实验整体样本中,长粒香型大米较多,集中在五优稻 1 号及五优稻 2 号等品种,表明品种对大米光谱影响较大,且大米自身聚类效果的优劣也体现出该类大米品质的统一性差异,分类效果好的,品质整齐;分类效果差的,品质存在差异性。

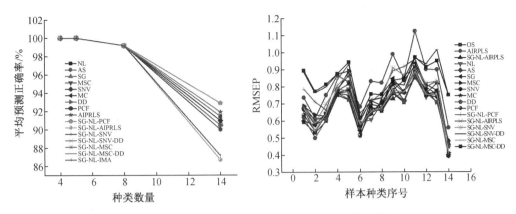

图 4-18　不同预处理 PLS 平均识别正确率　　　图 4-19　不同预处理 PLS-RMSEP

由以上可知,经过 SG-NL-PCF 预处理后数据识别效果明显好于 1 700~400 cm^{-1} 波段原始谱数据,且预测 RMSEP 发生了明显变化,表明该种预处理对数据建模起到增强作用。对不同预处理下光谱 PLS-RMSEP 均值作图如 4-20 所示,比较经过 SPA 特征提取与未经 SPA 特征提取的 RMSEP 均值发现,经过 SPA 特征提取后光谱 RMSEP 值明显高于未经 SPA 特征提取光谱,表明 SPA 特征提取使模型预测能力变差。

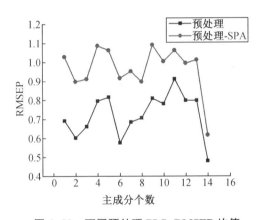

图 4-20　不同预处理 PLS-RMSEP 均值

进一步对识别效果最好的 SG-NL-PCF 数据分析不同 PLS 主成分数时,模型训练集及验证集的正确率结果如图 4-21 所示。由图可知,主成分数范围为 13~59,训练集正确率随主成分数增大呈现增加趋势,主成分数为 35 时,训练集正确率达 100%,随后保持不变;在训练集中,未经标准化处理数据较经标准化处理数据识别正确率高;验证集识别准确率随主成分增加呈现先增加后下降的趋势,二者的识别正确率最大值均为 92.86%,对应主成分分别为 16 和 17,经标准化处理后验证集识别正确率明显高于未经标准化处理数据,说明标准化对该数据所建模型预测能力具有增强作用。

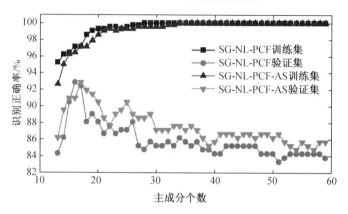

图 4-21　不同主成分时 SG-NL-PCF 与 SG-NL-PCF-AS 建模结果对比

2. 大米多种类的模型优化

对不同预处理的波段光谱中 PLS 建模准确度最高的 SG-NL-PCF 数据采用 K/S 方法重新划分训练集与验证集，比例依然按照 2:1 进行，利用获得的样本集重新建立 PLS 分类模型，并考查 PLS 不同主成分数及数据是否标准化对训练集及测试集正确率的影响，建模结果如图 4-22 所示。图中呈现了主成分数为 13~59 的不同数据集识别正确率。训练集识别正确率随着主成分数增加呈现上升趋势，SG-NL-PCF 训练集在主成分数为 30 时达到 100%，SG-NL-PCF-AS 训练集在主成分数为 37 时达到 100%，随后保持不变；验证集正确率呈现上下波段状态，SG-NL-PCF-AS 识别效果明显好于 SG-NL-PCF，SG-NL-PCF-AS 预测正确数量的平均值为 198，而 SG-NL-PCF 验证集在主成分为 15,16 同时达到 95.71%，预测错误数量为 9 个，SG-NL-PCF-AS 预测集在主成分为 16 时达到 97.14%，预测错误数量为 6 个，较未经标准化处理数据提升 1.43 个百分点，体现出该数据下标准化对模型的促进作用。

比较 K/S 划分样本集前后 SG-NL-PCF-AS 数据不同主成分数下验证集识别正确率，结果如图 4-23 所示。SG-NL-PCF-K/S-AS 较未经 K/S 处理数据提高 4.28 个百分点，正确识别数量上提高 9 个，模型的精度和泛化能力进一步提高。

SG-NL-PCF-K/S-AS 预测 6 个样本皆为 11 号大米，其中，2 个样本预测为第 12 种大米，4 个样本预测为第 13 种大米。参考表 4-19 样本信息表可知，由于 11 号样本为五常龙凤山五优稻 2 号，而 12 号和 13 号分别为五常市 639 大米和杜蒙县五优稻 2 号大米，一个隶属于相同市，另外一个属于相同品种，故出现了判别错误。

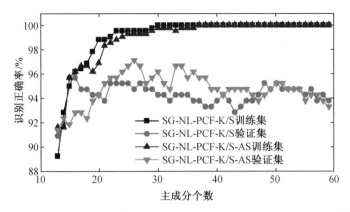

图 4-22 K/S 样本选择后不同主成分时 SG-NL-PCF 与 SG-NL-PCF-AS 建模结果对比

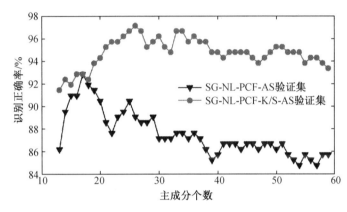

图 4-23 不同主成分时 SG-NL-PCF-AS 与 SG-NL-PCF-K/S-AS 建模结果对比

4.4 大米化学成分与拉曼光谱的身份识别机理

本节主要研究相同地区不同品种、不同地区相同品种大米主要成分的差异,利用 4 种大米主要成分进行主成分分析,得出差异性较大的成分,对该部分成分进行标准物质的拉曼光谱采集,并对相应特征光谱和化学成分的关系进行指认,找到科学的分类方法,提出大米指纹光谱比对方法。

4.4.1 材料与方法

1. 实验材料

本节中 4 个样本于 2016 年 12 月在黑龙江省稻花香主要产区的五常市和杜尔伯特蒙古族自治县采集,大米品种是相同产地不同品种、不同产地相同品种的 4 种大米,为了研究结论具有通用性,采集了具有相同种植条件、相似积温的样本,具体采样时间及样品名称如表 4-20 所示。

在收集样本的过程中,为保证大米来源的真实性,均由作者直接联系乡镇合作社或农户,收取他们种植水稻直接加工的大米。在进行拉曼光谱采集时,每个样本随机抽取 50 个大米粒待测。在进行成分化验时提供 500 g 样本待测。

表 4-20 大米样本信息采集表

序号	品种	产地	年月
1	五优稻 2 号	黑龙江省五常市龙凤山	2016.12
2	五常 639	黑龙江省五常市三河屯	2016.12
3	五优稻 2 号	黑龙江省杜蒙县江湾乡	2016.12
4	东农 425	黑龙江省杜蒙县江湾乡	2016.12

2. 实验设备及方法

(1) 主要实验设备

为了检测大米成分信息,主要针对大米内含有的蛋白质、直链淀粉、支链淀粉、17 种水解氨基酸、35 种脂肪酸的含量进行检测。主要实验设备包括自动凯氏定氮仪、高温消解炉、ThermoFisher U3000 液相色谱仪、ThermoFisher Trace 1310 ISQ 气相色谱质谱联用仪等。

(2) 实验方法

主要实验步骤为利用 HPLC 法、GC-MS 法等,通过预处理样品、准备试剂/仪器、测试上机(物化)、得出数据、研究结果。

大米中淀粉包括直链淀粉和支链淀粉,直链淀粉测定根据 GB/T 15683-2008 中规定仪器设备、试剂及步骤实现。

蛋白质测定根据 GB 5009.5—2010 中凯氏定氮法所需的仪器设备、试剂及步骤实现。

氨基酸测定根据 GB/T 5009.124—2003 中所需仪器设备、试剂及步骤,借助于 ThermoFisher U3000 液相色谱仪实现 17 种氨基酸测定。

脂肪酸测定利用 ThermoFisher Trace 1310 ISQ 气相色谱质谱联用仪实现,主要试剂有 37 种脂肪酸混合标准品、十九烷酸甲酯、浓盐酸、甲醇、正己烷、氯仿及甲醇。色谱柱为 TG-5MS(30 m×0.25 mm×0.25 μm);质谱离子源温度为 280 ℃;传输线温度为 280 ℃;扫描范围为 30~400 amu。

4.4.2 结果与讨论

1. 大米成分化验结果

依据拉曼光谱分析仪测量的工作原理和测量范围确定了 55 项指标并对其进行测试,4 种大米样本测试化验结果如表 4-21 所示。

表 4-21 样本大米化验成分

序号	测试项目(单位)	样本 1 结果	样本 2 结果	样本 3 结果	样本 4 结果
1	蛋白质/(g·100 g^{-1})	6.3	6.8	6.7	7.7
2	直链淀粉/%	19.8	19.1	20.7	18.9
3	支链淀粉/%	74.5	72.2	71.2	73.1
4	ASP 天冬氨酸/(mg·g^{-1})	5.32	5.87	7.18	7.77
5	GLU 谷氨酸/(mg·g^{-1})	7.88	10.13	16.63	13.24
6	CYS 胱氨酸/(mg·g^{-1})	0.16	0.17	0.22	0.14
7	SER 丝氨酸/(mg·g^{-1})	2.65	3.13	3.37	3.62
8	GLY 甘氨酸/(mg·g^{-1})	2.78	3.28	3.51	3.61
9	HIS 组氨酸/(mg·g^{-1})	0.97	0.87	0.93	1.22
10	ARG 精氨酸/(mg·g^{-1})	1.50	1.74	1.85	2.05
11	THR 苏氨酸/(mg·g^{-1})	2.55	2.63	2.70	2.81
12	ALA 丙氨酸/(mg·g^{-1})	2.79	3.28	3.89	4.09
13	PRO 脯氨酸/(mg·g^{-1})	2.47	3.12	3.58	3.55
14	TYR 酪氨酸/(mg·g^{-1})	1.41	1.71	2.05	2.00
15	VAL 缬氨酸/(mg·g^{-1})	2.64	3.11	3.65	3.78
16	MET 蛋氨酸/(mg·g^{-1})	1.00	1.03	1.20	1.21
17	ILE 异亮氨酸/(mg·g^{-1})	未检出	未检出	未检出	未检出
18	LEU 亮氨酸/(mg·g^{-1})	1.81	2.14	2.48	2.68
19	PHE 苯丙氨酸/(mg·g^{-1})	2.47	2.94	3.32	3.62
20	LYS 赖氨酸/(mg·g^{-1})	1.55	1.78	1.89	1.94
21	C10.0/(mg·kg^{-1})	0.00	0.00	0.00	0.00
22	C11.0/(mg·kg^{-1})	0.00	0.00	0.00	0.00
23	C12.0/(mg·kg^{-1})	0.00	0.00	0.00	0.00
24	C13.0/(mg·kg^{-1})	0.00	0.00	0.00	0.00
25	C14.0/(mg·kg^{-1})	61.47	99.18	93.35	65.89
26	C14.1/(mg·kg^{-1})	0.00	0.00	0.00	0.00
27	C15.0/(mg·kg^{-1})	2.41	3.02	2.74	2.65
28	C15.1/(mg·kg^{-1})	0.00	0.00	0.00	0.00
29	C16.0/(mg·kg^{-1})	4 003.07	4 888.61	4 217.46	4 263.16
30	C16.1/(mg·kg^{-1})	0.00	0.00	0.00	0.00
31	C17.0/(mg·kg^{-1})	6.14	7.60	6.86	6.76
32	C17.1/(mg·kg^{-1})	0.00	0.00	0.00	0.00
33	C18.0/(mg·kg^{-1})	1 119.63	1 280.89	1 171.99	1 155.06

表 4-21(续)

序号	测试项目(单位)	样本 1 结果	样本 2 结果	样本 3 结果	样本 4 结果
34	C18.1N9C/(mg·kg⁻¹)	1 353.67	1 564.21	1 412.75	1 576.82
35	C18.1N9T/(mg·kg⁻¹)	0.00	0.00	0.00	0.00
36	C18.2N6C/(mg·kg⁻¹)	3 671.91	4 496.53	3 535.10	4 227.97
37	C18.2N6T/(mg·kg⁻¹)	0.00	0.00	0.00	0.00
38	C18.3N3/(mg·kg⁻¹)	0.00	0.00	0.00	0.00
39	C18.3N6/(mg·kg⁻¹)	0.00	0.00	0.00	0.00
40	C20.0/(mg·kg⁻¹)	10.45	12.83	12.72	15.61
41	C20.1/(mg·kg⁻¹)	12.73	10.03	12.64	12.90
42	C20.2/(mg·kg⁻¹)	0.00	0.00	0.00	0.00
43	C20.3N3/(mg·kg⁻¹)	0.00	0.00	0.00	0.00
44	C20.3N6/(mg·kg⁻¹)	0.00	0.00	0.00	0.00
45	C20.4N6/(mg·kg⁻¹)	0.00	0.00	0.00	0.00
46	C20.5N3/(mg·kg⁻¹)	0.00	0.00	0.00	0.00
47	C21.0/(mg·kg⁻¹)	1.68	1.32	1.29	1.47
48	C22.0/(mg·kg⁻¹)	3.10	3.24	4.72	3.95
49	C22.1N9/(mg·kg⁻¹)	0.64	1.18	0.45	1.03
50	C22.2/(mg·kg⁻¹)	0.00	0.00	0.00	0.00
51	C22.6N3/(mg·kg⁻¹)	0.00	0.00	0.00	0.00
52	C23.0/(mg·kg⁻¹)	0.00	0.00	0.00	0.00
53	C24.0/(mg·kg⁻¹)	8.80	9.73	10.84	13.63
54	C24.1/(mg·kg⁻¹)	0.00	0.00	0.00	0.00
55	C8.0/(mg·kg⁻¹)	0.00	0.00	0.00	0.00

2. 主成分分析法对测试项目影响程度分析

主成分分析是将多指标简化为少量综合性指标的一种统计分析方法,用提取的主成分能够尽可能多地反映原来各个变量的信息,为提取主要的差异性指标提供了理论方法。在去除表 4-21 中为 0 和未检出成分,将单位统一为 mg/g,得到表 4-22,其中有效指标为 32 个。

表 4-22　去除未检出及为零成分后大米化验成分

序号	测试项目（单位）	样本 1 结果	样本 2 结果	样本 3 结果	样本 4 结果
1	蛋白质/(mg·g⁻¹)	63.000 00	68.000 00	67.000 00	77.000 00
2	直链淀粉/%	19.800 00	19.100 00	20.700 00	18.900 00
3	支链淀粉/%	74.500 00	72.200 00	71.200 00	73.100 00
4	ASP 天冬氨酸/(mg·g⁻¹)	5.320 00	5.870 00	7.180 00	7.770 00
5	GLU 谷氨酸/(mg·g⁻¹)	7.880 00	10.130 00	16.630 00	13.240 00
6	CYS 胱氨酸/(mg·g⁻¹)	0.160 00	0.170 00	0.220 00	0.140 00
7	SER 丝氨酸/(mg·g⁻¹)	2.650 00	3.130 00	3.370 00	3.620 00
8	GLY 甘氨酸/(mg·g⁻¹)	2.780 00	3.280 00	3.510 00	3.610 00
9	HIS 组氨酸/(mg·g⁻¹)	0.970 00	0.870 00	0.930 00	1.220 00
10	ARG 精氨酸/(mg·g⁻¹)	1.500 00	1.740 00	1.850 00	2.050 00
11	THR 苏氨酸/(mg·g⁻¹)	2.550 00	2.630 00	2.700 00	2.810 00
12	ALA 丙氨酸/(mg·g⁻¹)	2.790 00	3.280 00	3.890 00	4.090 00
13	PRO 脯氨酸/(mg·g⁻¹)	2.470 00	3.120 00	3.580 00	3.550 00
14	TYR 酪氨酸/(mg·g⁻¹)	1.410 00	1.710 00	2.050 00	2.000 00
15	VAL 缬氨酸/(mg·g⁻¹)	2.640 00	3.110 00	3.650 00	3.780 00
16	MET 蛋氨酸/(mg·g⁻¹)	1.000 00	1.030 00	1.200 00	1.210 00
17	LEU 亮氨酸/(mg·g⁻¹)	1.810 00	2.140 00	2.480 00	2.680 00
18	PHE 苯丙氨酸/(mg·g⁻¹)	2.470 00	2.940 00	3.320 00	3.620 00
19	LYS 赖氨酸/(mg·g⁻¹)	1.550 00	1.780 00	1.890 00	1.940 00
20	C14.0/(mg·g⁻¹)	0.061 47	0.099 18	0.093 35	0.065 89
21	C15.0/(mg·g⁻¹)	0.002 41	0.003 02	0.002 74	0.002 65
22	C16.0/(mg·g⁻¹)	4.003 07	4.888 61	4.217 46	4.263 16
23	C17.0/(mg·g⁻¹)	0.006 14	0.007 60	0.006 86	0.006 76
24	C18.0/(mg·g⁻¹)	1.119 63	1.280 89	1.171 99	1.155 06
25	C18.1N9C/(mg·g⁻¹)	1.353 67	1.564 21	1.412 75	1.576 82
26	C18.2N6C/(mg·g⁻¹)	3.671 91	4.496 53	3.535 10	4.227 97
27	C20.0/(mg·g⁻¹)	0.010 45	0.012 83	0.012 72	0.015 61
28	C20.1/(mg·g⁻¹)	0.012 73	0.010 03	0.012 64	0.012 90
29	C21.0/(mg·g⁻¹)	0.001 68	0.001 32	0.001 29	0.001 47
30	C22.0/(mg·g⁻¹)	0.003 10	0.003 24	0.004 72	0.003 95
31	C22.1N9/(mg·g⁻¹)	0.000 64	0.001 18	0.000 45	0.001 03
32	C24.0/(mg·g⁻¹)	0.008 80	0.009 73	0.010 84	0.013 63

按照第一章对主成分分析法的说明,设多维指标矩阵为

$$X = \begin{bmatrix} x_{0,0} & x_{0,2} & \cdots & x_{0,31} \\ x_{1,0} & x_{1,2} & \cdots & x_{1,31} \\ x_{2,0} & x_{2,2} & \cdots & x_{2,31} \\ x_{3,0} & x_{3,2} & \cdots & x_{3,31} \end{bmatrix} \quad (4-3)$$

其中,4 行为样本 1~样本 4;32 列为 32 个指标。

为去除量纲对计算结果的影响,对数据进行标准化。经过处理的数据符合标准正态分布,即均值为 0,标准差为 1,其转化函数为

$$X^* = \frac{X - E(X)}{\sqrt{D(X)}} \quad (4-4)$$

其中,$E(X)$ 为样本数据的均值;$D(X)$ 为样本数据的标准差。

利用主成分分析法对 X^* 计算,计算累计方差贡献率如表 4-23 所示。其中主成分数目选定既要满足数据降维又能够包含尽可能多的信息,本研究通过常用累积方差贡献率不低于设定阈值为 80% 确定主成分数目为 2,其中第一主成分(PC1)方差贡献率为 56. 55%,第二主成分(PC2)方差贡献率为 24. 64%,第三主成分(PC3)方差贡献率为 18. 81%。

表 4-23　累计方差贡献率

序号	主成分	特征值	累计方差贡献率/%
1	PC1	18. 10	56. 55
2	PC2	7. 88	81. 19
3	PC3	0. 00	100. 00

主成分经过载荷矩阵旋转计算出来的载荷系数更接近 1,便于主成分更好解释,计算结果如表 4-24 所示。由表可知,第一主成分 PC1 主要综合了蛋白质、氨基酸(除胱氨酸、组氨酸)、C20.0 和 C24.0 的信息,其中支链淀粉呈反向分布,即在 PC1 坐标反向,蛋白质、氨基酸(除 CYS 胱氨酸)、C20.0 和 C24.0 呈正向分布,即在 PC1 坐标正向,PC1 越大,蛋白质、氨基酸(除 CYS 胱氨酸)、C20.0 和 C24.0 越大,支链淀粉则越小;第二主成分 PC2 主要综合了 C20.1、C15、C16、C17 和 C18 等的信息,其中 C15、C16、C17 和 C18 呈反向分布,即在 PC2 坐标反向,C20.1 呈正向分布,即在 PC2 坐标正向,PC2 越大,C20.1 越大,反向分布的成分则越小;第三主成分 PC3 主要综合了直链淀粉和 CYS 胱氨酸的信息,直链淀粉和 CYS 胱氨酸呈正向分布,即在 PC3 坐标正向,PC3 越大,直链淀粉和 CYS 胱氨酸越大,主成分分析 PC1 和 PC2 得分图如图 4-24 所示。由图可知,样本 1 位于第二象限,样本 2 位于第三象限,样本 3 和 4 位于第一象限,表明大米所含有机成分含量样本 1、样本 2 与样本 3 和 4 差异较大,而样本 3 和 4 差异较小。

表4-24 主成分分析旋转后的成分载荷矩阵

T序号	测试项目（单位）	PC1	PC2	PC3
1	蛋白质/(mg · g^{-1})	0.833 01	0.020 38	−0.552 88
2	直链淀粉/%	−0.129 18	0.448 71	0.884 29
3	支链淀粉/%	−0.659 69	0.302 67	−0.687 89
4	ASP 天冬氨酸/(mg · g^{-1})	0.944 47	0.324 24	−0.053 30
5	GLU 谷氨酸/(mg · g^{-1})	0.816 49	0.270 03	0.510 32
6	CYS 胱氨酸/(mg · g^{-1})	0.105 72	0.051 05	0.993 09
7	SER 丝氨酸/(mg · g^{-1})	0.996 93	0.029 55	−0.072 45
8	GLY 甘氨酸/(mg · g^{-1})	0.996 76	−0.043 08	0.067 99
9	HIS 组氨酸/(mg · g^{-1})	0.490 84	0.512 06	−0.704 89
10	ARG 精氨酸/(mg · g^{-1})	0.980 54	0.059 73	−0.187 03
11	THR 苏氨酸/(mg · g^{-1})	0.950 60	0.187 72	−0.247 24
12	ALA 丙氨酸/(mg · g^{-1})	0.980 68	0.193 04	0.031 82
13	PRO 脯氨酸/(mg · g^{-1})	0.979 77	0.009 73	0.199 90
14	TYR 酪氨酸/(mg · g^{-1})	0.963 16	0.120 28	0.240 54
15	VAL 缬氨酸/(mg · g^{-1})	0.983 52	0.166 65	0.070 15
16	MET 蛋氨酸/(mg · g^{-1})	0.899 65	0.421 27	0.114 72
17	LEU 亮氨酸/(mg · g^{-1})	0.984 58	0.169 47	−0.043 39
18	PHE 苯丙氨酸/(mg · g^{-1})	0.988 96	0.127 42	−0.075 61
19	LYS 赖氨酸/(mg · g^{-1})	0.997 67	−0.031 76	0.060 37
20	C14.0/(mg · kg^{-1})	0.289 23	−0.688 16	0.665 42
21	C15.0/(mg · kg^{-1})	0.438 54	−0.864 31	0.246 26
22	C16.0/(mg · kg^{-1})	0.229 19	−0.973 29	0.013 12
23	C17.0/(mg · kg^{-1})	0.446 04	−0.878 90	0.169 09
24	C18.0/(mg · kg^{-1})	0.207 36	−0.965 12	0.159 84
25	C18.1N9C/(mg · kg^{-1})	0.658 35	−0.577 72	−0.482 51
26	C18.2N6C/(mg · kg^{-1})	0.269 80	−0.779 07	−0.565 91
27	C2 0.0/(mg · kg^{-1})	0.914 35	−0.045 86	−0.402 33
28	C2 0.1/(mg · kg^{-1})	0.097 91	0.991 70	−0.083 39
29	C21.0/(mg · kg^{-1})	−0.673 86	0.492 40	−0.550 87
30	C22.0/(mg · kg^{-1})	0.725 38	0.413 71	0.550 15
31	C22.1N9/(mg · kg^{-1})	0.211 12	−0.723 09	−0.657 70
32	C24.0/(mg · kg^{-1})	0.878 64	0.259 44	−0.400 86

主成分得分如表 4-25 所示。

表 4-25　样本大米主成分得分表

序号	测试样本	PC1	PC2	PC3
1	样本 1	−5.755 22	1.670 43	−0.629 11
2	样本 2	−0.452 22	−4.200 63	0.034 98
3	样本 3	2.182 37	1.340 55	3.254 05
4	样本 4	4.025 07	1.189 66	−2.659 92

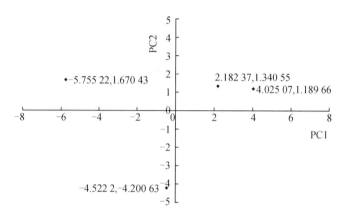

图 4-24　主成分分析 PC1 和 PC2 得分图

3. 基于主成分的余弦相似度分析方法

余弦值相似度的计算公式为

$$\cos \theta = \frac{x_1 y_1 + x_2 y_2 + \cdots + x_n y_n}{\sqrt{x_1^2 + x_2^2 + \cdots + x_n^2} \cdot \sqrt{y_1^2 + y_2^2 + \cdots + y_n^2}} \tag{4-5}$$

其中 n 为对应向量的个数。

当两向量夹角余弦等于 1 时,这两向量完全重复;当夹角的余弦值接近于 1 时,两向量相似;夹角的余弦越小,两向量越不相关。即越接近 1,待测成分与样本成分越相近。

本节中 X 和 Y 对应向量分别是:x_1、x_2、x_3 和 y_1、y_2、y_3,他们对应样本大米主成分和待测大米主成分的 PC1、PC2、PC3。则它们之间的余弦相似度由公式 4-6 推导可得

$$\cos \theta = \frac{x_1 y_1 + x_2 y_2 + x_3 y_3}{\sqrt{x_1^2 + x_2^2 + x_3^2} \cdot \sqrt{y_1^2 + y_2^2 + y_3^2}} \tag{4-6}$$

利用 PC1、PC2 计算 4 种样本的余弦相似度如表 4-26 所示。由表可知,样本 3 和样本 4 之间的成分相似度差距最小,其他均差距明显,说明。杜尔伯特蒙古族自治县江湾乡的 2 种大米成分相似度较高,而五常市的 2 种大米成分相似度较低,而杜尔伯特蒙古族自治县和五常市的大米成分相似度较低,可以用此方法对不同产地大米进行分类。

表 4-26　已知样本与待测样本主成分（PC1、PC2）之间余弦相似度　　　单位:%

	样本 1	样本 2	样本 3	样本 4
样本 1	100.000 0	17.434 5	−67.241 9	−84.197 4
样本 2	−17.434 5	100.000 0	−61.160 2	−38.446 1
样本 3	−67.241 9	−61.160 2	100.000 0	96.549 5
样本 4	−84.197 4	−38.446 1	96.549 5	100.000 0

利用 PC1、PC2 和 PC3 计算 4 种样本的余弦相似度如表 4-27 所示。由表可知,样本之间的主成分相似度差距均较大。采用 3 个主成分对杜尔伯特蒙古族自治县和五常市的相同品种不同区域和不同品种相同区域大米余弦相似度计算结果差异较大,即采用主成分分析法结合余弦相似度方法,可以实现基于有机成分信息大米身份的识别。由于化验成本较高、周期较长,本节以此作为理论基础研究大米标准化学成分的拉曼光谱,建立基于标准物质谱峰面积的大米身份识别模型。

表 4-27　已知样本与待测样本主成分（PC1,PC2,PC3）之间的余弦相似度　　　单位:%

	样本 1	样本 2	样本 3	样本 4
样本 1	100.000 0	−17.425 1	−49.565 0	−65.141 2
样本 2	−17.425 1	100.000 0	−37.175 0	−32.916 1
样本 3	−49.565 0	−37.175 0	100.000 0	8.375 6
样本 4	−65.141 2	−32.916 1	8.375 6	100.000 0

4. 标准物质拉曼光谱特征谱峰与官能团振动模式分析

由主成分分析旋转后的成分载荷矩阵表可知,对 PC1 影响较大的成分包括天冬氨酸（0.944 47）、谷氨酸（0.816 49）、丝氨酸（0.996 93）、甘氨酸（0.996 76）、精氨酸（0.980 54）、苏氨酸（0.950 60）、丙氨酸（0.980 68）、脯氨酸（0.979 77）、酪氨酸（0.963 16）、缬氨酸（0.983 52）、蛋氨酸（0.899 65）、亮氨酸（0.984 58）、苯丙氨酸（0.988 96）、赖氨酸（0.997 67）、C20.0（0.914 35）和 C24.0（0.878 64）;对 PC2 影响较大的成分为 C20.1（0.991 70）;对 PC3 影响较大的成分为直链淀粉（0.884 29）和胱氨酸（0.993 09）;支链淀粉含量占 70% 以上。为避免他人所做标准物质实验结果因实验室环境和实验仪器差异而对研究结果产生影响,在上海源叶生物科技有限公司购买了天冬氨酸等 20 种标准物质,在黑龙江八一农垦大学农业信息技术 1 分室环境下利用拉曼光谱仪采集了上述标准物质的拉曼光谱,并对官能团振动模式进行了指认。

（1）天冬氨酸拉曼光谱特征谱峰及官能团振动模式

天冬氨酸普遍存在于谷类蛋白质中,是大米成分进行主成分分析法后对 PC1 影响较大的成分之一。利用拉曼光谱分析仪在实验室环境下采集了天冬氨酸标准物质的拉曼光谱,它的化学结构和拉曼光谱如图 4-25 所示。

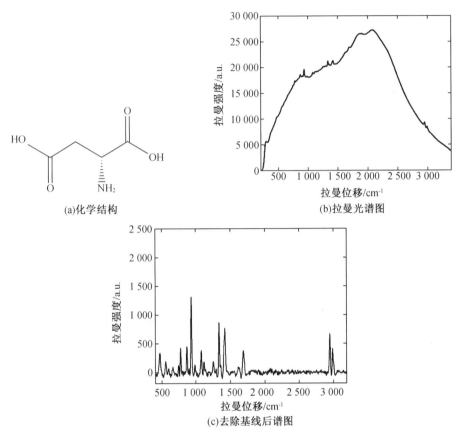

(a)化学结构 (b)拉曼光谱图

(c)去除基线后谱图

图 4-25　天冬氨酸化学结构与拉曼光谱图

将图 4-25(b)拉曼光谱通过拉曼光谱仪配套分析软件 NuSpec Software 去除基波后得到的图 4-25(c),其他标准物质去除基线后谱图将不在本章中赘述,特征峰经过对照图 4-25(a)化学式的拉曼光谱官能团振动特征频率,得到拉曼特征谱峰和官能团振动模式表,如表 4-28 所示。

表 4-28　天冬氨酸拉曼特征谱峰和官能团振动模式

特征谱峰	官能团振动模式
778m	C—CO 伸缩振动
872m	CCH 弯曲振动、COC 弯曲振动
936s	COC 弯曲振动、COH 弯曲振动、CO 伸缩振动
1 080w	CO 伸缩振动、CC 伸缩振动、COH 弯曲振动
1 250w	CCH 弯曲振动、OCH 弯曲振动、COH 弯曲振动

表 4-28(续)

特征谱峰	官能团振动模式
1 335s	COO 伸缩振动
1 419s	COO 伸缩振动
2 950m	C—H 对称伸缩振动
2 990m	C—H 反对称伸缩振动

注:vs 表示非常强的峰;s 表示强峰;m 表示中等峰;w 表示弱峰,下同

(2)谷氨酸拉曼光谱特征谱峰及官能团振动模式

谷氨酸普遍存在于谷类蛋白质中,是大米成分进行主成分分析法后对 PC1 影响较大的成分之一。利用拉曼光谱分析仪在实验室环境下采集了谷氨酸标准物质的拉曼光谱,它的化学结构和拉曼光谱如图 4-26 所示。

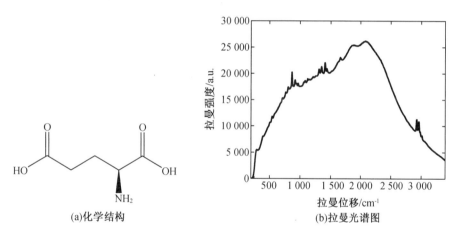

(a)化学结构　　　(b)拉曼光谱图

图 4-26　谷氨酸化学结构与拉曼光谱图

将图 4-26(b)拉曼光谱去除基波后得到的特征峰,经过对照图 4-26(a)化学式的拉曼光谱官能团振动特征频率,得到拉曼特征谱峰和官能团振动模式表,如表 4-29 所示。

表 4-29　谷氨酸拉曼特征谱峰和官能团振动模式

特征谱峰	官能团振动模式
865vs	CCH 弯曲振动
919m	CC 对称伸缩振动
1 084w	CC 伸缩振动、CO 伸缩振动
1 309m	CH$_2$ 摇摆振动、CH 变形振动
1 350m	CH 变形振动
1 407s	COO 对称伸缩振动

表 4-29(续)

特征谱峰	官能团振动模式
1 436m	CH$_2$ 剪式振动
2 930s	CH 伸缩振动
2 964s	CH 伸缩振动
2 985m	CH 反对称伸缩振动

（3）丝氨酸拉曼光谱特征谱峰及官能团振动模式

丝氨酸普遍存在于谷类蛋白质中,是大米成分进行主成分分析法后对 PC1 影响较大的成分之一。利用拉曼光谱分析仪在实验室环境下采集了丝氨酸标准物质的拉曼光谱,它的化学结构和拉曼光谱如图 4-27 所示。

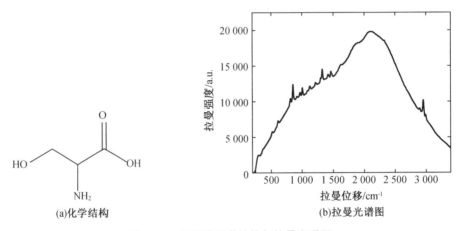

(a)化学结构   (b)拉曼光谱图

图 4-27　丝氨酸化学结构与拉曼光谱图

将图 4-27(b)拉曼光谱去除基波后得到的特征峰,经过对照图 4-27(a)化学式的拉曼光谱官能团振动特征频率,得到拉曼特征谱峰和官能团振动模式表,如表 4-30 所示。

表 4-30　丝氨酸拉曼特征谱峰和官能团振动模式

特征谱峰	官能团振动模式
516w	COOH 摇摆振动
611m	COO 面外摇摆振动
853vs	NH$_2$ 变形振动
1 008m	CN 伸缩振动
1 127w	COH 弯曲振动
1 299w	CH、NH 变形振动和面内弯曲振动
1 324s	CH$_2$ 面内摇摆振动和 CN 伸缩振动

表 4-30(续)

特征谱峰	官能团振动模式
1 416w	CO 伸缩振动
1 463m	CH、CH$_2$、COH 弯曲振动
2 956vs	CH 伸缩振动

(4)甘氨酸拉曼光谱特征谱峰及官能团振动模式

甘氨酸普遍存在于谷类蛋白质中,是大米成分进行主成分分析法后对 PC1 影响较大的成分之一。利用拉曼光谱分析仪在实验室环境下采集了甘氨酸标准物质的拉曼光谱,它的化学结构和拉曼光谱如图 4-28 所示。

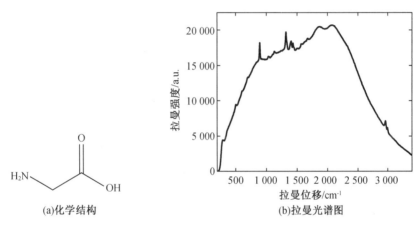

(a)化学结构　　　　　　　　　(b)拉曼光谱图

图 4-28　甘氨酸化学结构与拉曼光谱图

将图 4-28(b)拉曼光谱去除基波后得到的特征峰,经过对照图 4-28(a)化学式的拉曼光谱官能团振动特征频率,得到拉曼特征谱峰和官能团振动模式表,如表 4-31 所示。

表 4-31　甘氨酸拉曼特征谱峰和官能团振动模式

特征谱峰	官能团振动模式
503m	COOH 摇摆振动
603w	COO 面外摇摆振动
893vs	CC 伸缩振动
1 035m	CN 伸缩振动
1 136m	NH$_2$ 摇摆振动
1 323vs	CH$_2$ 面内摇摆振动和 CN 伸缩振动
1 409s	COO 对称伸缩振动
1 438m	CH$_2$ 剪切振动

表 4-31(续)

特征谱峰	官能团振动模式
2 965s	CH_2 伸缩振动
2 999m	CH_2 伸缩振动

（5）精氨酸拉曼光谱特征谱峰及官能团振动模式

精氨酸普遍存在于谷类蛋白质中，是大米成分进行主成分分析法后对 PC1 影响较大的成分之一。利用拉曼光谱分析仪在实验室环境下采集了精氨酸标准物质的拉曼光谱，它的化学结构和拉曼光谱如图 4-29 所示。

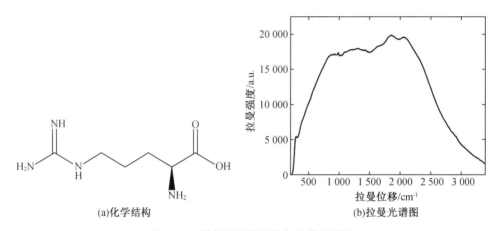

(a)化学结构　　　　(b)拉曼光谱图

图 4-29　精氨酸化学结构与拉曼光谱图

精氨酸的拉曼特征谱峰强度为中等以上的仅有 983 cm^{-1}，将图 4-29（b）拉曼光谱去除基波后得到的特征峰，经过对照图 4-29（a）化学式的拉曼光谱官能团振动特征频率，得到拉曼特征谱峰和官能团振动模式表，如表 4-32 所示。

表 4-32　精氨酸拉曼特征谱峰和官能团振动模式

特征谱峰	官能团振动模式
983m	CN 伸缩振动

（6）苏氨酸拉曼光谱特征谱峰及官能团振动模式

苏氨酸普遍存在于谷类蛋白质中，是大米成分进行主成分分析法后对 PC1 影响较大的成分之一。利用拉曼光谱分析仪在实验室环境下采集了苏氨酸标准物质的拉曼光谱，它的化学结构和拉曼光谱如图 4-30 所示。

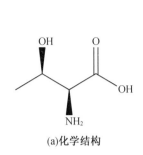

(a)化学结构

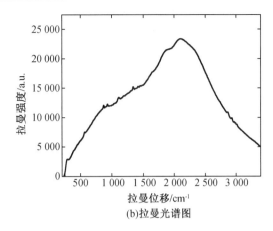

(b)拉曼光谱图

图 4-30 苏氨酸化学结构与拉曼光谱图

将图 4-30(b)拉曼光谱去除基波后得到的特征峰,经过对照图 4-30(a)化学式的拉曼光谱官能团振动特征频率,得到拉曼特征谱峰和官能团振动模式表,如表 4-33 所示。

表 4-33 苏氨酸拉曼特征谱峰和官能团振动模式

特征谱峰	官能团振动模式
564m	COOH 摇摆振动
871m	CCH 弯曲振动
932m	CH_3 摇摆振动
1 111m	NH_2 摇摆振动
1 339m	CH、COH 面内弯曲振动
1 417w	COO 对称伸缩振动
1 450w	CH_3 反对称变形或面内弯曲
2 873m	CH_3 变形或面内弯曲
2 935m	CH_3 对称伸缩振动
2 973w	CH 伸缩振动
2 990w	CH_3 反对称伸缩振动

(7)丙氨酸拉曼光谱特征谱峰及官能团振动模式

丙氨酸普遍存在于谷类蛋白质中,是大米成分进行主成分分析法后对 PC1 影响较大的成分之一。利用拉曼光谱分析仪在实验室环境下采集了丙氨酸标准物质的拉曼光谱,它的化学结构和拉曼光谱如图 4-31 所示。

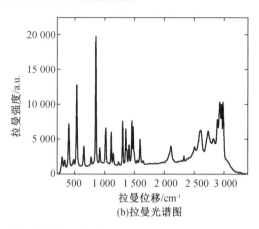

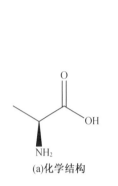

(a)化学结构　　　　　(b)拉曼光谱图

图 4-31　丙氨酸化学结构与拉曼光谱图

将图 4-31(b)拉曼光谱去除基波后得到的特征峰,经过对照图 4-31(a)化学式的拉曼光谱官能团振动特征频率,得到拉曼特征谱峰和官能团振动模式表,如表 4-34 所示。

表 4-34　丙氨酸拉曼特征谱峰和官能团振动模式

特征谱峰	官能团振动模式
401m	CCNC 形变振动
534s	COOH 摇摆振动
654w	COO 剪切振动
773w	COO 面外摇摆振动
852vs	NH_2 变形振动
919w	CC 对称伸缩振动
1 019m	CH_3 面内摇摆振动
1 111m	NH_2 摇摆振动
1 146w	NH_2 摇摆振动
1 305m	CH 变形振动
1 358m	CH_3 对称变形振动
1 412w	COO 对称伸缩振动
1 460m	CH_3 反对称变形振动
1 481m	NH_2 对称变形振动
1 596m	CO 反对称伸缩振动
2 888w	CH_3 变形或面内弯曲
2 928m	CH_3 对称伸缩振动
2 960m	CH 伸缩振动
2 984m	CH_3 反对称伸缩振动

（8）脯氨酸拉曼光谱特征谱峰及官能团振动模式

脯氨酸普遍存在于谷类蛋白质中，是大米成分进行主成分分析法后对 PC1 影响较大的成分之一。利用拉曼光谱分析仪在实验室环境下采集了脯氨酸标准物质的拉曼光谱，它的化学结构和拉曼光谱如图 4-32 所示。

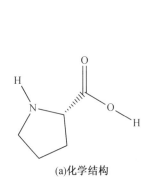
(a)化学结构

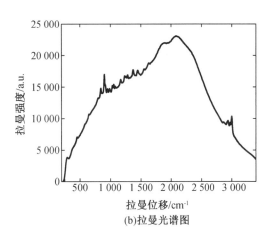
(b)拉曼光谱图

图 4-32 脯氨酸化学结构与拉曼光谱图

将图 4-32(b)拉曼光谱去除基波后得到的特征峰，经过对照图 4-32(a)化学式的拉曼光谱官能团振动特征频率，得到拉曼特征谱峰和官能团振动模式表，如表 4-35 所示。

表 4-35 脯氨酸拉曼特征谱峰和官能团振动模式

特征谱峰	官能团振动模式
841m	CH_2摇摆振动
899s	CC 伸缩振动
918m	CC 伸缩振动
1 033m	CH 变形振动
1 056m	CH 变形振动
1 173m	NH_2摇摆振动
1 237m	COH 变形振动或面内弯曲振动
1 286w	CH、NH 变形振动或面内弯曲振动
1 374m	COH 弯曲振动
1 447m	CH_2剪式振动
2 943m	CH_2伸缩振动
3 001s	CH_2伸缩振动

(9)酪氨酸拉曼光谱特征谱峰及官能团振动模式

酪氨酸普遍存在于谷类蛋白质中,是大米成分进行主成分分析法后对 PC1 影响较大的成分之一。利用拉曼光谱分析仪在实验室环境下采集了酪氨酸标准物质的拉曼光谱,它的化学结构和拉曼光谱如图 4-33 所示。

(a)化学结构

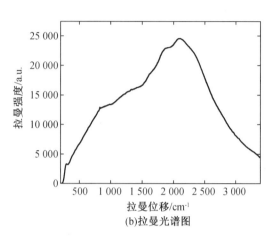

(b)拉曼光谱图

图 4-33　酪氨酸化学结构与拉曼光谱图

酪氨酸的拉曼特征谱峰强度为中等以上的仅有 829 cm⁻¹,将图 4-33(b)拉曼光谱去除基波后得到的特征峰,经过对照图 4-33(a)化学式的拉曼光谱官能团振动特征频率,得到拉曼特征谱峰和官能团振动模式表,如表 4-36 所示。

表 4-36　酪氨酸拉曼特征谱峰和官能团振动模式

特征谱峰	官能团振动模式
829m	CH$_2$摇摆振动

(10)缬氨酸拉曼光谱特征谱峰及官能团振动模式

缬氨酸普遍存在于谷类蛋白质中,是大米成分进行主成分分析法后对 PC1 影响较大的成分之一。利用拉曼光谱分析仪在实验室环境下采集了缬氨酸标准物质的拉曼光谱,它的化学结构和拉曼光谱如图 4-34 所示。

将图 4-34(b)拉曼光谱去除基波后得到的特征峰,经过对照图 4-34(a)化学式的拉曼光谱官能团振动特征频率,得到拉曼特征谱峰和官能团振动模式表,如表 4-37 所示。

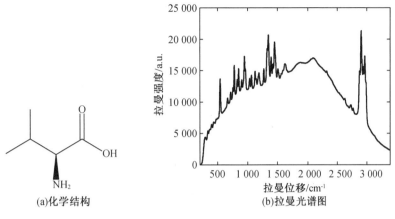

(a)化学结构   (b)拉曼光谱图

图4-34 缬氨酸化学结构与拉曼光谱图

表4-37 缬氨酸拉曼特征谱峰和官能团振动模式

特征谱峰	官能团振动模式
543s	COOH 摇摆振动
665w	COO 变形或面内弯曲
776s	COO 面外摇摆振动
825m	CH_2摇摆振动
849m	NH_2变形振动
947s	CH_3摇摆振动
963m	CH_3摇摆振动
1 033m	H—O—H 面外弯曲振动
1 064m	CC 骨架反对称伸缩振动
1 124m	CC 伸缩振动
1 190m	CC 伸缩振动
1 271m	CH、NH 变形振动或面内弯曲振动
1 349s	CH,NH 变形振动或面内弯曲振动
1 395m	CH_3反对称变形振动或面内弯曲振动
1 453s	CH_3反对称变形或面内弯曲
2 876m	CH_3变形或面内弯曲
2 905vs	CH_3对称伸缩振动
2 944m	CH_3对称伸缩振动
2 967s	CH 伸缩振动
2 988m	CH_3反对称伸缩振动

(11)蛋氨酸拉曼光谱特征谱峰及官能团振动模式

蛋氨酸普遍存在于谷类蛋白质中,是大米成分进行主成分分析法后对 PC1 影响较大的成分之一。利用拉曼光谱分析仪在实验室环境下采集了蛋氨酸标准物质的拉曼光谱,它的化学结构和拉曼光谱如图 4-35 所示。

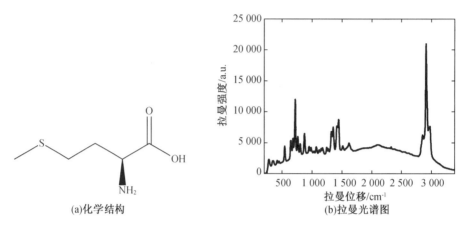

(a)化学结构　　　　　　　　　　(b)拉曼光谱图

图 4-35　蛋氨酸化学结构与拉曼光谱图

将图 4-35(b)拉曼光谱去除基波后得到的特征峰,经过对照图 4-35(a)化学式的拉曼光谱官能团振动特征频率,得到拉曼特征谱峰和官能团振动模式表,如表 4-38 所示。

表 4-38　蛋氨酸拉曼特征谱峰和官能团振动模式

特征谱峰	官能团振动模式
347w	C—C 扭曲振动
545m	COOH 摇摆振动
645m	COO 剪切振动
681m	C—S 对称伸缩振动
720s	C—S 对称伸缩振动
763m	COO 面外摇摆振动
874m	S—H 变形振动
1 319m	CH、NH 变形振动或面内弯曲振动
1 351m	CH_3 对称变形振动
1 413s	COO 对称伸缩振动
1 443s	CH_2 剪式振动
2 850m	CH 对称伸缩振动
2 911vs	CH_2 伸缩振动及 NH_2 伸缩振动
2 978m	CH 反对称伸缩振动

（12）亮氨酸拉曼光谱特征谱峰及官能团振动模式

亮氨酸普遍存在于谷类蛋白质中，是大米成分进行主成分分析法后对 PC1 影响较大的成分之一。利用拉曼光谱分析仪在实验室环境下采集了亮氨酸标准物质的拉曼光谱，它的化学结构和拉曼光谱如图 4-36 所示。

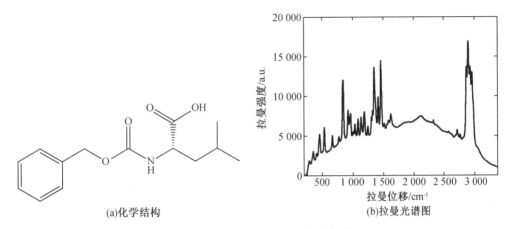

(a)化学结构　　　　　　　　(b)拉曼光谱图

图 4-36　亮氨酸化学结构与拉曼光谱图

将图 4-36（b）拉曼光谱去除基波后得到的特征峰，经过对照图 4-36（a）化学式的拉曼光谱官能团振动特征频率，得到拉曼特征谱峰和官能团振动模式表，如表 4-39 所示。

表 4-39　亮氨酸拉曼特征谱峰和官能团振动模式

特征谱峰	官能团振动模式
458m	COOH 摇摆振动
536m	COOH 摇摆振动
670m	COO 变形或面内弯曲
843vs	CH_2 摇摆振动
922m	CH_3 摇摆振动
944m	CH_3 摇摆振动
962m	CH_3 摇摆振动
1 003w	C—N 伸缩振动
1 080m	CH_3 摇摆振动
1 128m	C—C 伸缩振动
1 182m	C—C 伸缩振动
1 296w	CH,NH 变形振动或面内弯曲振动
1 313w	CH,NH 变形振动或面内弯曲振动
1 342s	CH,NH 变形振动或面内弯曲振动

表 **4-39**(续)

特征谱峰	官能团振动模式
1 408m	CH_3 反对称变形振动或面内弯曲振动
1 455vs	CH_3 反对称变形振动或面内弯曲振动
1 624w	NH_{3+} 反对称变形振动或面内弯曲振动
2 866s	CH_2 对称伸缩振动
2 896s	CH 对称伸缩振动
2 930m	CH_2 对称伸缩振动
2 961s	CH 伸缩振动
2 980m	CH 反对称伸缩振动

(13)苯丙氨酸拉曼光谱特征谱峰及官能团振动模式

苯丙氨酸普遍存在于谷类蛋白质中,是大米成分进行主成分分析法后对 PC1 影响较大的成分之一。利用拉曼光谱分析仪在实验室环境下采集了苯丙氨酸标准物质的拉曼光谱,它的化学结构和拉曼光谱如图 4-37 所示。

将图 4-37(b)拉曼光谱去除基波后得到的特征峰,经过对照图 4-37(a)化学式的拉曼光谱官能团振动特征频率,得到拉曼特征谱峰和官能团振动模式表,如表 4-40 所示。

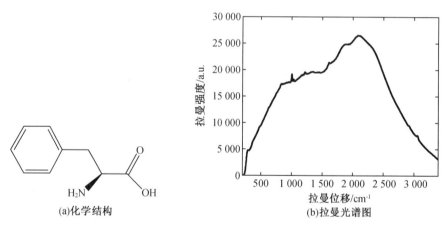

(a)化学结构　　　(b)拉曼光谱图

图 **4-37**　苯丙氨酸化学结构与拉曼光谱图

表 **4-40**　苯丙氨酸拉曼特征谱峰和官能团振动模式

特征谱峰	官能团振动模式
470vs	COOH 摇摆振动
622m	环内 C—C 扭曲变形,COO—摇摆
831m	CH_2 摇摆振动
854m	NH_2 变形

表 4-40(续)

特征谱峰	官能团振动模式
1 004vs	环内 C—C 对称伸缩振动
1 034m	环内 C—H 平面变形
1 160w	C—N 伸缩振动
1 181w	NH$_2$摇摆振动
1 215s	环呼吸振动
1 309m	CH$_2$摇摆振动
1 415w	COO—对称伸缩振动
1 444w	CH$_2$剪式振动
1 498w	NH$_2$对称变形
1 587m	环内 C—C 伸缩振动
1 606s	环内 C—C 伸缩振动

(14)赖氨酸拉曼光谱特征谱峰及官能团振动模式

赖氨酸普遍存在于谷类蛋白质中,是大米成分进行主成分分析法后对 PC1 影响较大的成分之一。利用拉曼光谱分析仪在实验室环境下采集了赖氨酸标准物质的拉曼光谱,它的化学结构和拉曼光谱如图4-38 所示。

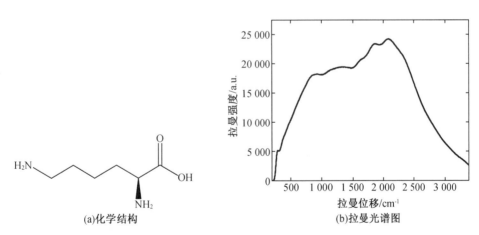

(a)化学结构　　　(b)拉曼光谱图

图 4-38　赖氨酸化学结构与拉曼光谱图

将图 4-38(b)拉曼光谱去除基波后得到的特征峰,经过对照图 4-38(a)化学式的拉曼光谱官能团振动特征频率,得到拉曼特征谱峰和官能团振动模式表,如表 4-41 所示。

表 4-41　赖氨酸拉曼特征谱峰和官能团振动模式

特征谱峰	官能团振动模式
813w	CH_2摇摆振动
852w	NH_2变形振动
874w	CCH 弯曲振动

（15）二十烯酸拉曼光谱特征谱峰及官能团振动模式

二十烯酸普遍存在于谷类蛋白质中,是大米成分进行主成分分析法后对 PC2 影响较大的成分之一。利用拉曼光谱分析仪在实验室环境下采集了二十烯酸标准物质的拉曼光谱,它的化学结构和拉曼光谱如图 4-39 所示。

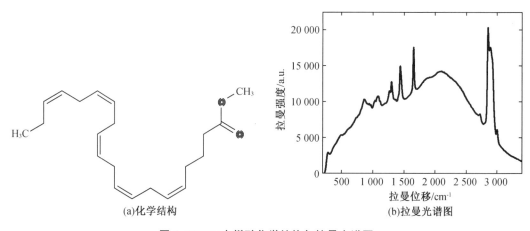

(a)化学结构　　　　(b)拉曼光谱图

图 4-39　二十烯酸化学结构与拉曼光谱图

将图 4-39(b)拉曼光谱去除基波后得到的特征峰,经过对照图 4-39(a)化学式的拉曼光谱官能团振动特征频率,得到拉曼特征谱峰和官能团振动模式表,如表 4-42 所示。

表 4-42　二十烯酸拉曼特征谱峰和官能团振动模式

特征谱峰	官能团振动模式
1 301m	CH 变形振动或面内弯曲振动
1 440m	CH_2剪式振动
2 851vs	CH_2对称伸缩振动
2 926s	CH_2反对称伸缩振动

（16）花生酸拉曼光谱特征谱峰及官能团振动模式

花生酸普遍存在于谷类蛋白质中,是大米成分进行主成分分析法后对 PC1 影响较大的成分之一。利用拉曼光谱分析仪在实验室环境下采集了花生酸标准物质的拉曼光谱，它的化学结构和拉曼光谱如图3-40所示。

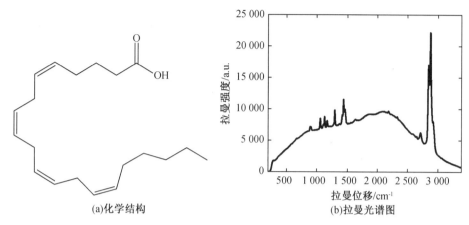

(a)化学结构　　　　　(b)拉曼光谱图

图4-40　花生酸化学结构与拉曼光谱图

将图4-40(b)拉曼光谱去除基波后得到的特征峰，经过对照图4-40(a)化学式的拉曼光谱官能团振动特征频率，得到拉曼特征谱峰和官能团振动模式表，如表4-43所示。

表4-43　花生酸拉曼特征谱峰和官能团振动模式

特征谱峰	官能团振动模式
1 061m	CH$_3$摇摆振动
1 128m	C—C 伸缩振动
1 295m	CH 变形振动或面内弯曲振动
1 418m	COO 对称伸缩振动
1 437m	CH$_2$剪式振动
2 845s	CH$_2$伸缩振动
2 877vs	CH$_2$伸缩振动

(17)木蜡酸拉曼光谱特征谱峰及官能团振动模式

木蜡酸普遍存在于谷类蛋白质中，是大米成分进行主成分分析法后对 PC1 影响较大的成分之一。利用拉曼光谱分析仪在实验室环境下采集了木蜡酸标准物质的拉曼光谱，它的化学结构和拉曼光谱如图4-41所示。

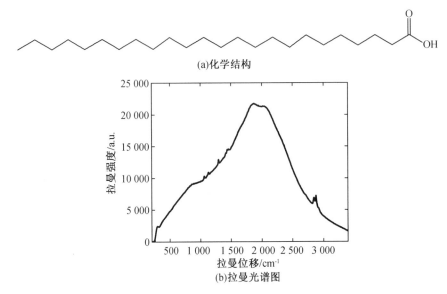

(a)化学结构

(b)拉曼光谱图

图 4-41　木蜡酸化学结构与拉曼光谱图

将图 4-41(b)拉曼光谱去除基波后得到的特征峰,经过对照图 4-41(a)化学式的拉曼光谱官能团振动特征频率,得到拉曼特征谱峰和官能团振动模式表,如表 4-44 所示。

表 4-44　木蜡酸拉曼特征谱峰和官能团振动模式

特征谱峰	官能团振动模式
1 061m	CH_3摇摆振动
1 128m	C—C 伸缩振动
1 294m	CH 变形振动或面内弯曲振动
1 416w	COO 对称伸缩振动
1 440m	CH_2剪式振动
1 459w	CH_2弯曲振动
2 846s	CH_2伸缩振动
2 878vs	CH_2伸缩振动

(18)直链淀粉拉曼光谱特征谱峰及官能团振动模式

直链淀粉普遍存在于谷类蛋白质中,是大米成分进行主成分分析法后对 PC3 影响较大的成分之一。利用拉曼光谱分析仪在实验室环境下采集了直链淀粉标准物质的拉曼光谱,它的化学结构和拉曼光谱如图 4-42 所示。

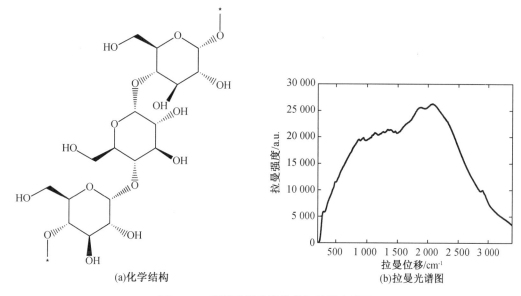

图 4-42　直链淀粉化学结构与拉曼光谱图

由图 4-42(b)拉曼光谱可知,直链淀粉的特征谱峰如表 4-45 所示,通过对照图 4-42(a)化学式和官能团振动的特征拉曼频率,得到直链淀粉拉曼特征谱峰和官能团振动模式表,如表 4-45 所示。

表 4-45　直链淀粉拉曼特征谱峰和官能团振动模式

特征谱峰	官能团振动模式
482m	CCC 骨架弯曲振动、CO 扭曲变形振动
861w	CCH 弯曲振动、COC 弯曲振动
940m	COC 弯曲振动、COH 弯曲振动、CO 伸缩振动
1 081w	CO 伸缩振动、CC 伸缩振动、COH 弯曲振动
1 126w	CO 伸缩振动、CC 伸缩振动、COH 弯曲振动
1 252w	CCH 弯曲振动、OCH 弯曲振动、COH 弯曲振动
1 335w	COH 弯曲振动、CO 伸缩振动、COH 弯曲振动
1 376w	COH 弯曲振动
1 461w	CH、CH_2、COH 弯曲振动
2 907m	CH 对称和反对称伸缩振动

(19)胱氨酸拉曼光谱特征谱峰及官能团振动模式

胱氨酸普遍存在于谷类蛋白质中,是大米成分进行主成分分析法后对 PC3 影响较大的成分之一。利用拉曼光谱分析仪在实验室环境下采集了胱氨酸标准物质的拉曼光谱,它的化学结构和拉曼光谱如图 4-43 所示。

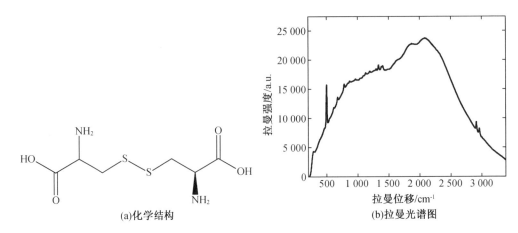

(a)化学结构　　　　　　　　　(b)拉曼光谱图

图4-43　胱氨酸化学结构与拉曼光谱图

将图4-43(b)拉曼光谱去除基波后得到的特征峰,经过对照图4-43(a)化学式的拉曼光谱官能团振动特征频率,得到拉曼特征谱峰和官能团振动模式表,如表4-46所示。

表4-46　胱氨酸拉曼特征谱峰和官能团振动模式

特征谱峰	官能团振动模式
501vs	S—S 伸缩振动
679m	C—S 伸缩振动(对称)
786m	C—S 伸缩振动(反对称)
1 339m	COO 伸缩振动
1 407m	COO 伸缩振动
2 912s	CH_2 伸缩振动及 NH_2 伸缩振动
2 963s	CH_2 伸缩振动及 NH_2 伸缩振动

(20)支链淀粉拉曼光谱特征谱峰及官能团振动模式

支链淀粉普遍存在于谷类中,是大米的主要成分,含量在70%以上。利用拉曼光谱分析仪在实验室环境下采集了支链淀粉标准物质的拉曼光谱,它的化学结构和拉曼光谱如图4-44所示。

将图4-44(b)拉曼光谱去除基波后得到的特征峰,经过对照图4-44(a)化学式的拉曼光谱官能团振动特征频率,得到拉曼特征谱峰和官能团振动模式表,如表4-47所示。

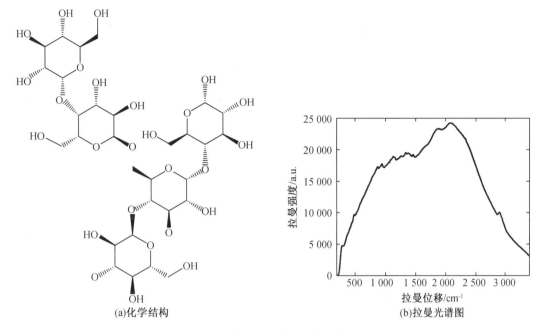

(a)化学结构　　　　　　(b)拉曼光谱图

图4-44 支链淀粉化学结构与拉曼光谱图

表4-47 支链淀粉拉曼特征谱峰和官能团振动模式

特征谱峰	官能团振动模式
482m	CCC 骨架弯曲振动、CO 扭曲变形振动
866m	CCH 弯曲振动、COC 弯曲振动
940m	COC 弯曲振动、COH 弯曲振动、CO 伸缩振动
1 133w	CO 伸缩振动、CC 伸缩振动、COH 弯曲振动
1 336w	COH 的弯曲振动、CO 的伸缩振动和 COH 弯曲振动
1 460w	CH、CH$_2$、COH 的弯曲振动
2 904m	CH 对称和反对称伸缩振动

5. 基于标准物质拉曼光谱特征峰面积的大米分类方法

依据化学成分进行拉曼光谱定性分析的主要方法有特征峰强度方法和特征峰面积方法。其中依据特征峰峰强度进行计算时，考虑大米绝大多数成分相对含量低，外部干扰因素也多，出现特征峰强度会发生波动，导致使用峰强度定量计算的结果准确性和可靠性不佳。本节采用化学成分光谱特征峰面积方法开展大米分类方法的研究，以标准物质特征峰的强度为辅助参考，进行预处理后进行谱峰区段的提取，在此基础上参考 MIT 等人的研究方法，选取大米原始光谱数据，避免由于数据平滑、数据平移、基线校正等预处理引入的额外误差，以保证计算的科学性及准确性。计算过程如下：

（1）标准物质拉曼光谱特征谱峰区间的计算

标准物质拉曼光谱经过平移平滑和极差归一化等预处理，得到预处理后光谱曲线如

图 4-45 所示。

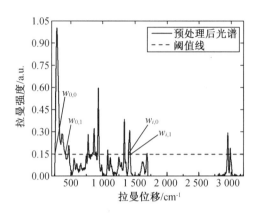

图 4-45   天冬氨酸拉曼光谱预处理后拉曼光谱与谱区标注图

标准物质谱区定义如下：

$$W = \begin{bmatrix} w_{0,0} & w_{0,0} \\ \vdots & \vdots \\ w_{i,0} & w_{i,1} \\ \vdots & \vdots \\ w_{m-1,0} & w_{m-1,1} \end{bmatrix} \quad 0 \leqslant i < m, m \text{ 是谱峰总数} \tag{4-7}$$

其中，$w_{i,0}$ 为标准物质第 i 个谱峰左侧最小值的光谱波长，单位为波数；$w_{i,1}$ 为标准物质第 i 个谱峰右侧最大值的光谱波长，单位为波数。

在满足

$$I_{w_i} \geqslant \alpha \quad \text{其中，} I \text{ 是光谱强度；} w_i \text{ 是波长；} \alpha \text{ 是设置的阈值} \tag{4-8}$$

时，$w_{i,0}$ 是 w_i 的最小值，$w_{i,1}$ 是 w_i 的最小值，如图 4-45 所示。

本节 α 均取值为 0.15，以标准物质天冬氨酸为例，采用上述公式计算出谱区范围如表 4-48 所示，与表 4-28 对照可知，计算的结果涵盖了谱峰强度为中(m)和强(vs、s)的谱峰，对强度较弱的谱峰和骨架谱峰也有体现，其中 284 s 为 C 骨架振动，469 w 为 COOH 摇摆振动，902 w 为 C-C 伸缩振动，其他特征谱峰已经加以说明。

表 4-48   天冬氨酸拉曼强度高于 15% 的特征谱区

特征谱峰	特征谱区
284s	256~419
469w	458~479
778m	769~790

表 4-48（续）

特征谱峰	特征谱区
872m	844～888
902w	897～906
936s	923～950
1 080w	1 078～1 085
1 335s	1 326～1 345
1 419s	1 401～1 430
2 950m	1 689～1 693
2 950m	2 941～2 959
2 990m	2 986～2 996

（2）大米所含标准物质特征谱峰面积的计算

大米所含标准物质谱峰面积指的是按照各种标准物质的谱区提取每个谱区的面积，然后求和，得到各个标准物质的谱峰面积。计算面积时每个谱区均采用梯形数值积分对这个范围进行面积计算。因为标准物质较多，强度大小不一，考虑到光谱光强、基线漂移现象和荧光背景的干扰，采用全谱面积归一化，即每种标准物质谱峰面积除以大米全谱面积，减少干扰。

依据标准物质的谱区计算大米谱峰面积公式为

$$S_{area} = \sum_{i=0}^{m} \left(\sum_{j=w_{i,0}}^{w_{i,1}} I_j - \frac{I_{w_{i,0}} + I_{w_{i,1}}}{2} \right) \qquad (4-9)$$

经全谱面积归一化得到

$$s = S_{area}/S_{full} = S \Big/ \left(\sum_{j=w_{min}}^{w_{max}} I_j - \frac{I_{w_{min}} + I_{w_{max}}}{2} \right) \qquad (4-10)$$

其中，w_{min}、w_{max} 是大米拉曼光谱谱区，计算时分别取 200，3 400。

针对主成分分析方法确定 19 种主要成分和含量比重超过 70% 的支链淀粉，利用公式 4-9 和公式 4-10 对 4 种样本各取 6 个大米的拉曼光谱进行标准物质全谱归一化计算，计算结果平均后如表 4-49 所示。

表 4-49 样本大米成分拉曼全谱归一化计算结果

序号	测试项目	样本 1 结果	样本 2 结果	样本 3 结果	样本 4 结果
1	苯丙氨酸	0.078 77	0.087 00	0.089 45	0.086 40
2	丙氨酸	0.076 82	0.080 73	0.081 27	0.080 47
3	蛋氨酸	0.067 30	0.070 32	0.070 33	0.070 27

表 4-49（续）

序号	测试项目	样本 1 结果	样本 2 结果	样本 3 结果	样本 4 结果
4	二十烯酸	0.061 53	0.061 52	0.060 57	0.061 45
5	脯氨酸	0.127 37	0.138 28	0.140 55	0.134 93
6	甘氨酸	0.082 13	0.090 80	0.091 95	0.089 23
7	谷氨酸	0.128 47	0.139 50	0.141 77	0.138 55
8	胱氨酸	0.012 30	0.013 88	0.014 42	0.014 37
9	花生酸	0.028 78	0.027 33	0.026 68	0.027 28
10	精氨酸	0.046 27	0.052 85	0.055 20	0.053 07
11	赖氨酸	0.052 35	0.059 48	0.062 17	0.059 83
12	亮氨酸	0.142 03	0.151 27	0.152 20	0.148 67
13	络氨酸	0.053 25	0.060 05	0.062 47	0.060 55
14	木蜡酸	0.068 85	0.072 43	0.072 47	0.070 93
15	丝氨酸	0.105 30	0.114 57	0.116 43	0.112 53
16	苏氨酸	0.113 60	0.125 25	0.128 78	0.124 80
17	天冬氨酸	0.081 58	0.090 73	0.092 97	0.090 42
18	缬氨酸	0.116 98	0.123 97	0.124 65	0.122 08
19	支链淀粉	0.146 03	0.160 18	0.162 95	0.157 58
20	直链淀粉	0.111 72	0.122 92	0.125 43	0.121 83

（3）大米成分特征谱峰面积的分类

在上述 4 种大米中每种选择 6 组数据，共计 24 组数据作为输入，以 1000，0100，0010，0001 作为大米样本 1，2，3，4 的输出，利用偏最小二乘法进行建模，通过残差得到最优主成分数为 6，计算出的系数矩阵如表 4-50 所示。

表 4-50　偏最小二乘法计算的系数表

系数	样本 1	样本 2	样本 3	样本 4
常数项	33.304 1	16.492 3	−27.532 4	−21.264 1
苯丙氨酸系数	−153.418 0	−222.490 0	272.011 4	103.896 5
丙氨酸系数	−53.618 2	−241.103 0	134.715 3	160.006 1
蛋氨酸系数	−13.977 9	−58.109 1	−100.044 0	172.130 9
二十烯酸系数	−187.306 0	−111.953 0	95.393 8	203.864 6
脯氨酸系数	12.651 8	−112.393 0	304.512 2	−204.771 0
甘氨酸系数	−183.160 0	689.659 8	−453.349 0	−53.151 2

表 4-50(续)

系数	样本 1	样本 2	样本 3	样本 4
谷氨酸系数	−71.278 4	48.251 3	−132.878 0	155.905 4
胱氨酸系数	−111.128 0	−29.384 7	66.737 7	73.775 2
花生酸系数	−102.504 0	−136.212 0	278.761 2	−40.045 5
精氨酸系数	−40.575 8	−57.372 2	108.175 0	−10.226 9
赖氨酸系数	16.248 8	−200.008 0	162.441 1	21.318 1
亮氨酸系数	49.684 0	−41.440 3	−43.313 1	35.069 4
络氨酸系数	−33.764 6	−131.593 0	80.694 0	84.663 2
木蜡酸系数	−232.639 0	120.531 3	180.625 6	−68.517 8
丝氨酸系数	−59.155 6	−266.341 0	242.411 5	83.085 3
苏氨酸系数	68.269 1	−335.289 0	208.043 9	58.976 2
天冬氨酸系数	−63.508 2	207.569 1	−183.958 0	39.897 5
缬氨酸系数	−27.302 3	−97.897 4	83.350 1	41.849 6
支链淀粉系数	196.384 2	278.706 9	−274.208 0	−200.883 0
直链淀粉系数	117.521 3	212.316 9	−219.649 0	−110.190 0

通过系数矩阵对 4 种大米共计 96 组数据作为输入进行检验,计算结果经过余弦相似度判别得到预测结果如表 4-51 所示。可以看到,总的识别准确率为 96.875%。其中样本1、2 和 3 的识别准确率为 100%,而样本 4 中有 3 组数据错误,他们的预测值分别为 (0.828 808 946, 0.159 374 365, −0.363 833 54, 0.375 566 766)、(0.524 904 657, −0.046 349 151, 0.042 648 101, 0.478 712 512) 和 (0.963 426 481, 0.047 779 877, −0.071 213 755, 0.059 924 864),可以看到预测值的第 4 个数均没有接近 1。

表 4-51 预测结果计算

样本	检验数据集个数	正确个数	错误个数	识别准确率/%
样本 1	24	24	0	100
样本 2	24	24	0	100
样本 3	24	24	0	100
样本 4	24	21	3	87.5

为测试出现错误的原因是否为模型建立时样本选取的少,对上述 4 种大米每种选择不同的样本数据进行建模,利用模型预测公式对先前实验的 96 组数据进行了计算,识别准确率如表 4-52 所示。由表可知,准确率较高的样本个数集中每种 6~8 个,随着样本数的增多识别准确率呈下降趋势,说明采用标准物质拉曼峰面积分类算法选取样本时不宜

太多。

分析出现识别错误的原因可能是大米各个部位成分存在着差异,激光照射大米不同部位时,得到的拉曼光谱也会出现差异,导致标准物质谱峰面积出现差异。

表 4-52　不同样本个数的预测结果

建模样本个数/每种大米	检验集个数	错误个数	识别准确率/%
3	96	5	94.79
4	96	5	94.79
5	96	5	94.79
6	96	3	96.88
7	96	3	96.88
8	96	3	96.88
9	96	4	95.83
12	96	14	85.42

4.5　本 章 小 结

本章利用拉曼光谱技术结合物质有机成分信息,对不同身份的大米进行识别,研究拉曼光谱信息与不同产地、不同品种大米之间的关系,实现大米身份的无损快速识别,为农产品产地溯源及商品鉴别提供技术支持。主要结论如下:

(1)研究了适于单籽粒大米的拉曼光谱采集方法

在借鉴国内外学者研究的基础上,确定了单籽粒大米拉曼光谱采集的最佳参数为激光强度为 h,积分时间为 4 s,扫描次数为 4 次,在大米强度没有超限时不进行再次加工,每个米粒取根、中、尖三个位置进行检测,获取 3 400~200 cm^{-1} 范围的拉曼光谱数据作为大米光谱数据。对大米进行了预处理,并对特征提取后的大米拉曼特征峰进行指认。

(2)建立基于拉曼光谱分析的大米身份识别模型

采集不同种类大米的拉曼光谱,并对光谱进行必要的预处理。采用主成分分析、连续投影算法对原始光谱、特征波段 1 700~400 cm^{-1} 波段光谱及预处理后光谱进行降维,利用降维得到主成分得分及特征变量分别结合线性判别分析、最小二乘支持向量机及偏最小二乘法识别不同产地不同品种大米、不同产地相同品种大米及相同产地不同品种大米的身份。各识别模型中,以多目标输出的偏最小二乘法模型识别效率最高,三种皆达100%,同时,通过 PCA 及 SPA 可有效降低大米光谱数据维度,提高模型运算识别速度。不同预处理方法对分类模型识别正确率影响不一,在采用 LDA 方法对特征波段建模时,不同产地不同品种大米、不同产地相同品种大米及相同产地不同品种大米识别过程中,共同存在通过 MC-SPA-LDA 识别效果最好(训练集 100%,验证集 100%),说明均值中心化对分类模型的分类正确率有较好的影响;在采用 LSSVM 方法对特征波段建模时,三大类样本不同预处理方法建模结果未出现皆为 100% 的情况,在不同产地不同品种大米及不同产地相同品种大米识别过程中,共同存在 PCF-PCA-LSSVM 识别效果最好(训练集 100%,验证集 100%),而不同产地相同品种大米仅有 AS/AIRPLS-PCA-LSSVM 识别效果最好(训练集 100%,验证集 100%);在采用 PLS 方法对特征波段建模时,预处理方法对识别结果正确率不存在影响,皆为 100%,所以,在本样本分类识别建模过程中,建模方法的选择较预处理方法更为关键。而基于全光谱数据建模过程中,PLS 方法建模效果优于 LSSVM 方法,在 PLS 方法建模过程中,预处理方法并不影响正确率,在 LSSVM 建模方法中,预处理与原始光谱建模正确识别率相差不大。

(3)建立基于多分类近地域近品种大米身份识别模型

通过采集东北地区黑龙江省 13 种、辽宁省 1 种共 14 种东北大米拉曼光谱数据,其中,五常市稻米 6 种,杜蒙县稻米 2 种,品种为五优稻 2 号的 6 种,品种为五优稻 1 号的 2 种,品种为五常 639 的 2 种,为长粒香型稻米的共 11 种,在地域及品种上,所选样本具有相同及相近性。以 PLS 为建模方法,研究随着样本种类增加不同分类识别模型的适应性。

(4)研究大米化学成分结合拉曼光谱进行大米身份识别机理,建立基于标准物质拉曼光谱特征峰面积的大米身份识别方法

针对 2016 年采样的五常市和杜蒙县包含相同地区不同品种、不同地区相同品种的 4 种大米,采集其拉曼光谱及 32 种有机化学成分信息。首先,研究基于化学成分数据的分类方法,采用主成分分析法结合余弦相似度分析,可以实现基于化学成分数据的大米身份的识别。其次,通过主成分载荷矩阵确定了对分类起主要作用的天冬氨酸等 19 种化学成分及含量占 70% 以上的支链淀粉共计 20 种化学成分,进行了标准物质拉曼光谱采集与官能团的指认。最后,提出了利用标准物质拉曼特征峰面积全谱归一化作为输入的偏最小二乘法和相似度计算分类方法。通过提出的标准物质拉曼光谱特征谱峰区间的计算公式及大米所含标准物质特征谱峰面积的计算公式进行计算,利用 PLS 方法对训练集建模,再利用余弦相似度方法对验证集预测结果进行相似度比较。分析了采用不同样本数进行建模的正确率,最高准确率 96.88% 的样本个数为每种大米 6~8 个。

第5章 寒地稻米产地鉴别机理研究

5.1 农产品鉴别技术的历史与发展

5.1.1 农产品鉴别技术背景

为保证农产品产地真实性鉴别,欧美、日本等产地从 2000 年后纷纷出台相关政策法规,开展特色农产品品牌标识和认证。从 2005 起,欧盟出台第 510/2006 号条令对农业特色产品进行品牌保护,包括地理标志保护(PGI)、传统的专业保证(TSG)、原产地名称保护(PDO);这些标签只出现在欧洲特定地区且保证产品产地的真实性;美国因花生酱污染事件在 2009 年对食品安全法案进行全面改革并强制出台了《食品安全加强法案》,法案规定凡是加工类食品必须要有能追溯加工流程的标签,其他非加工类食品必须要有带产品标识产地的标签。从 2003 年起日本政府对原有《食品安全基本法》作了较大的调整,重新立法要求各企业采取措施保证食品链条"从农场到餐桌"各环节的食品安全。

对农产品的原产地信誉和有效监管是生产者和消费者都十分关注的问题。我国中央和地方政府一直高度重视食品安全问题,国家和各地政府也针对品牌保护方面采取了积极措施。原产地特色农产品如绍兴的黄酒、贵州的茅台、阳澄湖的大闸蟹、宁夏的枸杞、新疆库尔勒香梨、吐鲁番葡萄等各地的农产品都有极强的地域特征,是其他任何地方的产品无法取代的。2007 年由中国农业部发布了《农产品地理标志管理办法》,该法案为保证地理标志农产品的品质和特色提供了法律依据,促进了全国各地农产品的公平健康交易。为了加快和促进我国食品安全立法制度,保障消费者权益,2009 年全国人民代表大会通过了《中华人民共和国食品安全法》,该法案要求建立关于食品安全风险评估制度,并要求标签、说明书和广告进行必要的消费者告知,随着国际贸易和地区间产品的快速批量流通,对我国食品行业的健康发展起到一定的促进和规范作用,使农产品的品牌和原产地形象得到了法律保障。

随着科学技术发展和人们健康意识的提高,更多人对食品安全问题越来越关注。食品检测技术的发展已经成为保障人民生命安全,提高国家的影响力的重要课题。越来越多的问题集中到能否找到一种通过食品自身属性来进行真实性识别和产地鉴别的技术方法,使人为干扰因素降到最低,同时有效保障食品安全和食品溯源。在此背景下,通过谱学分析检测食品真实性的技术得到了长足的发展。国内外用于食品检测的方法包括各种基于光谱、质谱及色谱等的食品品质和成分的分析技术,随着相关分析仪器的发展研究,这些仪器的使用也得到了空前的拓展。

5.1.2　植物性农产品鉴别和产地环境的关系

根据国内外诸多农产品研究经验发现,无论粮食、茶叶、水果、蔬菜等植物源农产品的品质都和产地环境密切相关。一般认为,产地环境会在植物生长的各个阶段使植物体内形成某种成分或结构的差异,从而形成某种与产地直接相关的鉴别特征。有许多学者进行了有关农产品种植和产地环境关系的研究,说明了产地的差异可以造成农产品的特异性。茶叶、大豆、大米等植物性农产品的种植与产地关系的研究已经有相关的论述。

周国华等从地球化学环境出发,探索了西湖龙井的生长土壤性质、成土母岩类型、土壤元素均与茶叶品质有密切关系。此外周国华等又对福建地区的铁观音生长进行研究,发现茶叶生长的过程也是土壤中营养元素的累积过程,茶叶老叶中某些非植物本身营养元素含量明显高于嫩叶的元素含量,再次说明了土壤元素对植物生长的影响。毕坤等对贵州茶叶的研究发现茶叶在不同的岩土组合种植时,相同品种茶叶吸收矿物元素的类型并不相同,与不同的地质环境密切相关。

万婕等对江西、黑龙江、吉林和安徽 4 个不同产地的大豆进行研究,发现大豆中 Mn、Zn、Al、Na 矿物元素的含量因产地环境不同而存在差异性。鹿保鑫等对黑龙江省北安市和黑河市的共计 42 个大豆样本进行矿物元素分析,结合数学方法实现了两个主产区的大豆产地溯源,说明不同产地的大豆矿物元素存在地域差异性,可以作为溯源指标。

Suzuki Y 等研究发现日本不同生长区域的大米总脂肪酸氢同位素(δD)值存在较大差异,这种差异和大米生长环境的水和温度的影响相关联,并将 δD 值的差异代表日本大米的生长环境的不同对大米产地进行区分。Korenaga T 等对包括日本、美国、澳大利亚、泰国、越南和中国 6 个不同国家共计 163 个大米样本进行分析,解释了不同农业国之间的环境和地域差异导致不同产地的大米样本中 H、C、N、O 元素和稳定同位素组成的差异性。曾亚文等对云南省 5 个水稻糙米区的 789 份样本进行检测,验证了糙米中矿物元素的含量存在地带特征,并说明了这种差异是矿产资源、山脉、河流等多种环境因素合力造成的。黄淑贞对湖南江永、永顺、黔阳三个香稻产地进行研究,发现香稻的品质和土壤性质及地下岩隙水水质密切相关,香稻产地的土壤有机质、氮、磷、铁、锰、锌等元素明显高于非香稻产地含量。

谭阳等通过对青海省油菜蜜稳定同位素分析,发现不同青海省不同产地油菜蜜内源蛋白质的 $\delta^{18}O$ 值及 δ^2H 值的差异是环境因素导致。吴玉萍等研究了美国和国内 6 个不同省份的共计 7 个品种的烤烟化学成分,检测结果说明总糖、还原糖、烟碱、总氮和钾 5 个常规化学成分不仅在不同品种间含量不同,也随产地环境的影响产生显著差异。周葵等对广西壮族自治区天峨县、隆林县、隆安县 3 个产地板栗的营养物质、抗氧化成分等进行分析,发现板栗的品质不但和生熟度相关,也和产地密不可分。

另外,例如大枣、枇杷、苹果等水果,石斛、云黄连、地龙等中草药的品质都和产地环境具有极强的相关性,充分说明产地因素对农产品的种植会产生内部结构或成分的差异,而这种差异就造成了植物性农产品体内的产地特征。如果能够将它的产地特征通过某种化学分析或仪器检测结合数学手段进行标记,就可以实现这种物质的"产地指纹特征"。

5.1.3 农产品鉴别技术分类

农产品的鉴别主要是对产品的品种、产地的真实性进行鉴别。传统的鉴别技术主要是根据产品的形态和主观经验进行鉴别,这种方法的缺点是鉴别准确性受人为因素影响大。现代的鉴别技术主要利用信息技术结合先进的仪器设备作为检测手段,近些年来得到了广泛的应用。这些鉴别方法主要包括两大类:一类是基于化学分析方法,如光谱类、质谱类、色谱类等仪器分析方法,这些方法主要是通过分析仪器获得农产品的化学属性数据,将这种化学特异性指标与产地或品种相关联,一般用于植物性农产品的鉴别;另一类是基于生化分析方法,如 DNA 标记、蛋白质、免疫分析等仪器分析方法,这种方法主要是通过分析仪器标记农产品内部的生化属性特异性指标,一般应用于动物性农产品的鉴别。因为本节研究大米的产地鉴别,而大米属于植物性的农产品,所以只对化学分析方法进行介绍。

1. 光谱分析技术

随着科学技术的进步,越来越多的基于化学分析方法的仪器被用于农产品鉴别,主要包括光谱类、质谱类、色谱类分析仪器,还有近些年新兴的电子鼻、电子舌、X 射线衍射等仪器。

在光谱分析技术方面,拉曼光谱(Raman)、红外光谱(infra-red,IR)以及核磁共振光谱(nuclear magnetic resonance,NMR)等技术的应用报道较多,成为国内外学者关注的热点。拉曼光谱技术是通过激光照射物质而产生的拉曼散射从而对物质结构或成分进行分析的方法。具有快速、无损、简便的特点。自 19 世纪 20 年代印度科学家发现拉曼射线便开始被应用。但因为拉曼光谱技术最初采用聚焦日光作为光源,导致了强度低和聚焦差等问题,限制了拉曼技术的发展。60 年代以后伴随着激光技术的兴起,拉曼探针的精度和强度提高,可以对物质进行无接触、无损伤检测的同时保持样本的完整性。这些优点使其在分子光谱领域的检测能力得到了极大发展,开始被应用于各个不同领域的物质结构或成分的检测。本章基于拉曼光谱分析技术开展相关研究,后面将该领域的研究进展进行详细综述。

红外光谱分析技术也是一种通过分子振动进行物质检测的光谱技术,按照波长不同,分为近红外光谱(near infrared,NIR)、中红外光谱(mid-infrared,MIR)和远红外光谱(far infrared,FIR),其中因 FIR 能量较弱,所以主要是应用 NIR 和 MIR 进行农产品产地或品种鉴别分析。如国外学者应用 NIR 或 MIR 与化学计量学方法结合判定不同产地的葡萄、枇杷、不同品种的香米、杏、苹果果汁、不同产地和品种的柑橘等。另外,国内很多学者应用 NIR 技术在产地或品质鉴别方面开展了研究,利用 NIR 技术对中草药、水果、粮食等农作物进行了基于定性或定量鉴别分析。虽然红外光谱理论上也适合农产品鉴别研究,但由于本研究对象是大米,主要的化学物质为 C、H、O 元素及一定的水分,考虑到红外光谱技术主要对极性分子振动的灵敏度高,而水分子属于极性分子会影响分析结果,需要在测量前进行干燥处理,不适合直接测量。并且在测量区间的峰值倍频或合频吸收现象导致信号复杂,不适宜进行物质痕量分析。

NMR 光谱是基于原子核磁性对物质结构进行分析的光谱技术。在农产品产地或品种鉴别方面,主要是通过农产品内部的核素(主要有 ^1H、^{13}C)与产地或品种建立联系进行分析。NMR 技术最早应用于与生命体有关的代谢组学研究,用于量化因外部刺激引起的基因或细胞内部的动态变化,随着技术发展逐渐在多领域得到应用。目前在植物性农产品方面的应用常见的有中药材的品质和产地检测,也可以用于食用油和葡萄酒的产地或年份分析、牛羊鱼肉类的产地或真假鉴别。但因耗时长和仪器设备昂贵限制了在农产品中的推广。

2. 质谱分析技术

在质谱分析技术方面,欧盟、日本、美国等采用稳定同位素、矿物质元素,稳定同位素与矿物质元素结合用于农产品产地和品种鉴别或方面较多,稳定同位素是利用某种元素(常用 C、N、H、O、S)的各个同位素的丰度差异来进行物质性状鉴别,最初主要用于地质和考古研究,后来被拓展到农产品领域的真假鉴别和产地鉴别等方面,在食品领域中稳定同位素质谱法(elementary analysis-isotope ratio mass spectrometry,EA-IRMS)的应用较为广泛。矿物质元素法通过农产品内部的多种矿物元素组成和含量的不同进行地域或品种鉴别,其中电感耦合等离子体质谱法(inductively coupled plasma mass spectrometry,ICP-MS)应用较为广泛,在农产品鉴别中受到较多关注。

国内外利用 EA-IRMS 的研究已经取得了一些成果。植物性农产品方面已在蜂蜜、葡萄酒、粮食、水果等产地和真伪鉴别中进行应用,动物性农产品的研究主要进行了肉类、水产品、奶制品等真实性方面的鉴别。

应用矿物元素分析法对农产品鉴别时,基本与稳定同位素技术的应用范围相同,目前国内外学者对粮食、蜂蜜、橄榄油、葡萄酒、蔬菜、茶叶等植物性农产品进行产地鉴别,也在肉类、水产品等动物性农产品中进行产地或真伪鉴别。或者利用稳定同位素分析方法结合矿物元素的方法对植物性农产品和动物性农产品进行了大量的产地和农产品内部成分之间的研究。

从以上的分析可以发现无论是稳定同位素还是矿物分析技术都已经在农产品鉴定中取得了大量的应用,也得到了较好的鉴别效果。但是这两种代表性的质谱分析技术也存在一定的局限性。首先影响动植物体内同位素或矿物元素的外界因素过多,且随时间变化的关系不容易量化,这些都会影响结果的稳定性;其次,样品的采集部位与元素之间的关系密切,采集不同位置往往获得的含量不同;最后,样品的处理时间和成本过高,对仪器操作不当会引起误判。

3. 色谱分析技术

色谱分析技术主要有气相色谱(gas chromatography,GC)和液相色谱(liquid

chromatography，LC)两类，具体可以根据所测物质的性质决定。色谱类的仪器主要分析带有挥发性的物质，最初应用是分析复杂中药材的多种成分和含量，进而评价中药材的质量。目前常用气相色谱对化合物进行分离后再用质谱技术进行分析，即气质联用技术(gas chromatography-mass spectrometry，GC-MS)。常用的液相色谱技术主要是高效液相色谱(high performance liquid chromatography，HPLC)，尤其是超高效液相色谱技术，样品的前处理可以配合用固相萃取，或者在样本分析后联合用质谱技术分析化合物。

色谱技术应用在农产品的鉴别中，主要是进行植物或动物体内的挥发或半挥发类成分的定量或定性分析，从而对动植物产地或质量进行鉴别。最早被应用于中药材的质量和产地鉴定，目前已经被应用到酒类、食用油、粮食、奶制品、果蔬等多类农产品的产地和成分鉴别。

4.其他分析技术

化学分析技术方面还有一些学者利用电子鼻、电子舌、X-射线衍射等仪器在农产品检测方面进行了研究，在农产品鉴别方面提供了一些经验。其中电子鼻和电子舌都属于对食品的某种气味物质进行定性或定量检测鉴别，产地、品质、真伪是一种用嗅觉或味觉传感器代替人的感官的仪器分析技术。目前已经应用于酒饮类、粮油类、果蔬类、肉禽类等食品检测方面。该技术通过农产品的某种挥发性物质的气味与外界的联系进行鉴别分析。电子鼻和电子舌可以联合使用，也经常和色谱技术联合使用，但是一般只在检测挥发性物质有较好的应用效果。

X-射线衍射仪原本是应用在晶体材料上通过X射线的衍射作用对晶体进行物质结构分析的方法，目前也有学者将其应用在食品领域。如大米、马铃薯中的淀粉、大豆中的糖类，如用X-射线衍射仪对食品进行结构和成分分析。因为X-射线衍射技术在农产品鉴别上的应用受到物质结构的限制，该技术只能小范围应用，同时需要更多的食品晶体衍射图谱的支撑，所以这种技术还属于可行性分析阶段，在农产品的研究报道较少。

5.1.4 拉曼光谱技术在农产品鉴别中的发展

上述多种分析方法中，拉曼光谱技术由于其农产品分析时灵敏度高，快速无损，能够有效将农产品的自身化学属性和环境、品种相关联，建立农产品的"指纹特征"，被认为是产地鉴别中最有潜力的方法之一，是国内外学者研究的热点，具有巨大的应用前景。

在过去的十多年，拉曼光谱已经被应用于粮油类、果蔬类、饮品类、畜禽类以及蜂蜜、中药材、奶制品等农产品上进行定性或定量的分析，对农产品的品种、产地、年份鉴别，也可以对农产品品质和真伪检测，还可以对农产品内部物质的结构构型、构象的变化进行分析。不同产地、品种、年份的农产品的内部物质结构和含量不同导致对拉曼散射的能级不同，所以不同分类的农产品的拉曼光谱带有特定的"化学指纹"，如不同产地的农作物生长过程和产地因素密切相关，不同地域土壤、环境和日照等因素具有地理因素特异性。因此，可以通过拉曼光谱技术将物质的特异性转换成光谱上不同的拉曼指纹，从而进行农产品的相应检测。以下按鉴别方向进行综述。

1. 品质鉴别

品质鉴别主要是利用拉曼技术对农产品内部所含营养物质的结构或成分进行定性和定量的分析,如在粮食方面检测淀粉、氨基酸等。Pezzotti G 等定量分析大米中营养物质,Cebi N 等检测小麦中 L-半胱氨酸,窦颖检测面粉品质;在果蔬方面检测维生素、纤维素和矿物质等,Gonzálvez 等检测葡萄中 β 胡萝卜素含量,Nikbakht 等采用偏最小二乘法测量西红柿颜色指数预测误差为 0.33。王涛等对枇杷内的 β-胡萝卜素的含量进行检测。Anjos O 等对薰衣草蜂蜜的化学成分定量分析,以此对蜂蜜质量进行控制。以上研究说明,在农产品内部品质的定性或定量分析中,拉曼光谱是一种快速有效的技术手段。

2. 安全鉴别

安全鉴别主要是利用拉曼光谱对农产品的外部品质进行分析,主要有添加剂的使用、农药的残留、掺假等涉及安全质量的检测。在粮食方面,Weng S 等对水稻中农药二苯二酚定量分析,Zhao J 等对小麦粉中过氧化苯甲酰添加剂进行检测。在食用油的掺假鉴别中,Philippidis A 等对橄榄油中混入大豆油进行鉴别,Ryoo D 等对温度在橄榄油掺假中影响进行分析,Jiménez 等对任何一种混入橄榄油中的其他油品进行鉴别,李冰宁等对大豆油的掺伪进行鉴别。在蜂蜜的掺假鉴别中,Oroian M 等对掺入果糖、葡萄糖、糖浆的蜂蜜进行检测。在中药材的真伪鉴别中,刘军等对真大黄和伪品大黄用不同的特征峰进行定性鉴别。在以上研究中发现,农产品的安全鉴别研究需要对本征物和添加物质的拉曼光谱进行区分,然后结合化学计量学等方法进行鉴别。

3. 分类鉴别

分类鉴别主要是利用拉曼光谱依据农产品的产地、品种、年份的不同进行定性分析。在利用拉曼光谱进行产地、品种、年份的分类鉴别中,国内外学者往往是将根据研究的需要选择两种或三种分类鉴别同时进行,目前的热点研究集中在粮食、食用油、蜂蜜、葡萄酒、果蔬、中药等植物性农产品,也有一些关于肉、鱼、乳制品等动物性农产品上的分类鉴别研究。

在粮食方面,因为大米是我国的传统主食,人们对大米的产地和品种来源非常关心。国内学者关于大米的研究较多。黄嘉荣等对东北大米、清远大米及糯米进行主成分分析和线性判别分析对大米进行品种分类,准确率可达 97.9%。孙娟等对来自黑龙江、江苏、湖南 3 个产地共 123 份大米样品利用拉曼光谱按照种类、产地、品种建立的识别模型。赵迎基于 PLS 建立新陈大米快速鉴别模型,测试集鉴别正确率为 95%。田芳明基于拉曼光谱与化学计量分析法的对大米身份进行识别,开发了大米身份识别软件系统。以上研究虽然进行了基于产地的大米鉴别,但产地为不同省级、不同国家的大米,在产地的鉴别中往往没有剔除品种的因素,说明了产地鉴别和品种、新鲜度鉴别的交互影响。

在食用油方面,国外学者对橄榄油的产地和品种都有很多研究。Sánchez 等分析了傅里叶拉曼光谱(FT-Raman)结合化学计量学对橄榄油的脂肪酸含量预测,判别分析对收获年份、橄榄品种、产地和原产地 PDO 标志的正确分类率分别为 94.3%、84.0%、89.0% 和 86.6%。Kwofie F 等分析了 15 个品牌的 215 个食用油样本,根据不饱和度对品牌和年份进行了分类鉴别,取得了较好的效果。

在蜂蜜方面,Magdas D 等研究了罗马尼亚和法国蜂蜜,采用软独立建模类类比法(SIMCA)和机器学习(ML)算法结合,预测了蜂蜜品种和地理来源的相关性,并发现蜂蜜品种的相关性要比地理相关性更好。

在葡萄酒鉴别方面,Magdas 等基于傅里叶拉曼光谱(FT-Raman)和化学计量学结合,对罗马尼亚 3 个葡萄种植区连续 5 个年份生产的 30 种葡萄酒进行了分类,3 种分类的初始和交叉验证均为 100%,在测试对照组的初始和交叉验证中,葡萄酒品种和地理来源的识别率均为 100%,而在年份差异方面,初始验证和交叉验证的识别率分别为 100% 和 94.1%。

在茶叶鉴别方面,郑玲等利用表面增强拉曼光谱在[600,1 800]波段区间对普洱茶进行鉴别,可以实现产地和年份的有效区分。

在中药鉴别方面,万秋娥等利用拉曼光谱对人参和峨参、北沙参、桔梗进行品种鉴别,根据不同品种参产生的拉曼特征峰不同来实现人参的真假鉴别。黄浩等利用拉曼光谱结合 PCA 和 PLS 建模,对 5 个不同产地 300 批次的黄芩饮片进行了产地鉴别。俞允等、逯美红等也分别用化学计量学结合拉曼光谱对不同产地的黄芩实现了有效鉴别。

在果蔬鉴别方面,卢诗扬等利用拉曼光谱结合 LSTM 长短期记忆网络,对美国、山东、四川 3 个产地的 369 个样本名牌樱桃建立了产地鉴别模型,发现 Savitzky-Golay 卷积平滑+多元散射校正预处理后的模型正确率达到 99.12%。

利用拉曼光谱在动物性农产品中可以鉴别不同品种的肉制品。如 Robert C 等对牛、羊、鹿肉的 90 个红肉样本进行品种鉴别,构建了 PLS 和 SVM(支持向量机)分类模型,结果表明两种模型都可以作为红肉鉴别的有效模型。郝欣等利用拉曼光谱结合簇类独立软模式(SIMCA)法对 6 个不同海域的鳕鱼进行真伪鉴别,可以对鳕鱼实现 100% 的鉴别。

拉曼光谱也可以应用在奶制品品种鉴别,如 Yazgan 利用 PLS 模型对牛奶样本是否经过热处理进行了鉴别,又接着在牛奶、羊奶、掺假奶之间进行了分类鉴别,校正集和预测集的鉴别模型正确率都在 85% 以上。

从拉曼光谱对农产品的产地、品种、年份进行鉴别的研究发现,分类鉴别方法已经在多种植物性和动物性农产品中取得了较好的应用效果。国外学者多应用于橄榄油、葡萄酒、蜂蜜等农产品,而国内学者应用较多在大米、茶叶、中药等具有我国地域特色的农产品。综合起来,对农产品的分类鉴别的主要步骤是:首先采集研究对象的拉曼光谱,其次选择预处理方法对光谱去噪,接下来使用化学计量学方法进行建模,最后对模型加以训练,训练好的模型用来验证分类效果。所以,数据采集、预处理方法、化学计量法等因素都与鉴别模型的建立紧密相连,有必要建立一套系统的理论为产地模型机理和装备提供支撑。

5.1.5 农产品鉴别问题分析

以上分别从农产品的鉴别和产地环境关系、鉴别技术现状、拉曼光谱技术在农产品应

用的现状进行了文献综述,发现虽然针对大米等农产品的分类鉴别的方法较多,但还有以下几个问题:

在农产品的鉴别技术方面,质谱、色谱技术检测结果准确率高但检测时间长,成本高,且仪器昂贵,对实验人员要求较高,不适于市场推广适用;拉曼光谱技术用于产地鉴别分析时具有快速、无损,不需要对样本进行破坏的特点,拉曼光谱和红外光谱都属于光谱仪器,其中拉曼属于散射光谱,红外光谱属于吸收光谱,两者原理不同,经常互补使用,但红外光谱对水分敏感,对样本的处理过程比拉曼复杂。拉曼光谱在大米等农产品的鉴别具有其他技术不可比拟的优点。

在拉曼光谱技术在农产品应用方面,拉曼光谱主要是对粮食、奶制品、果蔬类、食用油等的品种、产地及新鲜度的检测。其中大米拉曼光谱的研究主要是集中在不同品种大米的种类区分、南方和北方产地大米的产地区分、不同年份大米的新陈度区分,而基于拉曼技术从产地机理方面对大米进行分类鲜有研究。

在拉曼光谱数据处理与分析方面,首先在去除背景基线的预处理方法的选择方面,现有的每种方法的适用范围有限且需要依据经验进行参数的选择,选择预处理方法要解决的关键问题是准确性和适用性。缺少一种新的适合大米拉曼光谱产地鉴别的预处理方法;其次在从数学模型的构建方面,传统的偏最小二乘法、主成分分析法只能解决已知的样本库中的样本的鉴别,如果有非实验样本的引入,需要构建新的模型进行鉴别,费时费力且适用性差。

在应用于拉曼光谱仪器农产品方面,我国应用拉曼光谱技术的硬件和软件的起步较晚,尤其在动态在线检测技术需要软件支持,这就需要建立基于农产品本身的拉曼数据库和产地模型来改进和优化现有产品,使拉曼光谱向高精度、高效率方向发展。

5.2 大米拉曼光谱产地鉴别机理研究

5.2.1 大米拉曼光谱产地特征研究

1. 产地的影响因素

水稻的生长需要适宜的气候条件和土壤类型等多种产地条件的结合。这些产地因素主要包括地形地貌、温度、水分、光照及土壤条件等。

(1)地理位置分布

黑龙江省位于我国的东北部,作为全国的水稻主产区,土壤肥沃,地形多为平坦开阔的平原地带,有利于水稻的大面积种植。4个产地研究区分别是黑龙江省佳木斯市、齐齐哈尔市、绥化市、大庆市。佳木斯研究区具体的采集地点为抚远市前哨农场,位于东经$133°40'\sim135°5'$、北纬$47°25'\sim48°27'$;齐齐哈尔研究区采集地点为讷河市六合镇火烽村,位于东经$124°18'\sim125°59'$、北纬$47°51'\sim48°56'$;绥化研究区采集地点为庆安县丰收乡丰年村,位于东经127°30′~128°35′、北纬46°30′~47°35′;大庆研究区为于龙凤区八一农大校区农业实验田,位于东经124°19′~125°12′、北纬45°46′~46°55′。

(2)地形地貌

黑龙江省的地势大致走向是西北和东南高,东北和西南低。地貌主要由山地、平原、丘陵构成。本研究中选取的黑龙江省的4个产地的地形主要以平原为主,部分地域属于低山丘陵地带,适宜水稻生长。从西向东依次分布为齐齐哈尔、大庆、绥化、佳木斯研究区。

齐齐哈尔研究区采集点处于松辽平原的边缘,属于大小兴安岭山脉向平原过渡的山前高平原地带,平均海拔293 m;大庆研究区采集点处于无山无岭地势平坦的松嫩平原中部,平均海拔145 m;绥化研究区采集点处于松嫩平原和小兴安岭余脉的交汇地带,属呼兰河流域中上游。平均海拔高度200 m;佳木斯研究区处于黑龙江、乌苏里江交汇的三江平原腹地,平均海拔40 m。整体来看,大致的情况是从西到东的地势逐渐降低。海拔范围从40~293 m。

(3)气候

气候因素主要包括水稻生长的温度、水分、光照等,是影响水稻生产的关键外部因素。水稻是一种喜温喜水喜光的农作物,适宜种植在具有热量充足和雨量丰沛的热带、亚热带或温带季风气候并且地形平坦的盆地、丘陵和平原地区。温度过高可以造成秧苗灼伤,根呼吸消耗过大;温度过低可能导致僵苗不发,抽穗推迟等。通常保证抽穗开花期的适宜温度为25~32 ℃,灌浆期的适宜温度为23~28 ℃,光合作用所需的温度为18~33 ℃。粳稻从育苗到成熟需要大于等于10 ℃的有效积温在2 350 ℃·d左右。水稻对水分的要求较高,一个生长季的适宜水量为500~800 mm,合适的水层环境能够确保水稻对水量的需求,同时又可以保证稳定的根系湿度,抑制旱生性杂草生长。充分的光照可以保证叶穗的光合作用的效率,光饱和状态的叶片上的光合率和光饱和点明显升高。

一年一熟的粳稻生长期需要130 d左右,每年大田水稻的移栽和收割时间大致为5月15日和10月10日的前后5天。黑龙江省位于我国的中高纬度,4个产地研究区的气候适宜水稻的生产条件,夏季高温多雨、光照充足的温带季风气候保证了水稻对水分、光照和温度的要求,冬季漫长而寒冷抑制了虫害发生又使土壤得到了休养生息。根据文献[30]对黑龙江积温带的划分,第一积温带为≥10 ℃的有效积温为≥2 700 ℃的地区,第二积温带为≥10 ℃的有效积温为2 500~2 700 ℃的地区,第三积温带为2 300~2 500 ℃的地区,研究中4个产区属于第一积温带地区有大庆产区、属于第二积温带地区有绥化产区、属于第三积温带地区有齐齐哈尔区和佳木斯产区。龙粳31水稻属于第三积温带主栽品种,所以4个产区的温度完全满足水稻对温度的要求。从水分来看,绥化产区和佳木斯产区的生长期降水量达到500~600 mm,齐齐哈尔产区的年平均降水量在450~480 mm,大庆产区降水量相对较少,年平均降水量在420~440 mm,虽然黑龙江的大部分地区降水不如南方地区丰沛,但因为温度低蒸腾作用小,因此400 mm以上的降水量能够满足水稻的生长需求。4个产地研究区均属于温带季风气候,年平均日照小时数依次为齐齐哈尔产区 2 748 h、大庆产区为 2 658 h、绥化产区 2 599 h 和佳木斯产区为 2 304 h。可见 4 个产区夏季日照充足,可满足水稻对光照的要求。同时不同的气候条件也会造成水稻生长各时期对营养元素不同的吸收程度。

(4)土壤类型

一定深度的肥沃的土壤是水稻正常生长的根本保证,一般要求耕层深度在 20 cm 以上,能保证根系从土壤中获得充分的肥料和水分,根系在土壤中可以获得自由伸展,同时耕层要保持土壤松软和氧化还原电位的。4 个产区中大庆产区主要以草甸土和盐碱土为主;绥化产区主要以黑土和黑钙土为主;齐齐哈尔产区主要以暗棕壤和黑土为主;佳木斯产区主要有草甸土、黑土和暗棕壤土。其中盐碱土有机质及氮磷含量低,土壤 pH 值在 8.5 以上,含盐量较高;黑土和黑钙土有机质含量高,钙、镁、钾、钠等无机养分也较多,土壤肥力高,土壤 pH 值为 7~7.5;暗棕壤土表面有机质含量高,土壤肥沃,pH 值在 7 以下;草甸土的土层较薄,腐殖质层和草皮层组成了土壤表层,呈质地黏重的团粒结构,土壤表层较肥沃,土壤 pH 值在 7 左右。现有研究表明:不同的土壤类型含有微量元素和矿物质含量的差异,这种差异与稻米品质具有密切关系。稻米品质反映在成分上就是淀粉含量、蛋白质和脂肪酸含量的差异。

2. 不同产地大米的环境差异

通过分析可知,4 个不同水稻产区从地形地貌、气候条件、土壤类型都存在差异,这种外部环境上的差异造成了内部因素一样的相同品种的大米内部成分和含量的不同,使大米具有产地因素的指纹特征。大米中主要含有的营养物质有淀粉、蛋白质和脂肪,其中淀粉含量占 80% 以上。有研究表明水稻中的淀粉、蛋白质的含量与产地因素密切相关。但因为大米生长的外部环境条件极其复杂,本研究中仅以有限的环境因素方面分析来说明产地信息对大米成分的影响。

(1)不同产地的水稻品种选择

我国的水稻可以分成粳稻和籼稻两大类别。从品种性状看,籼稻耐热,耐湿,耐强光,抗虫害病能力强,粳稻耐寒,耐弱光,抗病能力差,所以在地理分布上籼稻主要种植在高温多湿的热带和亚热带地区,粳稻主要种植在纬度高、温度低的华北、西北、东北等地区。所以黑龙江的水稻品种绝大多数都是一年一季的粳稻品种,生产周期长,出米率高,籽粒为短而阔的椭圆形。

本研究采用龙粳 31 品种作为实验对象,因为龙粳 31 粳稻是黑龙江省种植面积最大的品种,具有早熟、抗病、抗倒伏、耐寒、高产等优点,而且遗传基因稳定,不会因品种的原因产生干扰因素。不同产地的龙粳 31 均采用人工插秧,插秧行距保持 30~40 cm、株距 8~10 cm,种植方法均采用常规田间种植管理,水稻的移栽和收割时间分别为 2020 年 5 月 15~20 日和 2020 年 10 月 8~12 日。试验样品在实验室统一晾晒 20 d 以后进行脱壳和光谱采集。

(2)不同产地大米的聚类分析

图 5-1 为以 PC1、PC2、PC3 为坐标轴建立以上 4 个产地样本的聚类效果图。由图可

知,4 个不同产地的大米样本在主成分空间中聚类效果呈带状分布,基本实现了 4 类训练样本的有效划分。通过观察,4 个产区的样本各自聚合度较好,基本能够实现相同品种的不同产地的样本划分,说明这种分类是由于产地的不同引起的。

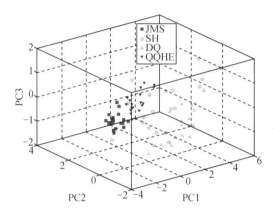

图 5-1　4 个不同产地大米的拉曼光谱主成分散点图

5.2.2　大米主要物质的结构分析和拉曼光谱解析

大米的主要营养物质包括淀粉、蛋白质、氨基酸和脂肪等,这些营养物质是大米品质评价的重要指标,下面对这些物质分别进行结构分析和拉曼光谱分析。

1. 淀粉

(1)淀粉的组成和结构

淀粉是大米的主要营养成分,占大米总物质含量的 $75\% \sim 85\%$。淀粉是由多个 $\alpha\text{-}D\text{-}$葡萄糖聚合而成的多糖,分子式为 $(C_6H_1OO_5)_n$。大米中含有的淀粉包括支链淀粉和直链淀粉,其中支链淀粉占淀粉含量的 $70\% \sim 90\%$,直链淀粉占淀粉含量的 $10\% \sim 30\%$。二者的结构不同,直链淀粉是将数百个葡萄糖残基通过 $\alpha\text{-}1\text{-}4$ 苷键连接形成的聚合物,不同大米直链淀粉的分子量不同,平均分子量约为 $32\ 000 \sim 50\ 000$。支链淀粉相比直链淀粉,具体更大的分子量和分支结构,一般由上千个葡萄糖残基通过 $\alpha\text{-}1,4$ 苷键连接形成主链,再由 $\alpha\text{-}1,6$ 苷键构成多个支链形成的多聚体。具体结构如图 5-2 所示。

从图 5-2 中可知,直链淀粉和支链淀粉的基本单元都是由带有一个氧杂原子的吡喃六元环组成,只是支链淀粉的糖苷键直链淀粉的 $\alpha\text{-}1,4$ 苷键,还有连接支链的 $\alpha\text{-}1,6$ 苷键相比,连接吡喃环中的羟基位置不同,导致主链和支链的排列结构和分子量有所差异。但基本单元是相同的,所含化学键和官能团都相同,经结构式分析可知,直链淀粉和支链淀粉中都含有的官能团有 $C\text{—}O\text{—}C$、$C\text{—}C\text{—}C$、$C\text{—}OH$、$\text{—}CH$、CH_2 等。

直链淀粉

支链淀粉

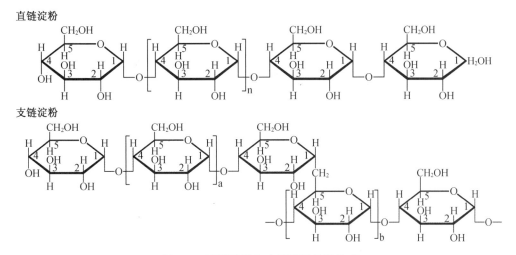

图5-2 直链淀粉和支链淀粉的结构式

（2）淀粉的拉曼光谱解析

采用美国 DeltaNu 公司生产的台式拉曼光谱仪 Advantage 532(图 2-2)对大米标准物质进行拉曼光谱数据采集与分析,得到直链淀粉的全波段 200~3 400 cm^{-1} 原始光谱如图 5-3 所示,再对原始光谱按照 5.3.3 章节的预处理方法进行基线去除,去除基线后的光谱如图 5-4 所示。从去除基线后的光谱可以观察到直链淀粉的拉曼特征谱峰,这些特征谱峰可以反映出淀粉分子化学键的拉伸振动或变形振动。对照拉曼频移出现的位置可以分析出对应的官能团。用同样的方法采集支链淀粉的拉曼光谱并去除基线,得到支链淀粉去除基线后的拉曼光谱,如图 5-5 所示。

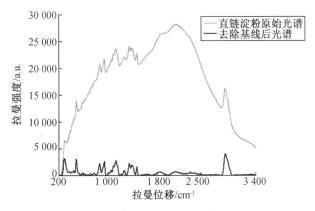

图5-3 直链淀粉的原始光谱和去除基线后的光谱

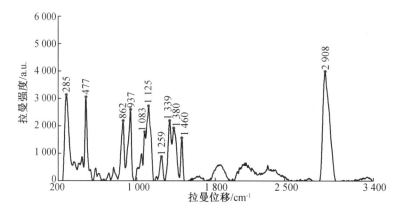

图 5-4 直链淀粉的去除基线后的光谱

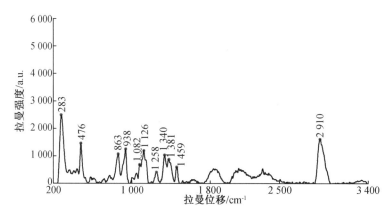

图 5-5 支链淀粉的去除基线后的光谱

对比图 5-4 和图 5-5 发现,直链淀粉和支链淀粉的拉曼谱峰出现的位置几乎是一致的,这是因为二者的化学键相同,所以可以将二者的谱峰一并分析。结合文献,具体谱峰对应的官能团振动如表 5-1 所示。

表 5-1 直链淀粉和支链淀粉的拉曼谱峰指认表

官能团及振动类型	直链淀粉拉曼频移 /cm^{-1}	支链淀粉拉曼频移 /cm^{-1}
吡喃环中骨架 的呼吸振动	477	476
吡喃环中 COC、CCO 伸缩振动	862	863
醇类 C—C—O 对称伸缩或酯类 C—O—C 伸缩振动(vs)	937	938
酯类 C—O—C 对称伸缩、醇类的 C—C—O 反对称伸缩变形	1 083	1 082
CH$_2$ 的弯曲振动	1 125	1 126
酯或环氧化物的 C—O—C 不对称伸缩振动	1 259	1 258
CH$_2$ 的面外扭曲弯曲振动	1 339	1 340

表 5-1(续)

官能团及振动类型	直链淀粉拉曼频移 /cm⁻¹	支链淀粉拉曼频移 /cm⁻¹
CH₂ 面外摇摆弯曲振动或 COH 的面内弯曲振动	1 380	1 381
CH₂ 剪式弯曲振动(σCH₂)	1 460	1 459
CH 或 CH₂ 的伸缩振动	2 908	2 910

根据已知的淀粉结构和官能团出现的拉曼谱峰,能够找到二者之间的对应关系。直链淀粉和支链淀粉的拉曼特征谱峰分成 2 个区间,分别是 1 500~400 cm⁻¹ 和 3 200~1 500 cm⁻¹。800~400 cm⁻¹ 区间在 477 cm⁻¹ 处是一个强峰,左右分别在 440 cm⁻¹ 和 576 cm⁻¹ 处有一个弱的伴峰,这是由葡萄糖中的吡喃环骨架的呼吸振动引起的,因为环中所有的 C—C 共振往往是很强的峰值;1 500~800 cm⁻¹ 区间对应的峰值很多,如在 862,937,1 083,1 259 cm⁻¹ 处,主要是长链的饱和烃、酯类、醇类或环氧化物中的 C—C 或 C—O 键的伸缩振动,这个区间还有亚甲基 CH₂ 或醇类 COH 的弯曲振动,如在 1 125 cm⁻¹ 处的 CH₂ 面内摇摆、在 1 339 cm⁻¹ 处的 CH₂ 扭转振动在 1 380 cm⁻¹ 处的 CH₂ 面外摇摆或 COH 面内弯曲、1 460 cm⁻¹ 处的 CH₂ 剪式振动;3 200~1 500 cm⁻¹ 区间只有一个主要的峰值也是全波段最强的峰值,该峰值是 CH 或 CH₂ 的对称或反对称的伸缩振动,因共用一个 C 原子产生振动偶合,所以是最强的峰值。

2. 氨基酸和蛋白质

(1)氨基酸和蛋白质的组成和结构

α-氨基酸是组成蛋白质的基本单元,结构如图 5-6 所示。根据这些 R 基的不同结构,对应不同种类的氨基酸。

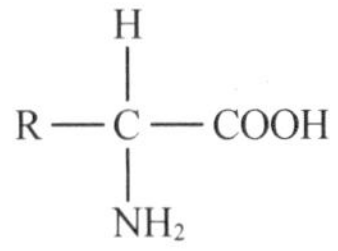

图 5-6　α-氨基酸结构简式

根据文献可知,大米中主要的氨基酸有天冬氨酸、谷氨酸、丝氨酸、甘氨酸、精氨酸、苏氨酸、丙氨酸、脯氨酸、酪氨酸、缬氨酸、蛋氨酸、亮氨酸和苯丙氨酸 13 种 α-氨基酸。这些 α-氨基酸脱水后通过酰胺键相互连接形成肽键,如图 5-7 所示。

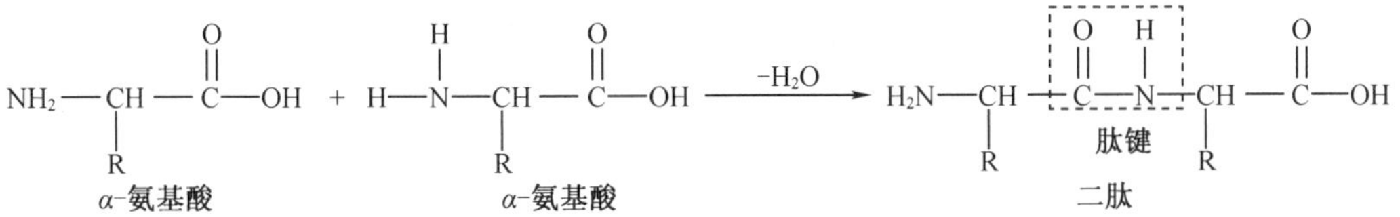

图 5-7　肽键的形成示意图

2个α-氨基酸脱水结合形成具有1个肽键的二肽,3个α-氨基酸脱水形成具有2个肽键的三肽,以此类推多个α-氨基酸脱水形成多肽,当多肽的分子量达到10 000以上称为蛋白质。可见蛋白质是一种具有多个肽键的高分子聚合物,α-氨基酸是蛋白质的基本组成单元,研究大米中的蛋白质主要是通过α-氨基酸的来分析。大米蛋白质常见的14种α-氨基酸的名称和化学结构式,如表5-2所示。

表5-2　大米蛋白质的14种氨基酸的化学结构式

序号	氨基酸名称（俗名）	分子式	学名	化学结构式
1	天冬氨酸	$C_4H_7NO_4$	α-氨基丁二酸	
2	谷氨酸	$C_5H_9NO_4$	α-氨基戊二酸	
3	丝氨酸	$C_3H_7NO_3$	α-氨基-β-甲基戊酸	
4	甘氨酸	$C_2H_5NO_2$	α-氨基乙酸	
5	精氨酸	$C_6H_{14}N_4O_2$	α-氨基-σ-胍基戊酸	
6	苏氨酸	$C_4H_9NO_3$	α-氨基-β-羟基丁酸	
7	丙氨酸	$C_3H_7NO_2$	α-氨基丙酸	

表 5-2（续）

序号	氨基酸名称（俗名）	分子式	学名	化学结构式
8	脯氨酸	$C_5H_9NO_2$	四氢吡咯-α-甲酸	
9	酪氨酸	$C_9H_{11}NO_3$	α-氨基-β-对羟苯基丙酸	
10	缬氨酸	$C_5H_{11}NO_2$	α-氨基异戊酸	
11	蛋氨酸	$C_5H_{11}NO_2S$	α-氨基-γ-甲硫基丁酸	
12	亮氨酸	$C_6H_{13}NO_2$	α-氨基-γ-甲基戊酸	
13	苯丙氨酸	$C_9H_{11}NO_2$	α-氨基-β-苯基丙酸	
14	胱氨酸	$C_6H_{12}N_2O_4S_2$	2-β-硫基-α-氨基丙酸	

通过以上 14 种氨基酸的化学结构可以发现每种氨基酸中都含有羧基和氨基官能团，同时大多数氨基酸还有 C—C 键、C—H 键，个别的氨基酸如精氨酸有 C=N 键，蛋氨酸有 S—C 键，苯丙氨酸有 C=C 键，胱氨酸有 S—S 键等。

（2）氨基酸的拉曼光谱解析

采用 5.2.2 章节第 3 小节同样的方法得到大米中 14 种常见氨基酸去除基线后的光谱如图 5-8 所示。从去除基线后的光谱可以观察到每种氨基酸的拉曼特征谱峰，这些特征谱峰可以反映氨基酸分子中化学键的拉伸振动或变形振动。

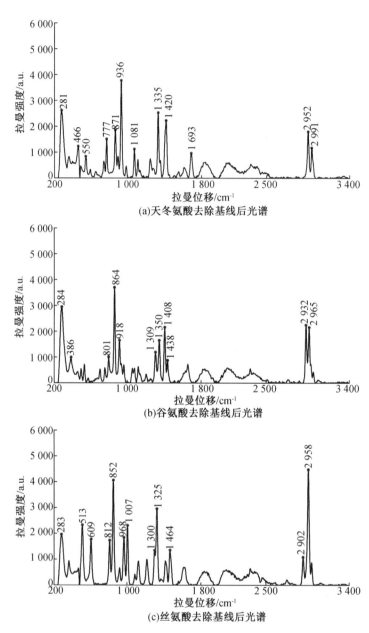

(a)天冬氨酸去除基线后光谱

(b)谷氨酸去除基线后光谱

(c)丝氨酸去除基线后光谱

图 5-8　大米中 14 种氨基酸去除基线后的光谱

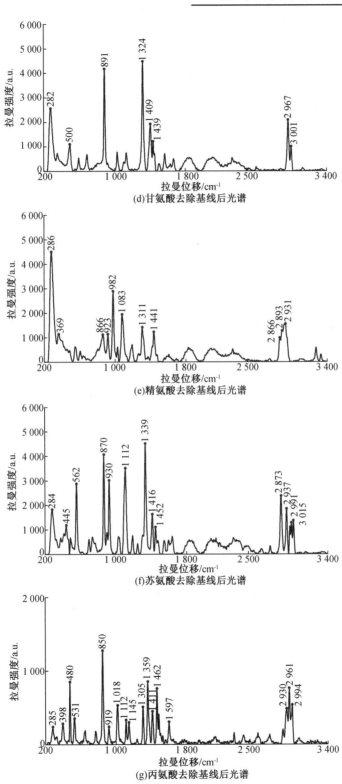

(d)甘氨酸去除基线后光谱

(e)精氨酸去除基线后光谱

(f)苏氨酸去除基线后光谱

(g)丙氨酸去除基线后光谱

图5-8(续1)

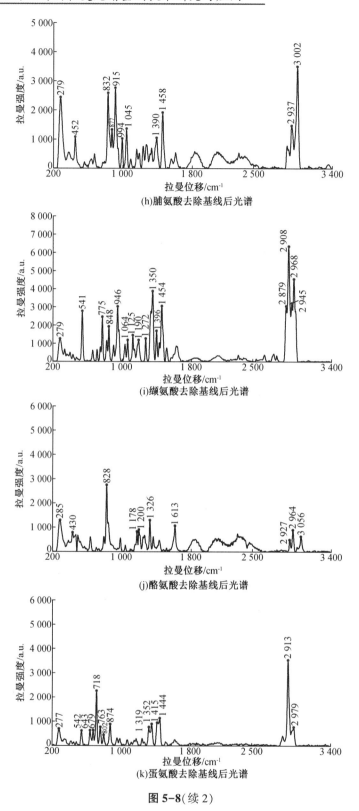

(h)脯氨酸去除基线后光谱

(i)缬氨酸去除基线后光谱

(j)酪氨酸去除基线后光谱

(k)蛋氨酸去除基线后光谱

图 5-8(续2)

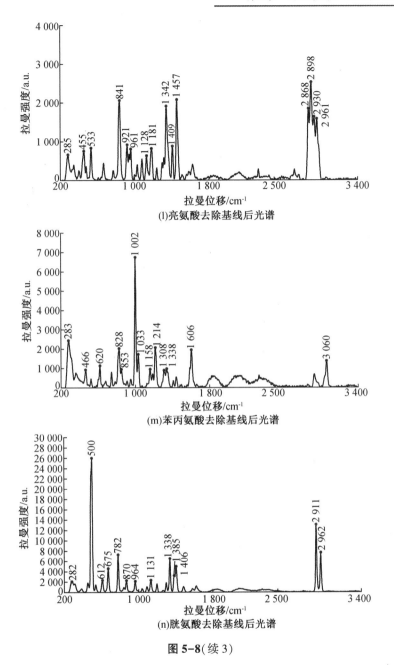

(l)亮氨酸去除基线后光谱

(m)苯丙氨酸去除基线后光谱

(n)胱氨酸去除基线后光谱

图 5-8(续 3)

因为每种氨基酸中都含有相同的基团,包括—NH$_2$ 和—COOH,还有不同长度的 C—C 长链及 C—H 键的组合。从图 5-8 中看出,大多数氨基酸在相同的波数区间出现了拉曼谱峰,这是因为氨基酸中相同的化学键振动引起的,结合文献,具体谱峰对应的官能团振动如表 5-3 所示。

表 5-3　氨基酸中一般基团的拉曼振动谱峰指认表

序号	基团振动类型	拉曼特征峰位置/cm^{-1}
1	C—C—N 骨架变形（w 或 m）	360~400
2	O—C＝O 的弯曲振动（m）	430~495
3	COOH 的 O—C＝O 的摇摆振动（m）	500~550
4	COOH 中的 C—O＝O 的面内弯曲振动（w 或 m）	605~620
5	CH$_2$ 的弯曲振动（m）	775~840
6	C—C 的伸缩振动（s 或 vs）	850~900
7	C—C 的伸缩振动（s 或 vs）	915~940
8	C—N 的伸缩振动（m）	1 000~1 020
9	C—C—O 的伸缩振动（m）	1 030~1 085
10	NH$_2$ 或 CH$_2$ 的摇摆振动（m）	1 110~1 120
11	C—N 或 C—O 的伸缩振动（m）	1 210~1 265
12	NH$_2$ 或 CH$_2$ 的摇摆振动（m 或 s）	1 350~1 400
13	COOH 中的 C—O＝O 的伸缩振动（m 或 s）	1 405~1 470
14	CH 或 CH$_3$ 的对称或反对称伸缩振动（s 或 vs）	2 850~3 050

　　表 5-3 中出现的特征谱峰是所有氨基酸共有化学键的振动谱峰，如与氨基有关的 CCN、CN、NH$_2$ 键，与羧基有关的 COO、CO 键，与碳链骨架有关的 C—C、CH、CH$_2$、CH$_3$ 键。但是由于上述各基团比重不同及化学键振动方式的差异，导致各种氨基酸中各基团的谱峰强度并不相同，甚至可能发生位置的谱峰不出现的现象。又因为拉曼光谱中分子费米效应的存在使得相近的拉曼谱峰散射出现偏移，如图 5-9 中只标注了谱峰强度为中或强的谱峰位置。对图中氨基酸的谱峰解析可以分成两部分：1 600~400 cm^{-1} 和 3 050~2 850 cm^{-1} 波段。其中 1 600~400 cm^{-1} 波段的谱峰非常密集，主要是 C—C 骨架的多个振动形式，如 900~850 cm^{-1} 或 940~915 cm^{-1} 波段的强峰；还有 1 600~1 000 cm^{-1} 波段的氨基和羧基的多种振动形式的中等强度谱峰的叠加；在 3 050~2 850 cm^{-1} 波段主要是 C—H 的伸缩振动区，在这个区间包括亚甲基—CH$_2$ 和甲基—CH$_3$ 的对称和反对称伸缩振动，因为振动区间相近产生费米共振而形成强烈的振动谱带，使这个区间的振动较为复杂。

　　个别的氨基酸中因为有特殊的基团所以表现的谱峰不同，这些谱峰往往强度很大，如表 5-4 所示的胱氨酸中的 S—S 键，蛋氨酸、胱氨酸中的 C—S 键，精氨酸中的 C＝N 键，络氨酸、苯丙氨酸中的苯环的骨架振动和 CH 键振动。这些特殊键的振动会导致其他基团谱峰强度的变弱，也是区别于其他基团的有力证明。

表 5-4 氨基酸中特有基团的拉曼振动谱峰指认表

序号	基团振动类型	拉曼特征峰位置/cm^{-1}	对应的氨基酸
1	S—S 的伸缩振动(vs)	500	胱氨酸
2	C—S 的伸缩振动(vs)	675,718	蛋氨酸、胱氨酸
3	C=N 的伸缩振动(vs)	982	精氨酸
4	苯环 C=C 的伸缩振动(s)	1 606,1 613	络氨酸、苯丙氨酸
5	苯环 CH 的伸缩振动(s)	3 056,3 060	络氨酸、苯丙氨酸

3. 油脂和脂肪酸

(1)油脂和脂肪酸的组成和结构

大米中的油脂是高级脂肪酸和丙三醇脱水后形成的酯类化合物,化学反应式如图 5-9 所示。

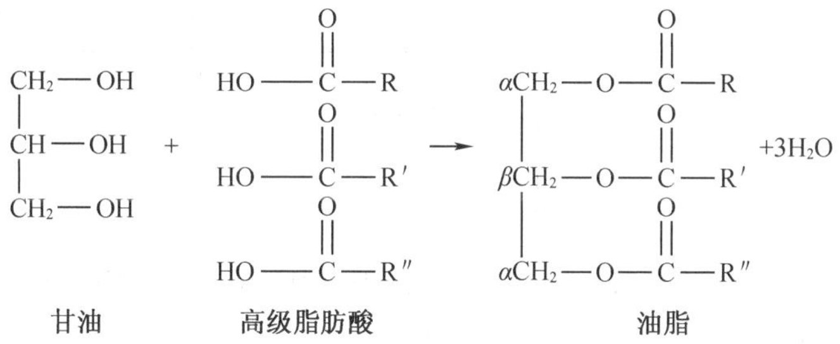

图 5-9 油脂的形成示意图

脂肪酸作为组成油脂的基本单位,在大米中也是一种重要的营养物质。脂肪酸按照是否含有 C=C 键可以分为饱和脂肪酸和不饱和脂肪酸,大米中常见的不饱和脂肪酸有油酸、亚油酸、二十烯酸等,饱和脂肪酸有软脂酸、棕榈酸、花生酸等,具体分子式和化学结构式如表 5-5 所示。

表 5-5 大米油脂中 7 种常见的脂肪酸

序号	分类	名称	分子式	化学结构式
1	饱和脂肪酸	软脂酸	$C_{16}H_{32}O_2$	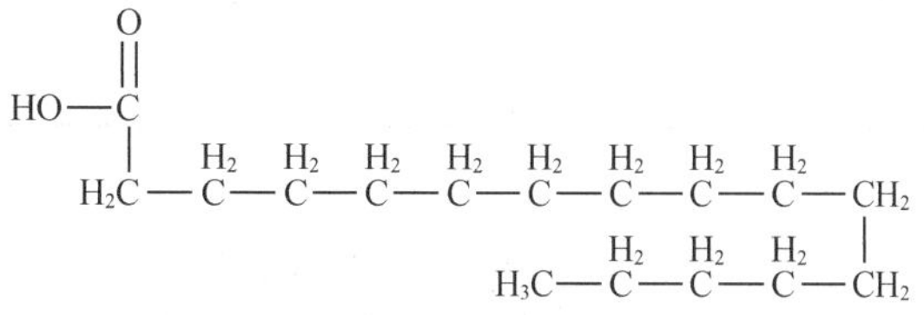

表 5-5(续)

序号	分类	名称	分子式	化学结构式
2	饱和脂肪酸	硬脂酸	$C_{18}H_{36}O_2$	
3		花生酸	$C_{20}H_{40}O_2$	
4		木蜡酸	$C_{24}H_{48}O_2$	
5	不饱和脂肪酸	油酸	$C_{18}H_{34}O_2$	
6		亚油酸	$C_{18}H_{32}O_2$	
7		二十烯酸	$C_{20}H_{38}O_2$	

通过观察以上 7 种脂肪酸的化学结构可以发现每种脂肪酸中都含有酸类的羧基官能团,脂肪酸的碳原子数均为双数,所有的脂肪酸中均有 C—C 键、C—H 键,不饱和脂肪酸中还含有 1 个以上的 C＝C 双键。

（2）脂肪酸的拉曼光谱解析

大米中的油脂含量一般在2%以内，与大米中的淀粉和蛋白质的含量相比，油脂含量很低，并且一般研究认为油脂的含量差异主要是由大米的陈化造成的，本章中的大米均为新米，且通过表5-5发现，脂肪酸所含官能团类似，所以本研究对脂肪酸只取3种进行拉曼光谱分析。

因为每种脂肪酸中都含有相同的基团包括—COOH、不同长度的C—C长链及C—H键，不饱和脂肪酸中还有C＝C键。大米中3种脂肪酸去除基线后的光谱如图5-10所示。从图可知，2种饱和脂肪酸和1种不饱和脂肪酸在相同的波数区间出现了拉曼谱峰，与氨基酸的谱峰相比脂肪酸的谱峰较少，这是因为脂肪酸的结构相对简单，结合文献，具体谱峰对应的官能团振动如表5-6所示。

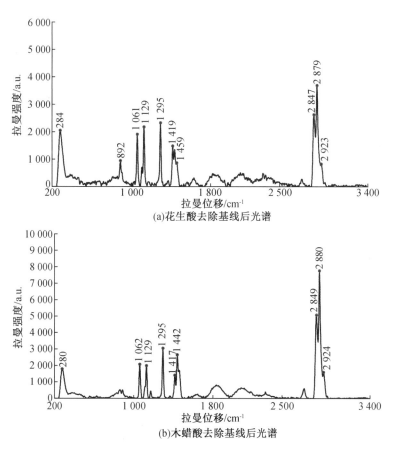

(a)花生酸去除基线后光谱

(b)木蜡酸去除基线后光谱

图5-10 大米中3种脂肪酸去除基线后的光谱

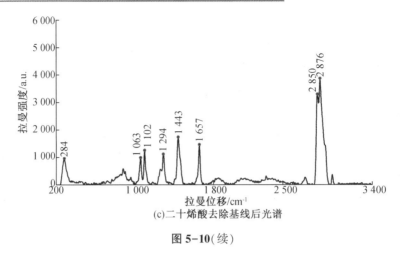

(c)二十烯酸去除基线后光谱

图 5-10(续)

表 5-6　脂肪酸中的拉曼振动谱峰指认表

序号	基团振动类型	拉曼特征峰位置/cm⁻¹
1	C—C 的伸缩振动(m 或 s)	892
2	C—C 的伸缩振动(s)	1 061,1 062,1 063
3	C—O 的伸缩振动(s)	1 102,1 129
4	CH 的弯曲振动(s 或 vs)	1 294,1 295
5	CH 的弯曲振动(s)	1 417,1 419,1 442,1 443
6	C=C 的伸缩振动(s)	1 657
7	CH 的对称伸缩振动(vs)	2 847,2 849,2 850,2 878,2 879,2 880
8	CH 的反对称伸缩振动(s)	2 923,2 924

在 3 种脂肪酸的拉曼光谱中有 8 个主要的谱峰,如表 5-6 所示。其中 $1~657~cm^{-1}$ 附近的谱峰是 C=C 键的伸缩振动,是不饱和脂肪酸区别饱和脂肪酸的重要谱峰。其他 7 个谱峰是饱和脂肪酸和不饱和脂肪酸都具有的谱峰,其中 $800\sim1~400~cm^{-1}$ 波段的谱峰主要是饱和 C—C 键、C—O 键的伸缩振动,$2~850~cm^{-1}$ 和 $2~920~cm^{-1}$ 附近的谱峰主要是 CH 键的对称伸缩和反对称伸缩振动。

4. 大米中主要官能团的特征谱峰解析

通过以上对大米中淀粉、氨基酸、脂肪酸结构的光谱分析,得出了大米中主要物质的拉曼谱峰。以下再对大米的拉曼光谱进行分析,研究大米拉曼特征谱峰与基团振动类型的对应关系。

对单粒大米原始光谱按照 5.2.2.3 章节的预处理方法进行基线去除,去除基线后的光谱如图 5-11 所示。大米光谱的拉曼位移在 482,868,940,1 087,1 130,1 254,1 341,1 381,1 461 和 $2~912~cm^{-1}$ 处,与支链淀粉和直链淀粉的产生谱峰的位置基本一致,说明大米中出现谱峰的位置主要取决于淀粉物质在拉曼散射产生的谱峰。除了上述 10 个拉曼位移以外,在图 5-12 中 940 和 1 087 cm^{-1} 拉曼位移之间还有 3 个强度较弱的谱峰,分别对应拉曼位移是 1 005,1 026 和 1 052 cm^{-1},通过氨基酸和脂肪酸的拉曼谱峰分析可知,这 3 个谱峰与氨基酸和脂肪酸的分子基团振动有关,但是由于大米中氨基酸和脂肪酸的含量较低,所以分子振动产生的拉曼散射强度较弱,在大米光谱中表现为较弱的谱峰强度。这个结果与大米中实际的物质含量分析一致。除了上述的波长外,还在 285 cm^{-1} 附近产生了比较强的特征谱峰,此峰值是机器或荧光噪声所引起的,不应作为大米拉曼的产地特征波长。

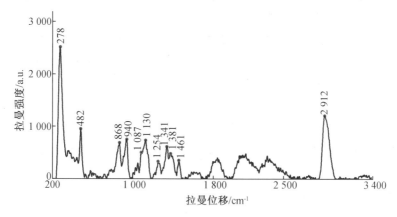

图 5-11　单粒大米去除基线后的特征谱峰解析

通过对大米的地形地貌、温度、水分、光照、土壤这些产地因素分析和对大米主要成分的拉曼光谱进行解析,主要得到以下结论:

对黑龙江省大庆、绥化、齐齐哈尔、佳木斯 4 个水稻产地进行分析,得知不同产地在地形地貌、温度、水分、光照、土壤环境上存在差异,对 4 个不同产地的龙粳 31 品种大米进行聚类分析,可以实现不同产地的样本划分,说明不同产地的大米拉曼光谱具有产地因素的指纹特征。

对振动光谱的基本理论和分子振动类型进行原理介绍,得知不同分子振动形式所对应的拉曼散射频率不同,从而产生不同特征的拉曼散射光谱。其中非极性分子基团和具有对称结构的分子基团振动属于具有拉曼活性的分子基团。

对大米中的主要营养成分中的淀粉、蛋白质和油脂进行了结构分析和标准物质的拉曼光谱解析。单粒大米原始光谱去除基线后的拉曼位移产生在 482,868,940,1 087,1 130,1 254,1 341,1 381,1 461 和 2 912 cm^{-1} 处,与支链淀粉和直链淀粉的产生谱峰的位置基本一致,说明大米中出现谱峰的位置主要归因于淀粉物质。

5.3 大米拉曼光谱产地数据采集和预处理方法研究

5.3.1 材料与方法

1. 实验材料与数据获取

大米样本于 2019 年 9 月下旬到 10 月初期间分别采自 4 个不同产地的水稻田间,根据各地气候和生产安排差异性,收割时间略有不同。为了讨论大米的拉曼光谱产地特征,实验水稻选用黑龙江省种植面积较大的龙粳 31 水稻品种作为实验品种。4 个产地分别是黑龙江省佳木斯市(JMS)、黑龙江省齐齐哈尔市(QQHE)、黑龙江省绥化市(SH)和黑龙江省大庆市(DQ),依次用 JMS、QQHE、SH、DQ 表示上述 4 个产地。因为产地均为黑龙江省内地区,经度和纬度相距很近,实验研究龙粳 31 品种在 4 个相近产地的拉曼光谱差异性。每个产地均随机选取 96 个脱壳后的表面完好的大米作为实验样本,分成两等份,即每份 48 粒大米分别作为两台拉曼光谱仪的样本,其中每份都选择样本数的 2/3 即 32 个样本用作训练集,其余的 1/3 即 16 个样本用作测试集。

2. 实验仪器与方法

光谱采集使用 2 台光谱仪采集大米拉曼数据,分别如图 2-8 和图 2-9 所示。大米脱壳采用上海超星 LJJM 精米机 1 台,如图 2-10 所示。数据处理软件为 Matlab 2010b。

将从田间采集的带壳稻米装入密封袋,如图 5-12 所示。在实验室晾晒 10 d 后,用精米机进行 2 次脱壳,每次脱壳 50 s,再用 100 目筛子过筛,筛选出其中表面光滑完整的大米胚乳(去除胚芽)作为样本。785 nm 拉曼光谱仪检测参数设置为:激光功率 450 mw;激发波长 785 nm;分辨率为 6.58 cm^{-1};积分时间为 5 s;扫描范围为 3 400~200 cm^{-1} 的波段。532 nm 拉曼光谱仪检测参数设置为:中等激光强度;激发波长 532 nm;积分时间为 5 s;扫描范围为 3 400~200 cm^{-1} 的波段;测试条件为室温;相对湿度为 55%。每个样本选择大米的胚芽根部、腹部、头部分别采集数据,每个部分连续进行 3 次光谱采集,取其平均值作为样本的数据存储。经实验数据分析发现,大米腹部的数据较为稳定,最终确定采用大米腹部的数据作为样本的数据。

5.3.2 实验结果与讨论

1. 位移准确度

用乙腈这种物质作为仪器位移校正样品,在 532 nm 光谱仪的最佳测量条件下,测量乙腈标准物质在全光谱 3 400~200 cm^{-1} 波段的拉曼图谱如图 5-13 所示。已知标准样品的拉曼位移在 378,918,1 374,2 252,2 942 cm^{-1} 处有明显的拉曼峰,对比图 5-14 得知,280 cm^{-1} 附近是仪器自带噪声,应在光谱分析时去除此处的影响,除此处拉曼位移,其他位置的拉曼位移都符合±4 cm^{-1} 的准确度要求,说明仪器可以满足测量要求。

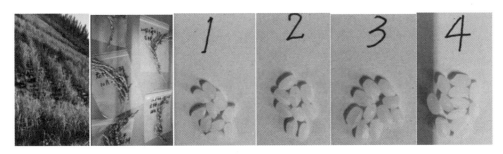

图 5-12　田间采样与样本标记

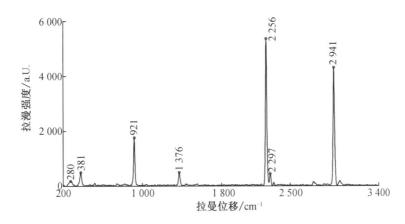

图 5-13　532 nm 光谱仪乙腈样品的拉曼谱峰

2. 大米产地拉曼光谱预处理方法原理

光谱采集过程中普遍存在着荧光和背景噪声,受到仪器自身的限制,这些大量的无用信息无法仅靠提高仪器的精度来消除,因此需要结合数学方法来去除光谱原始数据中的噪声和基线漂移现象等,提高光谱信息的信噪比和判别模型的精度。研究采用去除噪声的方法有导数(derivative)、平移平滑(translation smoothing);去除基线漂移的方法有小波变换(wavelet transform)、多项式拟合(polynomial fitting)等;数据标准化采用归一化(Namaliztion,NL)。通过以上预处理方法不同的组合方式进行大米光谱原始数据预处理。

3. 532 nm 和 785 nm 拉曼光谱仪的数据预处理

根据上述的拉曼光谱数据预处理的方法和原理,将这些方法分别应用于 532 nm 和 785 nm 的拉曼光谱仪进行原始光谱曲线的预处理,旨在找出一种适用于两种光谱仪的预处理方法,为后续光谱数据迁移打下理论基础。

研究结合大米拉曼光谱采集数据点的特征采用去噪、去除基线漂移和数据标准化这些预处理方法的两种或多种相结合的方法进行大米光谱原始数据预处理。包括一阶导数+平移平滑、二阶导数+平移平滑、小波变换+去除基线 3 种常用的预处理方法,另外提出一种改进的分段多项式拟合+去除基线共 4 种预处理方法进行平滑去噪和去除基线漂移,再用极差归一的方法进行量纲去除,旨在研究适合两种拉曼光谱仪的大米光谱的预处理方法。

（1）532 nm 和 785 nm 拉曼光谱仪的原始光谱

大米的营养结构基本相同，但产地差异造成大米营养成分含量不同，在光谱仪上拉曼散射强度反映出这种差异。图 5-15 所示为 3 400~200 cm^{-1} 波段 4 个不同产地的大米原始拉曼光谱对应谱线，可见不同产地的大米峰值强度不同，但产生峰值位置基本相同。图5-15（a）与图 5-15（b）分别为 532 nm 光谱仪和 785 nm 光谱仪的 JMS、QQHE、SH、DQ 4个产地的 192 个样本的龙粳 31 大米光谱曲线，从 2 个图的对比发现：

原始曲线难以突出大米的特征波长，需要进一步进行数据处理，但两者的波形图产生尖峰的位置有相似之处；

两种光谱仪的峰值强度不同，532 nm 光谱强度总体高于 785 nm 光谱强度；

785 nm 光谱波形图中"毛刺"明显，说明噪声大于 532 nm 光谱的噪声。

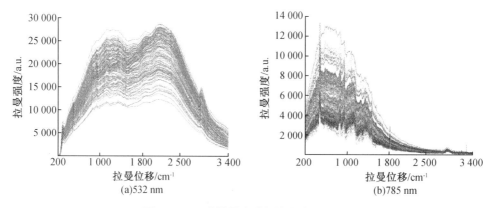

（a）532 nm   （b）785 nm

图 5-14　两种拉曼光谱仪的大米原始光谱

（2）一阶导数+平移平滑的预处理方法

通过一阶导数消除了原始光谱曲线的平移和漂移，但同时曲线噪声被放大，原有多处波峰消失，改变了拉曼光谱的形状效果，如图 5-15 所示。785 nm 光谱仪采集的原始光谱的噪声较大，红色曲线是对原始光谱一阶导数预处理的结果，图 5-15（b）的噪声要比图5-15（a）的明显放大，尖锐突起更多，通过移动平均进行平滑处理，得到预处理后的平滑曲线。平滑处理后在图 5-15（b）中 3 000~2 800 cm^{-1} 波段的尖锐峰值消失，原因是先行的一阶导数处理放大了噪声，使这段的尖峰淹没在噪声中。相比图 5-15（b），图 5-15（a）的 3 000~2 800 cm^{-1} 波段的峰高保留完好。

（3）二阶导数+平移平滑的预处理方法

通过二阶导数+平移平滑的预处理方法，即在一阶导数基础上进行二阶导数并结合移动平均平滑处理，效果如图 5-16 所示。因为二阶导数是对一阶导数处理后曲线再求拉曼强度的变化率，相比一阶导数的预处理结果，发现二阶导数+平移平滑的处理导致曲线峰值变小，尖锐峰值不明显甚至消失。同样也发现，785 nm 光谱仪的二阶导数处理结果要比 532 nm 光谱仪的噪声增多,这点与一阶导数处理的效果相似。

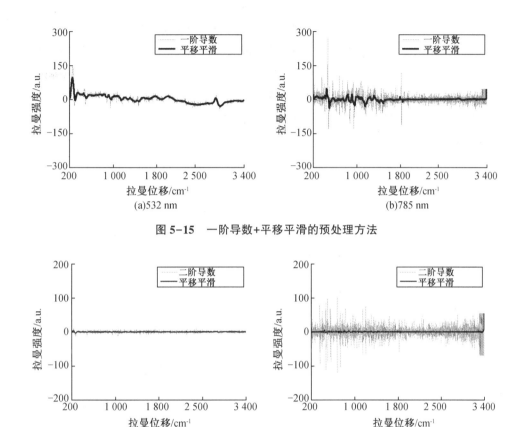

图 5-15 一阶导数+平移平滑的预处理方法

图 5-16 二阶导数+平移平滑的预处理方法

(4)小波变换+去除基线的预处理方法

通过小波变换对原始光谱进行平滑处理,再将平滑处理的结果作为大米原始光谱的基线,在原始光谱的基础上减掉基线结果得到小波变化+去除基线的预处理曲线效果,如图 5-17 所示。因小波变换的结果与参数的选择有很大关系,经过多次试算选择效果最佳的参数进行预处理,对原始光谱选取高通滤波 db9 小波基函数棱角 8 级分解,滤掉低频背景信号,选择硬阈值去噪,发现图 5-17(a)和图 5-17(b)经小波变换平滑处理再去除基线后的光谱得到了校正,突出了原始曲线中的尖锐峰值并一定程度上减轻了基线漂移现象。但图 5-17(b)在波段 3 100~1 800 cm⁻¹ 波段基线仍有一定程度的漂移现象,主要原因可能是这段背景噪声较大。

(5)传统多项式拟合+去除基线的预处理方法

这种方法是通过传统多项式拟合对原始光谱进行平滑处理,再将平滑处理的结果作为大米原始光谱的基线,在原始光谱的基础上减掉基线结果得到传统多项式拟合+去除基线的预处理曲线。因传统多项式拟合的次数和拟合点数不同导致波形不同,在图 5-18 和

图5-19中分别通过改变多项式的点数和阶数进行多项式拟合,观察多项式拟合的方法去除基线的效果。如图5-18所示,分别进行了两种光谱仪的3点2阶和5点2阶的多项式拟合,通过图5-18(a)和图5-18(b)可以看出提高多项式的拟合点数以后,5点多项式比3点多项式出现了更大程度的偏移原始曲线的现象,且去除基线后5点多项式的基线漂移严重。可见选择的拟合点数越多,拟合曲线的偏离值就越大。原因是5点拟合曲线通过波谷点的个数远远少于3点拟合曲线。图5-18(b)中因为原始曲线的峰值强度突起明显,采用多项式拟合的方法明显优于图5-18(a)的效果。

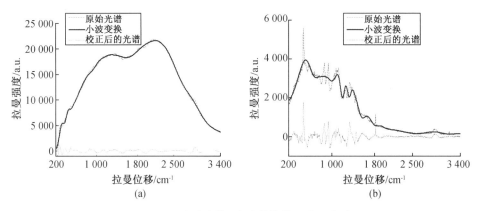

图5-17 小波变换+去除基线的预处理方法

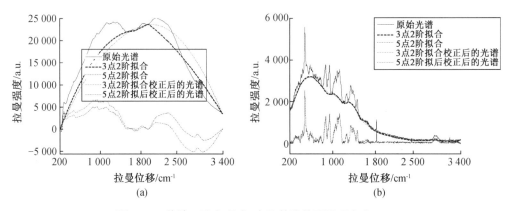

图5-18 传统二阶多项式+去除基线的预处理方法

下面讨论拟合的阶数对波形的影响。如图5-19所示,分别进行了2种光谱仪的3点2阶和3点4阶的多项式拟合,从图中可以看出提高多项式的拟合阶数以后,4阶多项式比2阶多项式出现了更大程度的偏移原始曲线的现象,且去除基线后4阶多项式的基线漂移严重,基本无法保持原始曲线的特征峰。可见拟合的次方越大,会使拟合曲线振荡得越剧烈。图5-19(b)中785 nm光谱仪的效果同图5-18的效果一样,因为原始曲线的峰值强度突起明显,采用多项式拟合的方法明显优于图5-18(a)的效果。

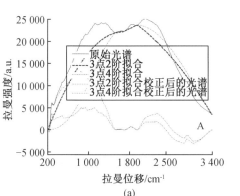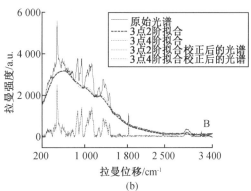

图5-19 传统三点多项式+去除基线的预处理方法

（6）改进的分段拟合曲线+去除基线的预处理方法

大米产地光谱鉴别中，因原始光谱特征谱峰不突出，需采用必要的预处理去除噪声，增强特征峰的强度。上述4种预处理方法对荧光背景进行去除后，存在不能保持原有波峰的形状或基线漂移去除不彻底的现象，为了改善以上缺点，研究提出一种改进的分段多项式拟合+去除基线的与处理方法，这种预处理方法能保证拟合曲线恰好通过原始波形下方，改进了传统的多项式拟合方法，对光谱区间进行分段，校正后的波形与原始波形最大限度地保持相似性。

区间 3 400~200 cm^{-1} 共3 201个光谱数据点，设定窗口半宽为 15 cm^{-1}，从第16点开始，每31个点的平均值 $\bar{y}_i$ 赋值给中心点 i，比较 $\bar{y}_i$ 与 y_i 的大小，记录二者中较小值作为新的 y_i，之后移动 i 点到 3 386 点完成整条曲线的 y_i 的选取，初始15个点和最后15个点用原始光谱数据赋值，至此第一次迭代结束，随着迭代次数增多，光谱峰值高度逐渐降低，滤波后基线都完全在原始光谱下方，使光谱的校正值都为正数，得到光谱分段区间最小值，然后将这些最小值提取出来，将每个区间的最小值 y_i 用分段多点拟合方法进行赋值，形成分段多项式拟合方法基线，具体步骤如下：

（1）窗口半宽为 w，各测点 i 对应值为 y_i，在 $(w+1, n-w)$ 区间取 y_i 的平均值，记为公式

$$\bar{y}_i = \frac{1}{2w+1} \sum_{j=-w}^{w} y_{i+j}, i \in (w+1, n-w) \tag{5-1}$$

（2）将 y_i 和 $\bar{y}_i$ 进行比较，取两者中较小值作为新的 y_i 代替原值进行迭代，直到满足精度要求。其中 k 为迭代次数，记为

$$y_{i,k+1} = \min\{y_{i,k}, \bar{y}_{i,k}\}, i \in (w+1, n-w) \tag{5-2}$$

（3）将迭代后的 y_i 值连接成线，找出曲线所有区间的最小值，记为

$$y_i < y_{i-1} \text{ 且 } y_i < y_{i+1}, i \in (w+1, n-w) \tag{5-3}$$

（4）将每个区间的 y_i 连接起来，形成分段多点拟合方法基线；

（6）在相同的拉曼位移上，用原始光谱曲线的数值对应减掉用分段多项式拟合法的 y_i 数值，形成去除基线后的光谱。

采用上述方法分别对两种光谱仪的原始光谱曲线在 3 400～200 cm⁻¹ 波段进行拟合，观察到图 5-20(a) 和图 5-20(b) 中所有的拟合点完整地出现在原始曲线下方。这种方法既有效地去除基线漂移现象又使原有的特征峰得以保留，去除基线后的校正曲线都保持在 0 坐标轴的上方。尤其从 532 nm 光谱仪的平滑波形来看，这种方法有效避免了传统多项式的基线漂移和不能保持原始特征峰的现象。分段多项式拟合法更好地保持了原有的特征峰面积和特定值，为后续大米光谱产地鉴别研究打下理论基础。在接下来的研究中还要进一步通过其他的参数来比较分析上述预处理方法的优劣。

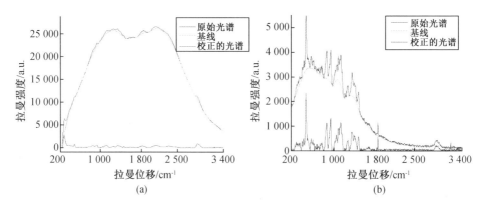

图 5-20　改进的分段多项式拟合+去除基线的预处理方法

4. 532 nm 和 785 nm 拉曼光谱仪的预处理结果分析

为了进一步考察各种预处理方法对原始数据的处理效果，下面将对上述的一阶导数+平移平滑、二阶导数+平移平滑、小波变换+去除基线、传统多项式拟合+去除基线以及改进的分段多项式拟合+去除基线的方法采用相关系数(CC)、均方误差(MSE)、均方根误差(RMSE)这些评价参量说明预处理的效果，对前述的样本通过偏最小二乘法进行建模，考察这些方法对判别模型的正确识别率。

(1)评价参量

采用相关系数(CC)、均方误差(MSE)等评价参量反映预处理的效果。其中相关系数(CC)表示样本真实值和预测值之间的相近程度，均方误差(MSE)反映真实值与预测值之间差异程度。其中 CC 越大、MSE 越小说明样本的预处理效果越好。

表 5-7 是两种拉曼光谱仪的不同预处理方法评价参量的统计结果，表中分别统计了 532 nm 和 785 nm 光谱仪采集的原始光谱数据运用 CC、MSE 评价参量在训练集和测试集中的比较分析结果。在 532 nm 光谱仪中，首先训练集和测试集分别运用分段拟合曲线+去除基线预处理方法的 CC 值最大，其次是一阶导数+平移平滑的 CC 值，再次是二阶导数+平移平滑的 CC 值稍小，排在第四位的是小波变换+去除基线，排在最后的分别是 3 点 2 次拟合+去除基线、5 点 2 次拟合+去除基线、3 点 4 次拟合+去除基线的预处理方法；MSE 值的结果正好与 CC 值的排序相反，MSE 值最小的预处理方法是分段拟合曲线+去除基

线,MSE 值最大的预处理方法是 3 点 4 次拟合+去除基线。在 785 nm 光谱仪中,首先训练集和测试集分别运用分段拟合曲线+去除基线预处理方法的 CC 值最大,其次是 3 点 2 次拟合+去除基线,再次是一阶导数+平移平滑的 CC 值稍小,然后依次是 5 点 2 次拟合+去除基线、3 点 4 次拟合+去除基线、二阶导数+平移平滑,CC 值排在最后的是小波变换+去除基线的预处理方法。MES 值的结果也与 CC 值的排序相反,MSE 值最小的预处理方法是分段拟合曲线+去除基线,MSE 值最大的预处理方法是小波变换+去除基线。

从以上的评价参量可以看出,传统的多项式拟合+去除基线的预处理方法效果在 785 nm 光谱仪中仅次于分段拟合曲线+去除基线的效果,但在 532 nm 光谱仪中效果最差;一阶导数和二阶导数的预处理方法在两种光谱仪中效果尚可,但是稍逊于分段拟合曲线+去除基线;小波变换+去除基线的效果不如导数方法;所以经过综合比较,采用改进的分段拟合曲线+去除基线的预处理方法无论是在 532 nm 光谱仪和 785 nm 光谱仪的训练集和测试集中都是比较理想的预处理方法,可以作为光谱仪数据迁移和模型传递的数据处理方法的依据。

表 5-7 532 nm 光谱仪和 785 nm 光谱仪不同预处理方法的评价参量

序号	预处理方法	532 nm 光谱仪				785 nm 光谱仪			
		训练集		测试集		训练集		测试集	
		CC	MSE	CC	MSE	CC	MSE	CC	MSE
1	一阶导数+平移平滑	0.972 0	0.010 4	0.957 5	0.015 8	0.963 1	0.013 6	0.896 2	0.036 9
2	二阶导数+平移平滑	0.962 8	0.013 7	0.943 9	0.020 4	0.880 4	0.042 2	0.800 5	0.067 7
3	小波变换+去除基线	0.795 5	0.068 8	0.761 2	0.079 3	0.802 3	0.066 8	0.748 4	0.084 1
4	3 点 2 次拟合+去除基线	0.741 0	0.084 5	0.680 9	0.101 8	0.968 9	0.011 5	0.911 1	0.031 9
5	5 点 2 次拟合+去除基线	0.721 8	0.089 8	0.582 6	0.124 1	0.956 1	0.016 1	0.816 3	0.067 6
6	3 点 4 次拟合+去除基线	0.707 8	0.093 6	0.618 2	0.118 8	0.898 7	0.036 1	0.831 5	0.058 0
7	分段拟合+去除基线	0.986 3	0.005 1	0.974 6	0.009 5	0.993 1	0.002 6	0.925 7	0.026 8

(2)正确识别率

正确识别率是指模型识别的样本数占总样本数的比例,识别率越高,说明模型的判别精度越好。为了进一步考察不同预处理的效果,对样本进行 PLS 建模分析,考察 2 种光谱仪的不同预处理方法的训练集和测试集的正确识别率,结果如表5-8所示。在532 nm光谱仪中,训练集的一阶导数+平移平滑、二阶导数+平移平滑、分段拟合+去除基线的正确识别率均为100%;在测试集中,分段拟合+去除基线的正确识别率为99.5%,是预处理中正确识别率最高的方法,一阶导数+平移平滑、二阶导数+平移平滑均为98.9%,传统多项式拟合+去除基线的方法正确识别率最低,3点2次拟合、5点2次拟合、3点4次拟合分别为66.7%、68.2%、60.4%,这个结果与评价参数的结果相呼应,说明传统多项式拟合的方法不适合532 nm光谱仪的数据预处理分析。在785 nm光谱仪中,训练集的正确识别率为100%的方法有一阶导数+平移平滑、3点2次拟合、5点2次拟合、3点4次拟合、分段拟合+去除基线;在测试集中,正确识别率最高的是分段拟合+去除基线,识别率为95.8%;小波变换+去除基线的识别率最低,为84.4%;一阶导数+平移平滑、5点2次拟合、3点2次拟合、二阶导数+平移平滑、3点4次拟合的正确识别率依次由高到低为:95.3%、94.8%、93.2%、90.1%、89.6%,效果介于分段拟合+去除基线和小波变换+去除基线之间。

可以发现,无论在532 nm光谱仪还是在785 nm光谱仪中采用分段拟合+去除基线的方法优势明显,正确识别率高。与表5-7中CC、MSE的结果吻合。

表5-8 两种光谱仪的不同预处理方法的正确识别率

序号	预处理方法	532 nm 光谱仪				785 nm 光谱仪			
		训练集		测试集		训练集		测试集	
		识别数	识别率/%	识别数	识别率/%	识别数	识别率/%	识别数	识别率/%
1	一阶导数+平移平滑	128	100	190	98.9	128	100	183	95.3
2	二阶导数+平移平滑	128	100	190	98.9	126	98.4	173	90.1
3	小波变换+去除基线	114	89.1	166	86.5	113	88.3	162	84.4
4	3点2次拟合+去除基线	92	71.9	128	66.7	128	100	179	93.2
5	5点2次拟合+去除基线	92	71.9	131	68.2	128	100	182	94.8
6	3点4次拟合+去除基线	90	70.3	116	60.4	128	100	172	89.6
7	分段拟合+去除基线	128	100	191	99.5	128	100	184	95.8

本节对 532 nm 和 785 光谱仪的原始数据进行采集,结合不同预处理方法对品种为龙粳 31 的 4 个不同产地的大米进行 PLS 建模分析,研究了包括一阶导数+平移平滑、二阶导数+平移平滑、小波变换+去除基线、传统多项式拟合+去除基线、改进的分段拟合+去除基线的预处理方法,比较分析了不同预处理方法处理原始光谱数据的原理和波形特点,并通过预处理方法的评价参量 CC、MSE 和正确识别率对不同预处理方法进行的对比分析,主要得到以下结论:

通过评价参量指标表明经过分段拟合+去除基线的预处理方法的效果最好。在 532 nm 光谱仪中,训练集的 CC 值和 MSE 值分别为 0.986 3 和 0.005 1,测试集的 CC 值和 MSE 值分别为 0.974 6 和 0.009 5。

通过评价参量指标表明传统的多项式拟合+去除基线的预处理方法效果在 785 nm 光谱仪中仅次于分段拟合曲线+去除基线,但在 532 nm 光谱仪中效果最差;一阶导数和二阶导数的预处理方法在两种光谱仪中效果尚可,但是稍逊于分段拟合曲线+去除基线的效果;小波变换+去除基线的效果不如导数方法。

通过模型正确识别率表明分段拟合+去除基线的预处理方法建立的判别模型精度最高,在 532 nm 光谱仪中,分段拟合+去除基线的正确识别率为训练集 100%、测试集 99.5%;在 785 nm 光谱仪中,分段拟合+去除基线的正确识别率为训练集 100%、测试集 95.8%。

通过模型正确识别率表明在 532 nm 光谱仪中,训练集的一阶导数+平移平滑、二阶导数+平移平滑、分段拟合+去除基线的正确识别率均为 100%;在测试集中分段拟合+去除基线的正确识别率为 99.5%,是预处理中正确识别率最高的方法;一阶导数+平移平滑、二阶导数+平移平滑的正确识别率均为 98.9%;传统多项式拟合+去除基线的方法正确识别率最低;3 点 2 次拟合、5 点 2 次拟合、3 点 4 次拟合分别为 66.7%、68.2%、60.4%,这个结果与评价参数的结果相呼应,说明传统多项式拟合的方法不适合 532 nm 光谱仪的数据预处理分析。

在 785 nm 光谱仪中,训练集的正确识别率为 100% 的方法有一阶导数+平移平滑、3 点 2 次拟合、5 点 2 次拟合、3 点 4 次拟合、分段拟合+去除基线;在测试集中正确识别率最高的是分段拟合+去除基线,识别率为 95.8%;小波变换+去除基线的识别率最低,为 84.4%;一阶导数+平移平滑、5 点 2 次拟合、3 点 2 次拟合、二阶导数+平移平滑、3 点 4 次拟合的正确识别率依次由高到低为:95.3%、94.8%、93.2%、90.1%、89.6%,效果介于分段拟合+去除基线和小波变换+去除基线之间。

5.4 大米拉曼光谱产地特征波长提取方法研究

基于拉曼光谱技术的大米产地特征波长提取,最关键的任务是从大米原始光谱信号中提取出可以代表不同产地大米光谱差异的特征量。这就需要通过大米原始光谱或者预处理后的光谱,通过特征波长提取方法去除光谱中的重叠或冗余的波长信息,突出大米光谱中的产地特征波长。本节主要通过连续投影算法 SPA、CARS、PCA 算法这些特征波长的提取方法研究大米产地光谱的关键变量。

5.4.1 材料与方法

1. 实验材料与数据获取

大米样本于 2019 年 10 月采自黑龙江省 4 个产地的龙粳 31 品种,龙粳 31 是黑龙江省种植面积最多的品种,选择该品种为研究对象具有典型的代表意义。采集地区选择大庆地区(DQ)、绥化地区(SH)、齐齐哈尔地区(QQHE),佳木斯地区(JMS)等 4 个大米主产区,随机采摘每个产区的 1 kg 左右的稻穗,晾晒脱壳后每个产地选取 48 粒表面完好的大米作为实验样本,共计 192 粒。

2. 实验仪器与方法

实验仪器采用图 2-8 拉曼光谱仪。实验参数设置为:中等激光强度,激发波长 532 nm;积分时间为 5 s;扫描范围为 3 400~200 cm^{-1} 的波段;测试条件为室温;相对湿度为 55%。

5.4.2 结果与讨论

1. 大米典型拉曼峰值指认

大米原始拉曼光谱采用 5.2.2.3 的分段拟合法去除基线和极差归一的预处理方法进行背景噪声的分离,预处理结果如图 5-21 所示。经过预处理后的 4 个产地的大米拉曼光谱 192 个样本平均值的光谱曲线,突出了大米光谱的特征峰值,图中明显峰值出现在 478,865,934,1 084,1 127,1 263,1 348,1 381,1 458,1 825 和 2 912 cm^{-1} 处,4 个产地的峰值对应的波长相同,但是峰值强度不同,说明相同品种的大米内部遗传基因相同。大米的主要成分为淀粉、蛋白质和脂肪酸,外部环境的不同导致营养成分的差异,可以根据这种差异来进行不同产地的鉴别。除了上述的波长外,还在 285,2 087,2 375 cm^{-1} 附近产生了比较强的特征谱峰,但峰高基本相同,说明此峰值是机器或荧光噪声所引起的,不应作为大米拉曼的产地特征波长。

2. 基于连续投影算法的大米拉曼光谱产地特征提取与分析

根据前文的步骤进行大米原始光谱 SPA 样本选择,本文将分别基于全波段光谱 3 400~200 cm^{-1} 和部分光谱 1 600~400 cm^{-1} 的 SPA 特征波长提取。

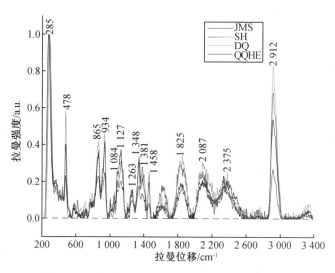

图 5-21　经过预处理后大米拉曼光谱主要特征峰

(1)基于全波段光谱的 SPA 特征波长提取

在采用 SPA 样本选择的过程中,设定波长最大值为 48,按照 5.2.2 方法对大米光谱进行预处理,预处理后采用不同的样本子集分别以 RMSE 为评价指标,建立多元线性回归(MLR)方法计算这些模型的 RSME 值,具有最小的 RMSE 的样本子集即为所求最优样本集。采用 SPA 对全波段共 3 201 列变量进行选择。图 5-22 显示了验证模型 RMSE 值随着模型变量个数的变化情况。从图中可见变量个数在 1~8 时 RSME 值迅速下降,只有大约最高值的 1/3;当变量个数为 8~14 个时,RMSE 值下降速度变缓;当变量个数为 14~20 个时,RSME 值略微有小幅度上升;变量个数 20~46 时,RSME 值逐渐降低,最终在变量个数为 46 时,RMSE 为 1.749 3×10^{-5},达到最小值。在 3 400~200 cm^{-1} 波段将变量个数最大值设为 48 个,则图 5-22 所示选择的 46 个波长点分别是:260,306,476,486,587,754,784,855,872,1 032,1 058,1 077,1 085,1 092,1 129,1 158,1 196,1 237,1 253,1 280,1 289,1 345,1 352,1 468,1 599,1 624,1 657,1 666,1 677,1 835,1 863,1 894,1 910,2 044,2 111,2 120,2 127,2 178,2 185,2 193,2 333,2 375,2 431,2 471,2 498 和 2 917 cm^{-1}。其中:属于淀粉的特征峰为 476,872,1 085,2 917 cm^{-1} 波长;糖的特征峰为 1 129,1 345 cm^{-1} 波长;蛋白质的特征峰为 1 253 cm^{-1} 波长。除此之外,486,587,754,784,855,1 032,1 058,1 077,1 092,1 158,1 196,1 237,1 280,1 289,1 352,1 468 和 1 599 cm^{-1} 波长都在这些峰值的上升段或下降段。再对比图 5-21 的大米主要特征峰可知,260,306,1 624,1 657,1 666,1 677,1 835,1 863,1 894,1 910,2 044,2 111,2 120,2 127,2 178,2 185,2 193,2 333,2 375,2 431,2 471 和 2 498 cm^{-1} 属于机器噪声或光谱噪声。

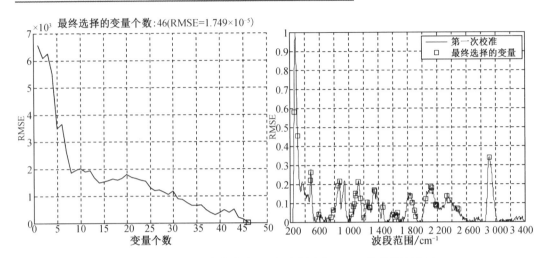

图 5-22　全波段最大变量为 48 个对应最小 RMSE 和选取特征点

如果将变量个数的最大值设为 30 个,则选择结果如图 5-23 所示,变量个数在 1～3 时,RSME 值迅速下降;变量个数为 3～11 个时,RMSE 值呈阶梯式下降;直到变量个数为 11 个时,RMSE 为 6.2454×10⁻⁴ 达到最小值。选择的 11 个波长点分别是:476,486,855, 1 092,1 116,1 293,1 351,2 112,2 333,2 431,2 917 cm⁻¹ 共计 11 个波长点,其中属于淀粉的特征峰为 476,2 917 cm⁻¹ 波长,对比图 5-22 可知,波长 486,855,1 092,1 116,1 293, 1 351 cm⁻¹ 位于大米特征峰的上升或下降段,波长 2 112,2 333,2 431 cm⁻¹ 属于大米的噪声点。从图 5-23 可见,虽然 SPA 方法选择的 11 个重要变量里只有 2 个波长在大米的特征峰上,但是提取的其他 9 个波长点有 7 个都距离大米拉曼光谱中特征峰距离较近,属于波峰上升或下降段最陡峭的部分。和图 5-22 相比,虽然 RMSE 值有所提高,但是提取的特征波长减少,且很大程度减少了图 5-22 中提取的特征波长有较多的重叠。但建模效果还要通过后续的研究观察。

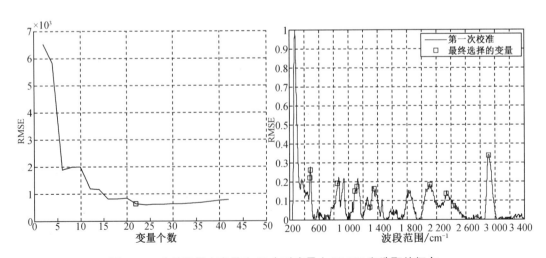

图 5-23　全波段最大变量为 30 个对应最小 RMSE 和选取特征点

（2）基于部分波段 1 600~400 cm^{-1} 光谱的 SPA 特征波长提取

基于全波段的 3 201 个变量的特征波长提取，计算时间长，效率低，并且引入了一些噪声点，因此对部分波段 1 600~400 cm^{-1} 共 1 201 列进行 SPA 特征提取。图 5-24 显示了验证模型 RMSE 值随着模型变量个数的变化情况。从图中可见，变量个数在 46 时（最大值是 48），RMSE 为 0.783 99×10^{-5}，达到最小值。比全波段的 RMSE 值还小，但是运行速度大大提高，原因是选择的 46 个波长点集中的波段只有 1 201 个点，所以模型的精度提高。选择的 46 个波长点分别是：479，487，718，761，797，804，824，845，854，861，875，895，909，935，952，1 000，1 050，1 058，1 078，1 092，1 113，1 136，1 141，1 160，1 192，1 197，1 215，1 232，1 239，1 252，1 274，1 282，1 287，1 293，1 299，1 334，1 346，1 354，1 382，1 406，1 416，1 455，1 464，1 470，1 480 和 1 559 cm^{-1} 波长点。其中属于淀粉的特征峰为479，861 和 1 092 cm^{-1}，糖的特征峰为 1 346，1 455 cm^{-1}，蛋白质的特征峰为 1 252 cm^{-1}。除此之外，波长点 487，718，761，797，804，824，845，854，875，895，909，935，952，1 000，1 050，1 058，1 078，1 113，1 136，1 141，1 160，1 192，1 197，1 215，1 232，1 239，1 274，1 282，1 287，1 293，1 299，1 334，1 354，1 382，1 406，1 416，1 464，1 470，1 480 和 1 592 cm^{-1} 都位于大米特征峰的上升段和下降段。和全波段相比，在部分波段区间提取的特征点也是 46 个点，但是都在大米的有效区间内，但关键波长点 2 912 cm^{-1} 不在其中。

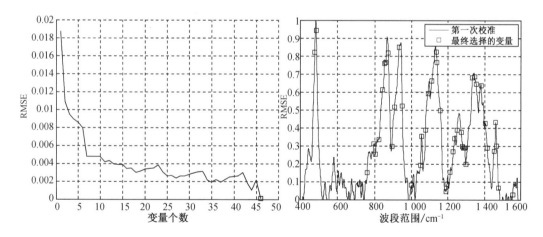

图 5-24　部分波段最大变量为 48 个对应最小 RMSE 和选取特征点

同样将变量个数的最大值设为 30 再运行 SPA 法得到的模型 RMSE 值为 2.177 8×10^{-5}，达到最小值，如图 5-25 所示。选择的 17 个波长点分别是：487，675，718，789，823，832，845，931，1 057，1 118，1 160，1 198，1 274，1 282，1 333，1 381 和 1 454 cm^{-1}。和图5-24 相比，RMSE 值有所提高，选择的 17 个波长点都不是大米拉曼光谱的特征波长点，但也都位于大米特征波段的上升或下降段。后续还要结合数学模型来分析。

3. 基于竞争性自适应重加权算法 CARS 的大米拉曼光谱产地特征提取与分析

（1）基于竞争性自适应重加权算法特征点选择

按照前文步骤采用 CARS 方法对龙粳 31 品种的 4 种产地不同的大米全光谱 3 400~

200 cm^{-1} 进行产地特征波长提取,结果如图 5-26 所示。图中将蒙特卡罗抽样运行的次数设置为 50,图 5-26(a)表示某次交互验证 CARS 方法运行时随着采样次数和筛选波数之间的关系;图 5-26(b)表示采样次数和误差均方根 RMSECV 的关系;图 5-26(c)表示采样次数和每个波数回归系数路径的变化关系。从图中可见,图 5-26(a)在采样初期选择的波长变量数为 3 201 个,随着蒙特卡罗采样次数的增加,筛选的波数快速减少,当采样次数达到 25 次以后,变量数曲线衰减得很慢;此时对应图 5-26(b)中十折交互验证 RMSECV 系数值达到最小值,同时在图 5-26(c)中回归系数路径的变化对应的采样次数为 21 次,在这之后 RMSECV 开始增大,每个波数的回归系数路径变得杂乱无章,说明波数继续减少导致产地特征波长减少或效果,PLS 建模效果越来越差,采样停止。

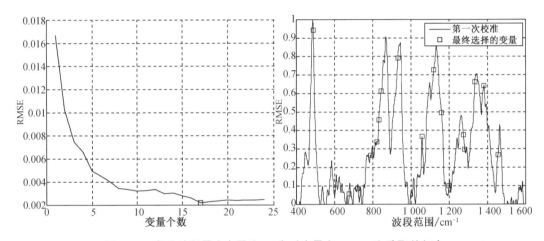

图 5-25　部分波段最大变量为 30 个对应最小 RMSE 和选取特征点

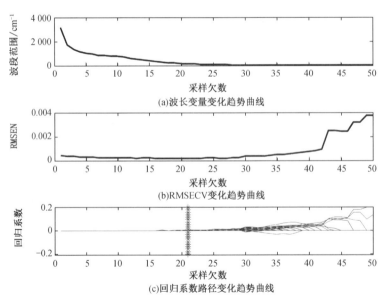

图 5-26　CARS 法提取大米拉曼光谱产地特征波长筛选图

（2）CARS 法选择大米光谱产地特征波长分析

当大米光谱经过 21 次采样后，在全光谱 3 400~200 cm^{-1} 波段内筛选出 100 个特征波长，如图 5-28 所示。在图中将提取出的 100 个特征波长用"＊"标出，从中发现，CARS 法筛选出的特征波长与图 5-27 中大米预处理后的特征波长有好的对应关系，其中 478，865，1 381，2 912 cm^{-1} 波段为支链淀粉的特征波长；1 127 cm^{-1} 波段为糖的特征波长；1 263 cm^{-1} 波段为蛋白质的特征波长；除此之外，473，474，616，714，784，807，845，846，851，854，866，867，868，919，920，922，923，1 101，1 102，1 290，1 306，1 307，1 337，1 338，1 339，1 340，1 366，1 368，1 377，1 378，1 387，1 413，1 447，1 565，2 922，2 923，2 924，2 926，2 927 和 3 004 cm^{-1} 通常是几个连续的波长点，位置在某个特征谱峰前后的一段波峰或波谷，再对比图 5-22 可知，325，1 621，1 656，1 676，1 774，1 775，1 776，1 787，1 789，1 799，1 800，1 801，1 880，1 897，2 040，2 057，2 058，2 059，2 130，2 170，2 171，2 172，2 173，2 199，2 207，2 208，2 279，2 312，2 321，2 332，2 334，2 353，2 354，2 367，2 368，2 427，2 429，2 430，2 478，2 479，2 480，2 501，2 502，2 515，2 534，2 535，2 548，2 549，2 550，2 551，2 552，2 566，2 567 和 2 568 cm^{-1} 都属于噪声点。

这些特征波长与图 5-27 中的关键波长点很好地吻合，但是需要注意的是，CARS 法筛选出的波长往往是几个连续的波长点，这是因为在拉曼光谱中某个特征谱峰对应的峰值点前后会有都是数值变化较快的一段波峰或波谷，所以无监督学习的 CARS 方法将这段波段全部选择。大米光谱的有效特征波段对应为 1 600~400 cm^{-1} 和 3 200~2 800 cm^{-1}，表 5-9 将符合条件的波长点列出共有波段点。

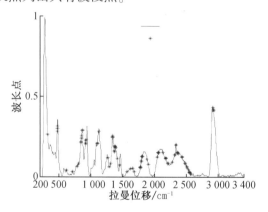

图 5-27 CARS 方法提取大米拉曼关键波长点

表 5-9 CARS 法筛选 100 个关键波长点

序号	谱峰区间/cm^{-1}	波段位置/cm^{-1}
1	400~200（1 个）	325
2	1 600~400（39 个）	473，474，478，616，714，784，807，845，846，851，854，865，866，867，868，919，920，922，923，1 101，1 102，1 127，1 263，1 290，1 306，1 307，1 337，1 338，1 339，1 340，1 366，1 368，1 377，1 378，1 381，1 387，1 413，1 447，1 565

表 5-9(续)

序号	谱峰区间/cm⁻¹	波段位置/cm⁻¹
3	2 800~1 600 （53 个）	1 621,1 656,1 676,1 774,1 775,1 776,1 787,1 789,1 799,1 800,1 801, 1 880,1 897,2 040,2 057,2 058,2 059,2 130,2 170,2 171,2 172,2 173, 2 199,2 207,2 208,2 279,2 312,2 321,2 332,2 334,2 353,2 354,2 367, 2 368,2 427,2 429,2 430,2 478,2 479,2 480,2 501,2 502,2 515,2 534, 2 535,2 548,2 549,2 550,2 551,2 552,2 566,2 567,2 568
4	3 200~2 800(7 个)	2 912,2 922,2 923,2 924,2 926,2 927,3 004
5	3 400~3 200	无

4. 基于主成分分析法的大米拉曼光谱产地特征提取与分析

（1）大米拉曼光谱的主成分分析

大米拉曼光谱中含有大量与产地相关的光谱信息。采用全波段光谱建模分析将导致模型的维度过高,引入不必要的噪声,使判别模型的运行速度和准确度大大降低。因此需要对拉曼光谱数据进行相关性去除,并从中提取出有效的大米产地光谱特征波长。为提取光谱特征谱峰采用主成分分析法对大米拉曼光谱数据降维计算,降维后的数据能在最大程度上保留有效产地信息的前提下提取光谱特征,利用方差最大原则,将多个相关的原始变量转化成相互独立的不相关的几个综合变量,达到用少数指标代替原始数据绝大部分指标的目的。前 8 个主成分贡献率分布图如图 5-28 所示。由图可知,PC1 是最重要的主成分(贡献率为 68.35%),大米光谱的前 4 个主成分的累积贡献率超过了 90%,可以表示原始光谱中的绝大部分有效信息,用以建立大米拉曼光谱的产地鉴别模型。

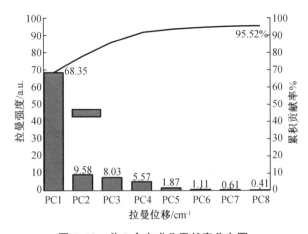

图 5-28　前 8 个主成分贡献率分布图

荷载系数描述了各个波长在主成分中的权重大小,荷载系数绝对值大的波长,说明该波长对主成分的影响大,反之对主成分的影响小。将图 5-26 和图 5-27 的大米产地特征波长相对比,发现在图5-30中这些特征值也多次出现,如波长285,478,934,1 084,1 348,1 381,1 458,1 825,2 087,2 035 和2 912 cm⁻¹ 在PC1～PC10中多次重复出现,但是其中PC1、PC2、PC3、PC4对应的载荷系数差异明显,特征波长出现的频率也明显比PC5～PC10的频率高,且在PC5～PC10中波长对应的载荷系数强度值逐渐趋于一致,没有明显差异。下面对PC1～PC4的载荷系数进一步分析。

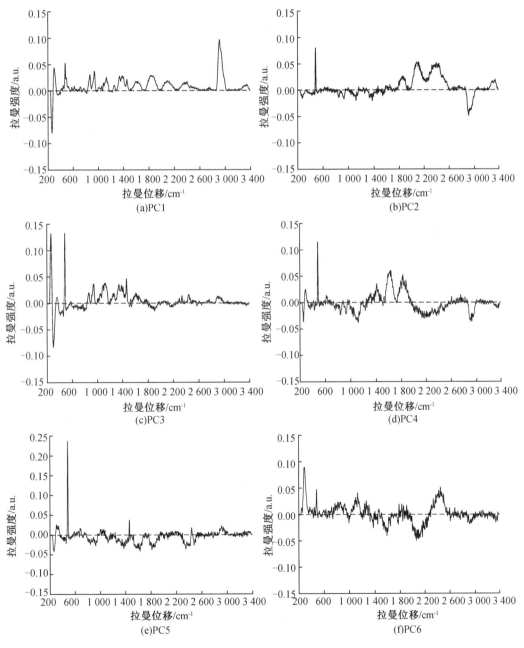

图5-29　前十个主成分的荷载系数矩阵图

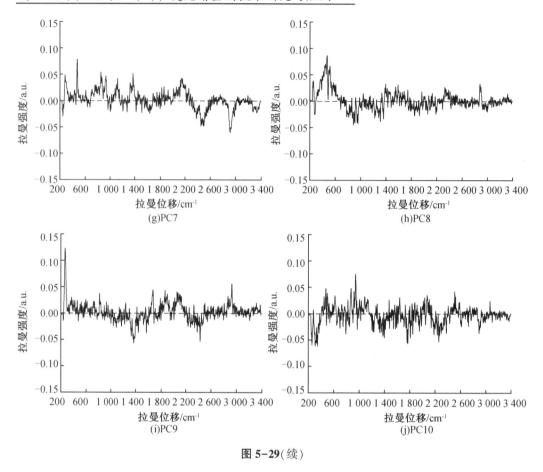

图 5-29(续)

（2）PCA 大米产地特征提取与分析

主成分分析法中将重要指标的贡献集合称为载荷系数，载荷系数的大小体现不同产地大米光谱样本之间的成分差异。为了得到 4 个不同产地大米样本中营养成分含量的差异信息，运用 PCA 提取前 4 个主成分所对应的载荷系数。在 PC1、PC2、PC3、PC4 中大米主要成分含量均与主成分为正相关，也意味着对应特征值强度越大这种物质含量就越高，借鉴文献设置阈值的方法，根据需要选定特征谱峰个数上限值 N 来确定产地特征提取的阈值 Y，高度在阈值 Y 以上的峰为产地特征谱峰，根据大米官能团信息结合图 4-27 中出现在 1 600~400 cm^{-1} 及 3 200~2 800 cm^{-1} 的大米特征谱峰 n 的个数为 10 个，初步设定产地特征谱峰个数上限值 20 个（根据采样定理设置 $N \geqslant 2n$），设定阈值为 PC1 峰值强度平均值的 3 倍，即取 $Y = 0.026$，按照峰值从大到小的顺序取 PC1~PC4 中前 20 个符合条件的波长点作为初步提取的特征谱峰，如图 5-30 所示。下面对 20 个波长点加以分析，在 1 600~400 cm^{-1} 和 3 200~2 800 cm^{-1} 波段内进一步筛选其中能代表产地特征的波长点。

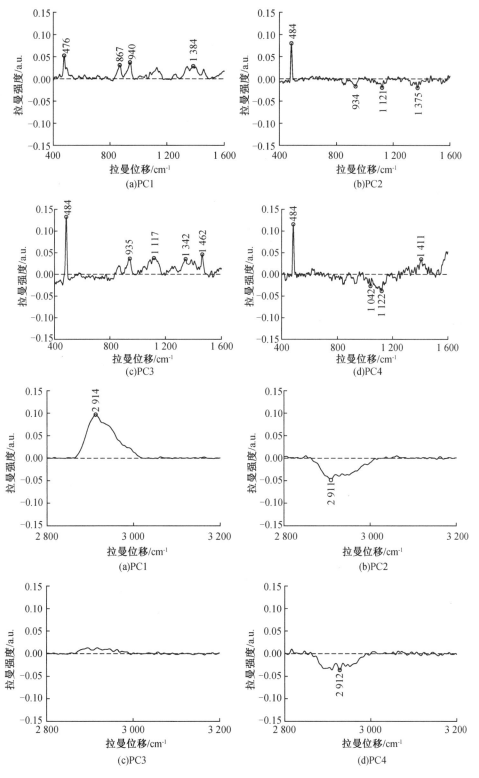

图5-30　大米拉曼光谱的前4个主成分载荷图

表 5-10　20 个波长点对应产地特征谱峰和成分归属

序号	谱峰区间/cm^{-1}	波段位置/cm^{-1}	官能团振动形式
1	485~470	476(PC1),484(PC2),484(PC3),484(PC4)	淀粉
2	880~860	867(PC1)	淀粉
3	950~930	940(PC1),935(PC3),934(PC2)	淀粉
4	1 045~1 030	1 042(PC4)	氨基酸
5	1 130~1 110	1 121(PC2),1 117(PC3),1 122(PC4)	淀粉
6	1 350~1 330	1 342(PC3)	淀粉
7	1 415~1 375	1 384(PC1),1 375(PC2),1 411(PC4)	淀粉
8	1 470~1 450	1 462(PC3)	淀粉
9	2 930~2 910	2 914(PC1),2 911(PC2),2 912(PC4)	淀粉

说明:斜体下划线的数值是筛选出的 8 个特征点

通过表 5-10 分析表明,将 20 个波长点分成 9 个波段区间,其中序号 4 中波段位置 1 042 cm^{-1} 属于 PC4 载荷图筛选特征点且载荷系数较小,它对产地鉴别的贡献率微乎其微,所以将该点剔除。最后在 8 个波段区间内各取一个代表的特征值,分别为 476,867,940,1 121,1 342,1 384,1 462 和 2 912 cm^{-1} 共计 8 个特征值。分析发现这 8 个特征点几乎与基线去除后图 4-1 中的大米特征谱峰的位置相同,分别对应图的峰值位置是 478,866,934,1 127,1 348,1 381,1 458 和 2 912 cm^{-1}。其中偏移位置最大是 6 cm^{-1},而 532 nm 光谱仪的测量精度在 ±4 cm^{-1} 的范围内,因此可以认为通过 PCA 方法选择出的 8 个大米产地特征波长就是大米的特征谱峰,也说明了通过主成分分析选取的 8 个产地特征点能够很好地对应大米的内部营养成分,从 5.1.2 节淀粉、氨基酸、脂肪酸的拉曼光谱和官能团分析可以得知主要对应的成分为淀粉的拉曼特征谱峰,这与大米中主要官能团的特征谱峰解析相符。

本节利用 532 nm 拉曼光谱仪采集黑龙江省龙粳 31 品种的 4 个不同产地大米样本光谱信息共计 192 条,在全波段光谱 3 400~200 cm^{-1} 和部分光谱 1 600~400 cm^{-1} 区间,通过连续投影算法 SPA、竞争性自适应重加权算法 CARS、主成分分析算法 PCA 3 种方法分别进行大米产地光谱的特征波长的提取。主要结论如下:

通过 SPA 方法在 3 400~200 cm^{-1} 波段区间将变量个数最大值设为 48 个,选择的 46 个波长点分别是:260,306,476,486,587,754,784,855,872,1 032,1 058,1 077,1 085,1 092,1 129,1 158,1 196,1 237,1 253,1 280,1 289,1 345,1 352,1 468,1 599,1 624,1 657,1 666,1 677,1 835,1 863,1 894,1 910,2 044,2 111,2 120,2 127,2 178,2 185,2 193,2 333,2 375,2 431,2 471,2 498 和 2 917 cm^{-1}。将变量个数的最大值设为 30,选择的 11 个波长点分别是:476,486,855,1 092,1 116,1 293,1 351,2 112,2 333,2 431,2 916 cm^{-1};通过 SPA 方法在部分波段 1 600~400 cm^{-1} 波段区间将变量个数最大值设为 48 个,选择的 46 个波长点分别是 479,487,718,761,797,804,824,845,854,861,875,895,909,935,952,1 000,1 050,1 058,1 078,1 092,1 113,1 136,1 141,1 160,1 192,1 197,

1 215,1 232,1 239,1 252,1 274,1 282,1 287,1 293,1 299,1 334,1 346,1 354,1 382,1 406,1 416,1 455,1 464,1 470,1 480,1 559 cm⁻¹。最大值设为30,选择的17个波长点分别是:487,675,718,789,823,832,845,931,1 057,1 118,1 160,1 198,1 274,1 282,1 333,1 381 和 1 454 cm⁻¹;

通过 CARS 方法在 3 400~200 cm⁻¹ 波段区间进行产地特征波长提取,经过21次采样后,RMSECV 系数值达到最小值,筛选出100个特征波长,分别是:325,473,474,478,616,714,784,807,845,846,851,854,865,866,867,868,919,920,922,923,1 101,1 102,1 127,1 263,1 290,1 306,1 307,1 337,1 338,1 339,1 340,1 366,1 368,1 377,1 378,1 381,1 387,1 413,1 447,1 565,1 621,1 656,1 676,1 774,1 775,1 776,1 787,1 789,1 799,1 800,1 801,1 880,1 897,2 040,2 057,2 058,2 059,2 130,2 170,2 171,2 172,2 173,2 199,2 207,2 208,2 279,2 312,2 321,2 332,2 334,2 353,2 354,2 367,2 368,2 427,2 429,2 430,2 478,2 479,2 480,2 501,2 502,2 515,2 534,2 535,2 548,2 549,2 550,2 551,2 552,2 566,2 567,2 568,2 912,2 922,2 923,2 924,2 926,2 927,3 004 cm⁻¹ 波长点。通过 CARS 方法在部分波段 400~1 600 cm⁻¹ 波段区间提取的特征点为39个分别是:473,474,478,616,714,784,807,845,846,851,854,865,866,867,868,919,920,922,923,1 101,1 102,1 127,1 263,1 290,1 306,1 307,1 337,1 338,1 339,1 340,1 366,1 368,1 377,1 378,1 381,1 387,1 413,1 447,1 565 cm⁻¹ 波长点。

采用 PCA 方法对大米 1 600~400 cm⁻¹ 和 3 200~2 800 cm⁻¹ 波段进行特征波长提取,采用设置阈值方法提取大米产地特征谱峰,按照峰值大小顺序提取前4个主成分 PC1、PC2、PC3、PC4 对应的载荷系数,符合条件的特征谱峰对应20个波长点。最后选取476,867,940,1 121,1 342,1 384,1 462 和 2 912 cm⁻¹ 共计8个特征波长,主要对应的大米成分为淀粉拉曼特征谱峰,这与大米中主要官能团的特征谱峰解析相符。

5.5 大米拉曼光谱产地鉴别模型的研究

基于上节中分别运用 SPA、CARS、PCA 方法提取大米产地特征波长,本节将采用 PLS、BP 神经网络建立大米的产地鉴别模型。分别建立全波段和部分波段的鉴别模型,以便对比分析全波段和部分波段特征波长提取方法对产地模型的鉴别能力,选取最优的大米拉曼产地鉴别模型。

5.5.1 基于偏最小二乘法的大米产地鉴别模型

1. 偏最小二乘法大米产地模型建立

大米样本为2019年10月采自黑龙江省4个产地的龙粳31品种,龙粳31是黑龙江省种植面积最多的品种,选择该品种为研究对象具有典型的代表意义。采集地区选择齐齐哈尔地区(QQHE)、佳木斯地区(JMS)、绥化地区(SH)、大庆地区(DQ)4个大米主产区,随机采摘每个产区1 kg左右的稻穗,晾晒脱壳后每个产地选取48粒表面完好的大米作为实验样本,共计192粒。

选择 5.22 的分段拟合+去除基线的预处理方法对实验样本原始数据进行处理并归一化后,按照拉曼光谱数据的建模要求,将每个产地样本按照 2∶1 的比例随机划分成训练集(每类选取 32 个样本)和测试集(每类选取 16 个样本)。建立模型之前,按照大米的实际产地特征,对训练集样本赋予多分类的变量值输出模式,如表 5-11 所示,分别用 1000,0100,0010,0001 依次作为 4 个产地样本的输入值。

表 5-11　大米产地样本的分类变量

样本产地	QQHE	JMS	SH	DQ
分类变量	1000	0100	0010	0001

根据 4 个产地大米样本的不同特征提取方法得到的特征点作为模型输入建立 PLS-DA 模型,将分类变量中的最大值作为判别模型的预测值。选择 5.4.2 中 SPA 和 CARS 特征提取方法的特征点分别作为 PLS-DA 建模样本的输入值,具体参数的设置如表 5-12 所示。

表 5-12　PLS-DA 建模的特征提取方法和特征波长的选择

特征提取方法	波段区间 /cm^{-1}	波长个数	波长点 /cm^{-1}
SPA	3 400～200	46	260,306,476,486,587,754,784,855,872,1 032,1 058,1 077,1 085,1 092,1 129,1 158,1 196,1 237,1 253,1 280,1 289,1 345,1 352,1 468,1 599,1 624,1 657,1 666,1 677,1 835,,1 863,1 894,1 910,2 044,2 111,2 120,2 127,2 178,2 185,2 193,2 333,2 375,2 431,2 471,2 498,2917
SPA	1 600～400	46	479,487,718,761,797,804,824,845,854,861,875,895,909,935,952,1 000,1 050,1 058,1 078,1 092,1 113,1 136,1 141,1 160,1 192,1 197,1 215,1 232,1 239,1 252,1 274,1 282,1 287,1 293,1 299,1 334,1 346,1 354,1 382,1 406,1 416,1 455,1 464,1 470,1 480,1 559
CARS	3 400～200	100	325,473,474,475,616,714,784,807,845,846,851,854,865,866,867,868,919,920,922,923,1 101,1 102,1 122,1 268,1 290,1 306,1 307,1 337,1 338,1 339,1 340,1 366,1 368,1 377,1 378,1 386,1 387,1 413,1 447,1 565,1 621,1 656,1 676,1 774,1 775,1 776,1 787,1 789,1 799,1 800,1 801,1 880,1 897,2 040,2 057,2 058,2 059,2 130,2 170,2 171,2 172,2 173,2 199,2 207,2 208,2 279,2 312,2 321,2 332,2 334,2 353,2 354,2 367,2 368,2 427,2 429,2 430,2 478,2 479,2 480,2 501,2 502,2 515,2 534,2 535,2 548,2 549,2 550,2 551,2 552,2 566,2 567,2 568,2 918,2 922,2 923,2 924,2 926,2 927,3 004
CARS	1 600～400	39	473,474,475,616,714,784,807,845,846,851,854,865,866,867,868,919,920,922,923,1 101,1 102,1 122,1 268,1 290,1 306,1 307,1 337,1 338,1 339,1 340,1 366,1 368,1 377,1 378,1 386,1 387,1 413,1 447,1 565

2. 偏最小二乘法大米产地模型建立与验证

不同特征提取方法 PLS-DA 建模结果如表 5-13 和表 5-14 所示。表 5-13 中列出了100 个特征点作为 CARS-PLS-DA 建模的预测结果。从中可见，在 1000 变量中有 2 个预测值出现误判，分别是 0.705 和 0.346，误判结果为 0100。在 0100 变量中有 2 个预测值出现误判，分别为 0.099 和 0.386，误判结果为 1000，另外两个变量 0010 和 0001 的 16 个预测值均是本列最大值，所以判断 100% 正确，没有误判。这种多分类的变量输入模式不同于单分类的变量输入，需要人为设置阈值大小，通过预测矩阵中出现最大值的列来确定分类归属，有效避免了人为选择阈值可能出现的经验误差。表 5-13 中以 CARS 选择的 100个特征点为例列出了 CARS-PLS-DA 对测试集的预测结果，其他方法包括表 4-12 中的SPA 方法的 3 200~200 cm^{-1} 波段 46 个特征点、1 600~400 cm^{-1} 波段 46 个点以及 CARS方法 1 600~400 cm^{-1} 波段 39 个点三种 PLS-DA 建模对测试集的预测结果，与表 5-13 的选择方法相同，没有逐一列出。最终的预测结果如表 5-14 所示。

表 5-13　CARS-PLS-DA 对测试集的预测结果

真值	预测值				真值	预测值			
1000	0.860	0.498	−0.365	0.007	0100	0.326	0.667	−0.147	0.154
1000	0.800	0.613	−0.365	−0.048	0100	0.157	1.002	−0.241	0.082
1000	0.953	0.266	−0.223	0.004	0100	0.008	0.880	−0.199	0.311
1000	0.533	0.446	−0.025	0.046	0100	0.194	0.431	−0.014	0.390
1000	0.879	0.622	−0.129	−0.371	0100	0.136	0.680	−0.138	0.322
1000	0.693	0.534	−0.114	−0.114	0100	0.250	0.858	−0.286	0.178
1000	0.813	0.591	−0.147	−0.256	0100	0.380	0.526	−0.138	0.232
1000	0.705	0.788	−0.119	−0.373	0100	0.162	0.719	−0.021	0.140
1000	0.857	0.638	−0.151	−0.345	0100	0.738	0.099	0.027	0.136
1000	0.346	0.416	0.082	0.156	0100	0.305	0.615	−0.040	0.120
1000	0.619	0.606	0.072	−0.296	0100	0.251	0.625	−0.031	0.154
1000	0.738	0.274	−0.154	0.142	0100	0.143	0.768	−0.043	0.132
1000	0.644	0.595	−0.094	−0.145	0100	0.617	0.386	−0.141	0.138
1000	0.697	0.135	0.022	0.146	0100	0.225	0.358	0.061	0.356
1000	0.722	0.091	0.039	0.147	0100	0.145	0.893	−0.191	0.153
1000	0.661	0.332	−0.078	0.085	0100	0.062	0.821	−0.174	0.291

表 5-13(续)

真值	预测值				真值	预测值			
0010	−0.141	−0.025	1.012	0.155	0001	−0.178	0.165	0.149	0.864
0010	0.169	−0.099	0.887	0.042	0001	0.130	−0.267	0.246	0.891
0010	0.220	−0.054	0.815	0.018	0001	0.077	0.153	−0.130	0.900
0010	0.043	0.163	0.568	0.226	0001	−0.119	0.316	−0.189	0.992
0010	0.298	−0.060	0.679	0.084	0001	0.037	0.073	−0.031	0.920
0010	−0.115	0.050	0.904	0.162	0001	0.070	0.058	−0.026	0.899
0010	0.101	0.030	0.657	0.211	0001	−0.366	0.421	−0.097	1.042
0010	0.121	−0.060	0.820	0.120	0001	0.019	0.044	−0.127	1.064
0010	0.314	−0.159	0.640	0.206	0001	−0.479	0.674	−0.061	0.866
0010	−0.106	0.139	0.697	0.270	0001	−0.469	0.439	0.062	0.968
0010	0.008	−0.054	0.971	0.074	0001	−0.326	0.454	−0.214	1.086
0010	0.120	0.009	0.620	0.251	0001	−0.077	0.176	0.016	0.886
0010	0.118	−0.126	0.932	0.076	0001	−0.127	0.147	0.104	0.877
0010	0.129	−0.028	0.819	0.079	0001	−0.082	0.172	0.080	0.829
0010	0.095	0.098	0.721	0.087	0001	−0.559	0.560	0.147	0.853
0010	0.158	−0.124	0.809	0.157	0001	−0.449	0.449	0.103	0.896

选取 SPA 方法 3 200~200 cm⁻¹ 波段 46 个特征点、SPA 方法 1 600~400 cm⁻¹ 波段 46 个点、CARS 方法 3 200~200 cm⁻¹ 波段 100 个特征点、CARS 方法 1 600~400~ cm⁻¹ 波段 39 个点建立 PLS 模型,对测试集的预测结果如表 5-14 所示。CARS-PLS-100 点模型的预测结果最好,1000 和 0100 产地类别中均出现 2 个误判,0010 和 0001 产地类别没有误判,相关系数 CC 和均方根误差 RMSE 分别为 0.873 4 和 0.211 2,分别为 4 种方法中的最佳值。但是效果和第三章中采用全光谱的 3 201 个波长点建模的结果相比稍差,说明特征点的选择能代表大多数原始数据的信息,但维度降低损失了大米光谱的部分产地信息。SPA-PLS-46 点的全波段 3 400~200 cm⁻¹ 和部分波段 1 600~400 cm⁻¹ 模型的预测结果效果基本一致。从评价指标上看,全波段 3 400~200 cm⁻¹ 的相关系数和均方根误差 RMSE 分别为 0.733 0 和 0.294 7,部分波段 1 600~400 cm⁻¹ 的相关系数和均方根误差 RMSE 分别为 0.782 3 和 0.270 3,相比之下,全波段的指标稍差一些,但从识别个数看,全波段的个数范围为 11~15 个,部分波段的个数范围仅为 10~14 个,又因为二者的特征点的个数都是 46 个,说明缩小波段范围没有有效地提高大米产地识别率,二者的识别效果一般,也说明采用 SPA 方法的 PLS 建模效果不佳,没有达到理想的识别效果。4 种方法中最差的一种是 CARS-PLS-39 点模型的预测结果,识别个数为 9~16 个,波动幅度较大,相关系数和均方根误差 RMSE 分别为 0.668 4 和 0.325 6,也是 4 种方法中最差的,结果识别

率和评价指标来看,采用 CARS 方法的部分波段会丢失产地特征的关键信息,导致模型的稳定性差。

表 5-14 不同特征提取方法的 PLS-DA 模型验证结果

特征点提取方法	波段区间/cm⁻¹	特征点个数	实际类别	预测结果				识别率/%	相关系数CC	均方根误差RMSE
				1000	0100	0010	0001			
SPA	3 400~200	46	1000	14	2	0	0	87.5	0.733 0	0.294 7
			0100	3	13	0	0	81.25		
			0010	0	3	11	2	68.75		
			0001	0	0	1	15	93.75		
SPA	1 600~400	46	1000	12	4	0	0	75	0.782 3	0.270 3
			0100	6	10	0	0	62.5		
			0010	0	2	14	0	87.5		
			0001	1	1	0	14	87.5		
CARS	3 400~200	100	1000	14	2	0	0	87.5	0.873 4	0.211 2
			0100	2	14	0	0	87.5		
			0010	0	0	16	0	100		
			0001	0	0	0	16	100		
CARS	1 600~400	39	1000	9	7	0	0	56.25	0.668 4	0.325 6
			0100	4	12	0	0	75		
			0010	3	1	11	1	68.75		
			0001	0	0	0	16	100		

注:5.3.2 节 2 中 SPA 方法提取全波段 11 个波长点和部分波段提取的 17 个波长点均不符合 PLS-DA 建模要求,所以未在表中列出。

综上所述,本节选取 SPA 方法 3 200～200 cm⁻¹ 波段 46 个特征点、SPA 方法 1 600～400 cm⁻¹ 波段 46 个特征点、CARS 方法 3 200～200 cm⁻¹ 波段 100 个特征点、CARS 方法 1 600～400 cm⁻¹ 波段 39 个特征点建立 PLS-DA 模型,从识别率和评价指标来看,效果最好的是 CARS 方法 3 200～200 cm⁻¹ 波段 100 个特征点,效果最差的是 CARS 方法 1 600～400 cm⁻¹ 波段 39 个点,SPA 方法 3 200～200 cm⁻¹ 波段 46 个特征点和 SPA 方法 1 600～400 cm⁻¹ 波段 46 个点的方法介于二者之间。所以,在采用 PLS-DA 建模时应首选 CARS 方法 3 200～200 cm⁻¹ 波段 100 个特征点进行大米产地的分类鉴别。但是考虑到总体识别率的误判情况,上述模型无法满足对大米产地的分类鉴别要求,因此需要尝试构建其他的性能良好的大米产地鉴别模型。

5.5.2 基于 BP 神经网络的大米产地鉴别模型

1. BP 神经网络分类鉴别模型的建立

(1) BP 神经网络模型训练步骤

本节 BP 网络训练采用的具体步骤如下:

第 1 步 初始化网络训练。首相进行输入层的计算,训练集样本记为 $X_k = [x_{k1}, x_{k2}, \cdots, x_{kM}]$,其中 $k = 1, 2, \cdots N$。实际输出向量为 $Y_k(n) = [y_{k1}(n), y_{k2}(n), \cdots y_{kP}(n)]$,期望输出向量为 $d_k = [d_{k1}, d_{k2}, \cdots d_{kP}]$,其中 n 为迭代次数,N 为样本个数;

第 2 步 隐含层各单元计算。设 w_{mi} 是 M 个单元输入层和 I 个单元隐含层的权值矩阵,计算隐含层输出 H_i,有

$$H_i = f\left(\sum_{m=1}^{M} w_{mi} x_m - a_i\right), i = 1, 2, \cdots, I \tag{5-4}$$

式中,a_i 为隐含层阈值;I 为隐含层单元数;f 为隐含层的激活函数。

第 3 步 输出层各单元计算。设 w_{ip} 是 I 个单元隐含层和 P 个单元输出层的权值矩阵,计算输出层的输出 Y_P,有

$$Y_P = f\left(\sum_{i=1}^{I} w_{ip} H_i - b_p\right), p = 1, 2, \cdots, P \tag{5-5}$$

式中,b_p 为输出层阈值;P 为输出层单元数。

第 4 步 误差函数 $e_p(n)$ 计算。比较实际输出 $Y_p(n)$ 和期望输出 d_p,判断误差函数是否满足限定值,满足则结束该样本训练。若不满足,继续下一步。

$$e_p(n) = d_p - Y_p(n) \tag{5-6}$$

第 5 步 权值调整量计算。判断该样本是否大于迭代次数,大于则结束该样本训练。若不满足,则重新计算权值矩阵 w_{mi},w_{ip};

$$w_{mi} = w_{mi} + \eta H_i(1 - H_i) x_i \sum_{p=1}^{P} w_{ip} e_p(n) \tag{5-7}$$

$$w_{ip} = w_{ip} + \eta H_i e_p(n) \tag{5-8}$$

式中,η 为学习速率,$0 < \eta < 1$。

第 6 步 阈值调整量计算。根据第 4 步的误差函数 $e_p(n)$,重新计算 a_i 和 b_p:

$$a_i = a_i \eta H_i(1 - H_i) \sum_{p=1}^{P} w_{ip} e_p(n) \tag{5-9}$$

$$b_p = b_p + e_p(n) \tag{5-10}$$

第 7 步 判断训练集样本 X_k 是否全部训练完毕。若是则结束训练,否则重新进行第 2 步。

具体的 BP 神经网络流程如图 5-31 所示。

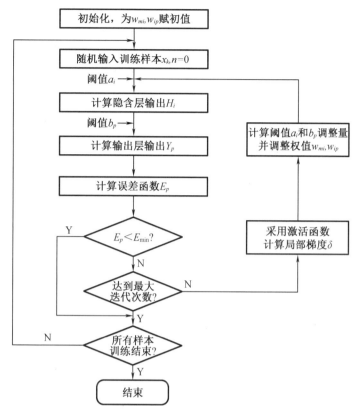

图 5-31　BP 神经网络流程图

（2）BP 神经网络模型参数选择

根据 1989 年 Robert Hecht-Nielson 证明，任一闭区间内的连续函数或映射函数都可以采用 3 层的神经网络完成一个非线性映射，即在 BP 神经网络中只需要设置一个隐含层来实现模型训练的目的。另外隐含层的节点数的选择与模型的性能有密切关系，文中根据文献[40]中的方法确定隐含层的节点数：

$$K = (K_0 + K_1) + a \tag{5-11}$$

其中，K_0 为输入层的节点个数；K_1 为输出层的节点个数；a 为 1~10 之间的正整数，a 的具体数值可以采用试算法进行调整。

从 4 个不同产地，每个产地选取 48 个大米样本共计 192 个样本作为总样本，随机选取总样本数的 80% 作为训练集，剩余的 20% 作为测试集按以上步骤和方法分别将 PCA、SPA 和 CARS 法提取的特征点作为输入值进行 BP 神经网络训练，采用输入—隐含—输出的 3 层 BP 神经网络结构。通过试凑法反复调整输入层和隐含层的节点数。以某次 PCA 特征提取为输入值，如图 5-32 所示，该结构全局寻优只需要 17 个 epoch，并且 17 个 epoch 的检验完全正确，仅需不到 1 s 的时间就达到误差精度 0.000 01 以内，这说明通过 BP 建模得到新的特征向量可以较好地表达不同产地大米的差异度。

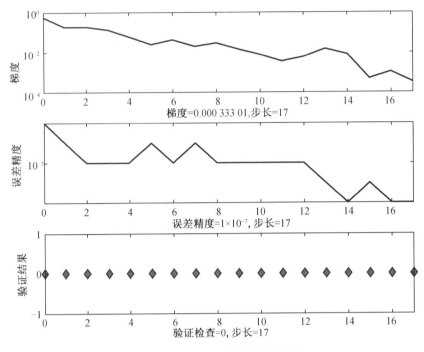

图 5-32 BP 神经网络的训练过程

从图 5-33 可以看出,运用 BP 神经网络训练后均方误差在 17 个 epoch 内下降至
0.000 006 3,且对每一个大米样本的产地有明确的判断,拟合优度达到 0.999 98,判别结
果与大米真实值非常接近。

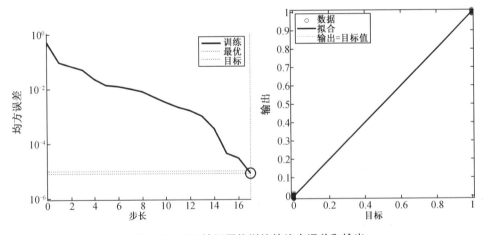

图 5-33 BP 神经网络训练的均方误差和输出

2. BP 神经网络大米产地模型建立与验证

(1)SPA-BP 模型建立与验证

利用 SPA 特征提取的方法在 5.3.2 章节第 2 小节中提取出的特征点作为 BP 神经网

络的输入值,输入值分别是 3 400~200 cm⁻¹ 全波段的 11 个特征点、3 400~200 cm⁻¹ 全波段的 46 个特征点、1 600~400 cm⁻¹ 部分波段 17 个特征点和 1 600~400 cm⁻¹ 部分波段 46 个特征点,如表 5-15 所示。

表 5-15　SPA-BP 模型的训练集和测试集的分类正确率

次数	输入值											
	$3\,400\sim200\ cm^{-1}$ 11 个点			$3\,400\sim200\ cm^{-1}$ 46 个点			$1\,600\sim400\ cm^{-1}$ 17 个点			$1\,600\sim400\ cm^{-1}$ 46 个点		
	epoch	train	test	epoch	train	test	epoch	train	test	epoch	train	test
1	11	0.981	0.923	4	1	1	12	0.980	0.949	4	0.967	1
2	14	1	0.974	5	1	1	12	0.994	0.949	5	0.980	0.949
3	15	0.994	0.974	4	1	1	19	0.967	0.897	5	0.994	0.974
4	20	0.987	1	4	0.987	0.949	14	0.954	1	5	0.994	0.949
5	14	0.994	1	5	1	1	10	0.987	0.897	4	0.994	0.923
6	13	1	0.949	4	0.994	0.974	9	0.980	0.949	4	0.980	0.949
7	12	0.980	0.949	4	0.994	0.949	13	0.961	0.897	4	0.994	0.997
8	10	0.980	0.974	5	1	1	10	0.994	0.923	5	0.994	1
9	11	1	1	4	1	1	9	0.974	0.974	5	0.994	0.949
10	26	1	1	5	1	0.949	11	0.980	0.923	5	0.994	0.974
平均值	14.6	0.992	0.974	4.4	0.998	0.982	11.9	0.977	0.936	4.6	0.989	0.966

从分类正确率来看,训练集和测试集的分类正确率从高到低排序是全波段 46 点、全波段 11 点、部分波段 46 点、部分波段 17 点,训练集正确率分别为 99.8%、99.2%、98.9%、97.7%,测试集正确率分别为 98.2%、97.4%、96.6%、93.6%。全波段 3 400~200 cm⁻¹ 选择的特征点作为输入值普遍比部分波段 1 600~400 cm⁻¹ 选择的特征点作为输入值的分类正确率高,但二者的差别不大,在训练集中正确率最高和最低的差别仅为 0.021,在测试集中正确率差别最高和最低的为 0.038。从所需的 ecoph 来看,全波段和部分波段所选取的 46 个点的 ecoph 分别为 4.4 和 4.6,而对应的全波段的 11 个特征点和部分波段的 17 个特征点分别需要 14.6 个 ecoph 和 11.9 个 ecoph,说明利用 SPA-BP 建模时与大米产地相关的特征点越多所需 ecoph 越少。综合来看,选择 SPA-BP 模型的输入值时,效果最好的是全波段的 46 个特征点输入,训练集和测试集的分类正确率分别为 99.8% 和 98.2%。效果最差的是部分波段的 17 个点的输入,训练集和测试集的分类正确率分别为 97.7% 和 93.6%。

（2）CARS-BP 模型建立与验证

利用 CARS 特征提取方法在 5.3.2 章节第 3 小节提取出的特征点作为 BP 神经网络

的输入值,输入值分别是 3 400~200 cm^{-1} 全波段 100 个特征点和 1 600~400 cm^{-1} 部分波段 39 个特征点,如表 5-16 所示。

表 5-16 CARS-BP 模型的训练集和测试集的分类正确率

次数	输入值					
	3 400~200 cm^{-1} 100 个点			1 600~400 cm^{-1} 39 个点		
	epoch	train	test	epoch	train	test
1	5	1	0.897	6	0.948	0.769
2	4	0.974	0.897	7	0.967	0.872
3	5	0.974	0.923	7	0.935	0.846
4	4	0.994	0.846	6	0.974	0.821
5	6	0.961	0.949	7	0.912	0.846
6	4	0.967	0.821	7	0.948	0.795
7	5	0.980	0.897	6	0.961	0.769
8	4	0.961	0.897	6	0.961	0.769
9	4	0.980	0.821	7	0.948	0.846
10	5	0.974	0.923	6	0.935	0.744
平均值	4.6	0.977	0.887	6.5	0.949	0.808

从分类正确率来看,训练集和测试集的分类正确率都是全波段 100 点要高于部分波段的 39 点,训练集正确率分别为 97.7% 和 94.9%,测试集正确率分别为 88.7% 和 80.8%。全波段 3 400~200 cm^{-1} 选择的 100 个特征点作为输入值比部分波段 1 600~400 cm^{-1} 选择的 39 个特征点作为输入值的分类正确率高。从所需的 ecoph 来看,全波段 100 个点和部分波段 39 个点的 ecoph 分别为 4.6 和 6.5,但因为特征点的数目要远远多于 PCA 和 SPA 方法选择的特征点数目,因此每个 ecoph 所需时间大大增加,而且准确率整体低于 PCA 方法和 SPA 方法。总体来看,利用 CARS-BP 建模时全波段提取的 100 点作为 BP 模型的输入结果最好,训练集和测试集的分类正确率分别为 97.7% 和 88.7%。

(3)PCA-BP 模型建立与验证

利用 PCA 方法在 5.4.2 节中对 1 600~400 cm^{-1} 和 3 200~2 800 cm^{-1} 波段内提取的特征波长,包括 476,867,940,1 121,1 342,1 384,1 462 和 2 914 cm^{-1} 共计 8 个波长点为输入值建立 BP 模型,结果如表 5-17 所示。

表5-17 PCA-BP模型的训练集和测试集的分类正确率

次数	1 600~400 cm^{-1} 及 3 200~2 800 cm^{-1} 8 个点		
	epoch	train	test
1	11	0.853	0.750
2	15	0.789	0.700
3	16	0.885	0.725
4	12	0.866	0.675
5	11	0.795	0.725
6	15	0.821	0.750
7	11	0.795	0.700
8	13	0.872	0.625
9	14	0.833	0.777
10	9	0.821	0.750
平均	12.7	0.832	0.718

为了检验PCA-BP模型的稳定性,采用十次交叉检验方法进行模型结果预测。由表5-17可知,通过主成分分析从大米拉曼光谱中提取的新特征值可以建立预测能力较好的BP神经网络模型,平均ecoph为12.7步,训练集的平均预测正确率为83.2%,测试集的平均正确率为71.8%。整体来说PCA-BP神经网络对4个产地的大米样本有较好的分类判别能力,与SPA-BP、CARS-BP模型相比,训练集和测试集的正确率有所下降,说明其丢失了一些能代表产地特征信息的波长,但也证明了PCA方法中的8个特征波长含有与大米产地相关的大多数特征信息。

5.5.3 大米产地鉴别模型的应用研究

在5.3.2章节中分别采用SPA、CARS、PCA方法提取大米产地特征点,基于偏最小二乘法和BP神经网络法建立大米产地鉴别模型。以下将分别应用SPA-PLS、CARS-PLS、SPA-BP、CARS-BP、PCA-BP对大米产地建立鉴别模型并在其他对照产地进行模型验证,以对比不同产地模型的应用效果。

1. 大米样本来源

为了建立大米产地特征模型,选取6种大米样本作为模型数据来源,如表5-18所示。所有样本均为粳米,产地来源都是黑龙江省,其中序号1和2样本采集自黑龙江省五常市,是全国的地理标志性大米产地。序号3和4样本采集自黑龙江省佳木斯市前哨农场,序号5和6采集自黑龙江省杜尔伯特县江湾乡。以上样本均来自黑龙江省的大米主产区,大米的品种和产区具有地域代表性。

表 5-18 大米样本来源信息表

序号	产地	品种	样本数量	采集时间
1	黑龙江省五常市龙凤山	五优稻 2 号	48	2018.10
2	黑龙江省五常市三河屯	五常 639	48	2018.10
3	黑龙江省佳木斯市前哨农场	绥粳 18	48	2019.10
4	黑龙江省佳木斯市前哨农场	垦稻 32	48	2019.10
5	黑龙江省杜尔伯特县江湾乡	五优稻 2 号	48	2018.10
6	黑龙江省杜尔伯特县江湾乡	东农 425	48	2018.10

2. 目标产地和单一产地的鉴别模型

为了验证大米产地鉴别模型的应用效果,按照章节 5.2.1 的方法对表 5-18 中的大米光谱进行数据采集,将不同品种大米序号 1 和序号 2 共计 96 个黑龙江省五常产地的样本作为目标产地、序号 3 和序号 4 共计 96 个黑龙江省佳木斯产地的样本作为单一产地,进行基于 SPA、CARS、PCA 方法提取产地特征点的 PLS 和 BP 神经网络模型的大米不同产地鉴别,用来验证目标产地和其他单一产地的鉴别效果。

(1) PLS 建模应用效果

利用表 5-12 中提取的 4 种不同产地特征点建立 PLS 模型。分别提取 SPA 全波段 46 个特征点、SPA 部分波段 46 个特征点、CARS 全波段 100 个特征点和 CARS 部分波段 39 个特征点,选择 5.2.2.3 章节的分段拟合+去除基线的预处理方法对大米样本原始数据进行处理并归一化后,将 1、2 号五常产地共 96 个样本和 3、4 号佳木斯产地共 96 个样本按照 2:1 的比例随机划分成训练集(每类选取 64 个样本)和测试集(每类选取 32 个样本)。按照大米的实际产地,分别用"A"代表五常、"B"代表佳木斯作为产地样本的输入值建立 PLS 模型,结果如表 5-19 所示。

表 5-19 目标产地和单一产地的 PLS 模型验证结果

特征点提取方法	波段区间 /cm⁻¹	特征点个数	训练集					测试集					
			实际产地	预测产地 A	预测产地 B	识别率 /%	CC	RMSE	实际产地	预测产地 A	预测产地 B	识别率 /%	CC	RMSE
SPA	200~3 400	46	A	58	3	93.0	0.799 1	0.300 6	A	27	3	87.5	0.787 5	0.308 2
			B	6	61				B	5	29			
SPA	400~1 600	46	A	64	0	100	0.946 5	0.161 3	A	32	0	93.8	0.919 0	0.197 1
			B	0	64				B	0	28			
CARS	200~3 400	100	A	64	0	100	0.957 4	0.144 3	A	31	1	96.9	0.940 6	0.170 2
			B	0	64				B	1	31			
CARS	400~1 600	39	A	60	7	91.4	0.832 0	0.277 4	A	31	7	87.5	0.801 1	0.299 4
			B	4	57				B	1	25			

从产地正确识别率来看,训练集和测试集的正确识别率从高到低依次是 CARS 全波段 100 个特征点、SPA 部分波段 46 个特征点、SPA 全波段 46 个特征点、CARS 部分波段 39 个特征点;其中训练集的正确率最高为 CARS 全波段 100 个特征点和 SPA 部分波段 46 个特征点的正确率为 100%,正确率最低为 CARS 部分波段 39 个特征点的正确率为 91.4%;测试集的正确率最高为 CARS 全波段 100 个特征点的正确率为 96.9%,最低为 CARS 部分波段 39 个特征点和 SPA 全波段 46 个特征点的正确率为 87.5%。从评价指标来看,训练集和测试集的相关系数 CC 从高到低、均方根误差 RESE 从低到高依次是 CARS 全波段 100 个特征点、SPA 部分波段 46 个特征点、CARS 部分波段 39 个特征点、SPA 全波段 46 个特征点。以上的模型应用效果基本上与表 5-4 的 PLS 模型对龙粳 31 品种大米的产地鉴别效果相同,效果最好的是 CARS 方法 3 200~200 cm^{-1} 波段 100 个特征点,效果最差的是 CARS 部分波段 39 个特征点的模型。但是从产地识别正确率和评价指标的总体效果来看,目标产地和单一产地鉴别应用效果好于龙粳 31 品种的产地鉴别。

(2)BP 神经网络建模应用效果

利用 5.4.2 章节的 BP 神经网络建模的方法,产地特征点分别提取章节 5.3.2 中 SPA 全波段 46 个特征点和 11 个特征点、SPA 部分波段 46 个特征点和 17 个特征点,章节 5.3.2 中 CARS 全波段 100 个特征点和 CARS 部分波段 39 个特征点,以及章节 5.3.2 节的 PCA 方法部分波段的 8 个波长点作为 BP 神经网络模型的输入量,按章节 5.2.2 的分段拟合+去除基线的预处理方法对五常(序号 1,2)和佳木斯(序号 3,4)的 192 个大米样本原始数据进行处理并归一化后,按照 4∶1 的比例随机划分成训练集和测试集,按照大米的实际产地,分别将"五常"和"佳木斯"作为输出值,通过试凑法反复调整输入层和隐含层的节点数,建立输入—隐含—输出的 3 层 BP 神经网络模型,10 次交叉验证结果如表 5-20 所示。

表 5-20 目标产地和单一产地的 BP 神经网络模型验证结果

特征提取方法	波长区间 /cm^{-1}	输入值点数	平均步长 epoch	正确率/%	
				训练集	测试集
SPA	3 400~200	46	4.2	97.26	96.25
	3 400~200	11	12.4	96.18	92.75
	1 600~400	46	4	97.39	96.50
	1 600~400	17	11	94.20	84.0
CARS	3 400~200	100	3.6	97.26	95.50
	1 600~400	39	5.2	95.80	91.50
PCA	1 600~400 & 3 200~2 800	8	10.6	90.20	83.62

分析表 5-20 的模型验证结果,每种模型的平均步长都在 20 个 ecoph 以下,说明

SPA、CARS、PCA 的特征提取点的 BP 模型梯度下降都在很短时间内满足精度要求。从识别正确率来看,效果最好的是 SPA 提取部分波段的 BP 神经网络模型,训练集和测试集的识别正确率最高分别为 97.39% 和 96.5%;效果最差的是 PCA 提取的部分波段 8 个特征点的 BP 神经网络模型,训练集和测试集的识别正确率最高分别为 94.20% 和 83.62%;SPA、CARS、PCA 3 种特征提取方法比较,PCA 方法在识别正确率要略差于 SPA、CARS 提取方法;但与表 5-18 的 PLS 建模相比,BP 的总体识别正确率要高于 PLS 建模。

3. 目标产地和混合产地的鉴别模型

章节 5.4.3 中验证了大米目标产地和其他单一产地鉴别模型的应用效果,为了进一步验证产地鉴别模型的普适性,对表 5-18 中的大米光谱进行数据采集,将不同品种大米序号 1 和 2 的黑龙江省五常产地共计 96 个样本作为目标产地、序号 3 和 4 的黑龙江省佳木斯产地的样本每种取 24 粒共计 48 粒、序号 5 和 6 的黑龙江杜尔伯特产地的样本每种取 24 粒共计 48 粒,然后将序号 3、4、5、6 的 96 粒大米混合作为其他产地与目标产地进行鉴别,仍然采用前面通过 SPA、CARS、PCA 方法提取产地特征点的 PLS 和 BP 神经网络模型,用来验证目标产地和其他混合产地的鉴别效果。

(1)PLS 建模应用效果

利用表 5-12 中提取的 4 种不同产地特征点建立 PLS 模型,分别提取 SPA 全波段 46 个特征点、SPA 部分波段 46 个特征点、CARS 全波段 100 个特征点和 CARS 部分波段 39 个特征点,选择 4.2.2.3 的分段拟合+去除基线的预处理方法对大米样本原始数据进行处理并归一化后,将 1、2 号五常产地共 96 个样本和 3、4、5、6 号混合产地共 96 个样本按照 2:1 的比例随机划分成训练集(每类选取 64 个样本)和测试集(每类选取 32 个样本)。按照大米的实际产地,分别用"A"代表目标产地、"B"代表混合产地样本的输入值建立 PLS 模型,结果如表 5-21 所示。

表 5-21 目标产地和混合产地的 PLS 模型验证结果

特征点提取方法	波段区间/cm⁻¹	特征点个数	训练集					测试集					
			实际产地	预测产地		识别率/%	CC	RMSE	实际产地	预测产地		识别率/%	CC	RMSE
				A	B					A	B			
SPA	3 400~200	46	A	50	10	81.3	0.657 4	0.376 8	A	23	8	73.5	0.628 1	0.389 1
			B	14	54				B	9	24			
SPA	1 600~400	46	A	63	2	91.7	0.810 2	0.277 1	A	26	0	90.7	0.882 1	0.235 5
			B	1	62				B	6	32			
CARS	3 400~200	100	A	63	0	99.2	0.941 2	0.169 0	A	32	0	95.5	0.935 7	0.176 5
			B	1	64				B	0	32			
CARS	1 600~400	39	A	58	4	92.2	0.853 6	0.260 4	A	28	0	93.8	0.844 9	0.267 6
			B	6	60				B	4	32			

从产地正确识别率来看,训练集正确识别率从高到低的依次是 CARS 全波段 100 个特征点、SPA 部分波段 46 个特征点、CARS 部分波段 39 个特征点、SPA 全波段 46 个特征点;测试集正确识别率从高到低的依次是 CARS 全波段 100 个特征点、CARS 部分波段 39 个特征点、SPA 部分波段 46 个特征点、SPA 全波段 46 个特征点。其中训练集正确率最高的为 CARS 全波段 100 个特征点的正确率,为 99.2%,正确率最低为 SPA 全波段 46 个特征点的正确率,为 81.3%,测试集正确率的最高为 CARS 全波段 100 个特征点的正确率为 95.5%,最低为 SPA 全波段 46 个特征点的正确率为 73.5%。

从以上可以看出测试集的验证结果中 CARS 方法的正确识别率高于 SPA 方法的正确识别率,这可能是由于 CARS 方法在选取特征点时往往是连续的几个波长点,这种方法能一定程度避免机器误差或系统误差造成的特征波长偏移,而 SPA 方法在选取特征点时是分散的不连续的波长点的组合,这可能会因机器误差等原因导致选取的特征点不能与大米产地特征波长一致,从而降低鉴别模型的正确率;CARS 方法中全波段 100 个特征点和部分波段 39 个特征点相比,全波段的 100 个特征点的识别效果好于部分波段 39 个特征点的识别效果,这是因为 39 个特征点是在 100 个特征点中筛选有效波段 1 600~400 cm^{-1} 中得到的特征点,所以其他波段中具有产地特征的波长点就会影响正确率的结果;在 SPA 方法中全波段 46 个特征点和部分波段 46 个特征点相比,部分波段 46 点的效果好于全波段 46 点的效果,这个因为在部分波段 1 600~400 cm^{-1} 中集中选择了具有产地特征的波长点作为特征点,而其他波段中无效的波长点的影响被剔除。

2. BP 神经网络建模应用效果

利用 5.4.2 章节中 1 的 BP 神经网络建模的方法,产地特征点分别提取章节 5.3.2 中 SPA 全波段 46 个特征点和 11 个特征点、SPA 部分波段 46 个特征点和 17 个特征点,章节 5.3.2 中 CARS 全波段 100 个特征点和 CARS 部分波段 39 个特征点,以及章节 5.3.2 节的 PCA 方法部分波段的 8 个波长点作为 BP 神经网络模型的输入量,按章节 5.2.2 的分段拟合+去除基线的预处理方法对五常(序号 1、2)和佳木斯(序号 3、4)的 192 个大米样本原始数据进行处理并归一化后,按照 4∶1 的比例随机划分成训练集和测试集,按照大米的实际产地,分别将"五常"和"佳木斯"作为输出值,通过试凑法反复调整输入层和隐含层的节点数,建立输入—隐含—输出的 3 层 BP 神经网络模型,10 次交叉验证结果如表 5-22 所示。

表 5-22 五常产地和混合产地的 BP 神经网络模型验证结果

特征提取方法	波长区间 /cm^{-1}	输入值点数	平均步长 epoch	识别正确率/%	
				训练集	测试集
SPA	3 400~200	46	4.1	99.70	98.98
	3 400~200	11	9.3	97.78	91.54
	1 600~400	46	3.6	99.87	99.23
	1 600~400	17	6.8	98.50	97.44

表 5-22(续)

特征提取方法	波长区间/cm^{-1}	输入值点数	平均步长 epoch	识别正确率/%	
				训练集	测试集
CARS	3 400~200	100	3	99.74	98.72
	1 600~400	39	5.2	98.96	97.95
PCA	1 600~400 & 3 200~2 800	8 个点	10.9	90.20	87.18

分析表 5-22 的模型验证结果,ecoph 最大值为 PCA 方法提取 8 个点对应的 10.9 个 ecoph,epoch 最小值为 CARS 方法提取 100 个特征点对应的 3 个 ecoph,说明表 5-22 中的所有 BP 模型梯度下降都在很少 ecoph 下满足精度要求。从识别正确率来看,训练集识别正确率最好的是 SPA 部分波段 46 个点的识别正确率,为 99.87%,测试集识别正确率最好是 SPA 部分波段 46 个点的识别正确率,为 99.23%;训练集识别正确率最低的是 PCA 选择 8 个点的识别正确率,为 90.20%,测试集识别正确率最低的是 PCA 选择 8 个点的识别正确率,为 87.18%;和表 5-20 相比,所有的识别正确率均高于单一产地的正确率,验证了品种的差异性在其中起到了重要的作用。总体来看,SPA 提取部分波段 46 点的训练集和测试集的识别正确率均为所有模型的最高值,和单一产地的鉴别结果一致。

5.6 本 章 小 结

本章分别采用 SPA、CARS、PCA 方法提取特征点作为大米产地鉴别模型的输入,大米的不同产地作为输出,基于偏最小二乘法和 BP 神经网络法建立大米产地鉴别模型。主要结论如下:

(1)拉曼光谱最佳实验参数为积分时间设置为 4 s、激光强度设置为 high、扫描次数为 10 次、扫描位置为大米中间部位。在此参数下对 6 种不同产地预处理方法比较,包括一阶导数+平移平滑、二阶导数+平移平滑、小波变换+去除基线、传统多项式拟合+去除基线、改进的分段拟合+去除基线,最终从评价参数和正确识别率比较分析发现改进的分段拟合+去除基线法的结果最优。

(2)以黑龙江省绥化、大庆、佳木斯、齐齐哈尔 4 个不同研究区的龙粳 31 品种大米为研究对象,利用连续投影算法、竞争性自适应重加权算法、主成分分析算法提取大米光谱中的特征波长,并将提取的特征波长与大米主要营养物质的特征波长比较分析。利用 SPA 方法在全波段分别提取了 46 个波长点和 11 个波长点,在部分波段分别提取了 46 个波长点和 17 个波长点;利用 CARS 方法在全波段提取了 100 个波长点,在部分波段提取了 39 个波长点,利用 PCA 方法在部分波段通过阈值设置方法提取了 8 个波长点。

(3)采用 SPA、CARS、PCA 方法提取特征波长作为大米产地鉴别模型的输入,大米的产地作为输出,建立了基于偏最小二乘法和 BP 神经网络法的大米产地鉴别模型,并在目标产地和单一产地、目标产地和混合产地中分别验证了模型的有效性。在目标产地和单一产地的模型中 PLS 模型效果最好的为 CARS 的 100 点,其正确率是 96.9%。BP 模型测试集效果最好的是 SPA 模型部分波段的 46 个点,其正确率为 99.23%;在目标产地和混合产地的模型中,PLS 模型效果最好的为 CARS 法 100 个点,其正确率为 95.5%。BP 模型测试集效果最好的是部分波段 SPA 的 46 个点,其正确率为 99.23%。从以上的分析看,BP 模型的识别正确率总体高于 PLS 模型,且在 BP 模型中 SPA 部分波段的 46 个点的输入效果最好,将其选择作为产地鉴别装置数据库的模型输入。

第6章　大米拉曼指纹光谱数据的区块链存储机制研究

6.1　时间戳和区块链理论基础

6.1.1　时间戳理论基础

时间戳是通过密码学数字签名技术产生的一份包含时间签名信息的数据,目的是检测数据在签名时间前后是否被篡改。而时间戳协议是这类检测手段的底层技术,通常该协议由三个部分组成,即时间戳申请方、时间戳提供方和时间戳验证方,其中时间戳提供方是此协议中最重要的一环,它需要保证提供的服务和时间是安全可信的。

下文将介绍几种常见的时间戳协议,并分析对比协议的优劣,最终选择适合本研究方案的时间戳协议。

1. 简单时间戳协议

在简单时间戳协议中,首先,时间戳申请方需要将数据提交给时间戳机构,数据在传输过程中使用散列函数计算哈希摘要 $m = \text{Hash}(M)$;其次,时间戳提供方将获得的哈希摘要 m 和接收数据那一刻的时间 T 做数字签名运算 $\text{Sign}(m,t)$,数字签名的运算结果就是时间戳证书;最后将证书发送给申请方。当需要验证数据是否被篡改时,第一步需要分解数字签名,验证时间戳证书是否为时间戳提供方颁发;第二步是重新计算数据的哈希摘要 m' 并和证书中的摘要 m 对比;最后一步则是验证两部分的结果是否一致,只要有一方结果对比不通过,就说明数据被篡改了,否则该数据是可以相信的。

简单时间戳协议通过哈希算法既保证了数据传输过程中数据的安全性,又降低了时间戳提供方的存储空间。但是该时间戳证书的可信度是由时间戳提供方可信度决定的,如果时间戳申请方串通时间戳提供方伪造数据,那么时间戳证书便是无效的。基于简单时间戳协议的服务基本都是通过独立的第三方服务机构来保证服务的安全性,第三方服务机构内部一方面通过软件安全服务体系防止遭受网络攻击泄露时间戳数据,另一方面通过各类硬件访问控制权限防止内部人员篡改时间戳证书。简单时间戳协议工作过程如图 6-1 所示。

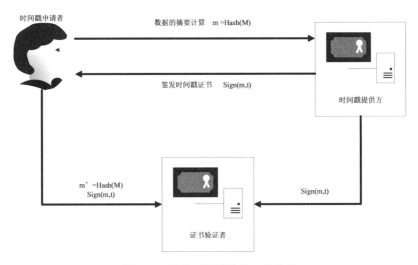

图 6-1　简单时间戳协议工作流程

2. 线性链接时间戳协议

为了不完全依赖于时间戳提供方,线性链接时间戳协议按照时间序列,将所有的时间戳证书以链表的形式串联起来,即 T_{n+1} 时间成功申请的时间戳证书会被链接到 T_n 时间的时间戳证书链表节点之后,将相应数据的哈希摘要的指针指向 T_{n+1}, T_{n+1} 链表节点同时会存储上一证书的哈希摘要。

数据和证书验证是一种向后连续验证的方式,当某个节点的数据被质疑时,可以从该节点出发一直沿着链表向后验证,因为后面节点包含着前一节点的摘要信息,验证可以一直递归到质疑者满意为止,若在验证过程中某一个节点被认为非法,则该节点之前的所有数据都是无效。

时间戳提供方按照申请服务的次序串联各类用户时间戳证书的存储方式,可以有效避免时间戳提供方篡改证书中的数据。因为,某节点后续的证书会包含前面证书的信息,无法将 T_n 改成 T'_n($T_n > T'_n$),在(T_n,T'_n)时间段的文档还没有产生无法上链;也无法将该节点的时间向前修改,因为前面的文档已经生成无法覆盖。篡改签名时间的唯一办法就是修改整条链的数据,修改整条链需要所有证书用户的同意才行,代价比较大。

线性链接时间戳协议节点数据验证最坏的情况就是从第一个节点开始验证,一直检验到最后一个节点,如果每个数据验证者都要求验证后续所有节点,系统的性能会急剧下降,所以在实际工作中,该方案并不适合海量数据的检验场景。

3. 树型时间戳协议

树型时间戳协议为了提高时间戳证书的验证效率,将线性链式结构改进成非线性树状结构。在树状结构中,将时间戳数据分成 N 组,第 N 组的时间戳是 $N-1$ 组时间戳和第 N 组上传到时间戳提供方所有数据的累积哈希摘要,每一组中的累积哈希摘要组成树的节点,最终所有的数据组会构建成为一棵树的形状,叶子节点便是最终的时间戳证书,如图 6-2 所示。

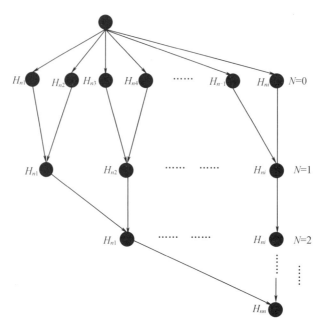

图 6-2　树型时间戳协议结构

　　树型时间戳协议通过累积多份数据的哈希摘要,对每一组中的多份哈希摘要生成同一个时间戳证书,减少时间戳申请方存储的时间戳证书的数量,只需要验证一次证书内容,无须一直递归,验证效率加快。想要验证某份数据在某组中申请的时间戳证书的合法性,只需要沿着而树状结构从能否重新计算出本组的累积哈希值,而且每组树上的节点都是和下一组节点有关联,如果上一组时间戳被篡改,可以通过下一组时间戳检测出来。

　　树型时间戳协议也存在一个问题,由于每组有多份数据,多份数据只是哈希摘要的累积,并未在时间上做排序,所以无法验证同组内多份数据的时间戳证书前后顺序,只能完全相信时间戳提供方能够保证组内数据在时间上有序。上述三种时间戳协议的综合对比如表 6-1 所示。

表 6-1　时间戳协议比较

时间戳协议类型	时间戳证书可信度	时间戳证书验证效率	时间戳证书颁发速度
简单时间戳协议	低	高	快
线性链接时间戳协议	高	低	慢
树型时间戳协议	高	高	慢

　　为了保证时间戳证书的可信度和颁发速度,提高时间戳证书验证效率,本研究综合使用简单时间戳协议和树型时间戳协议,使用简单时间戳协议构建时间戳服务器保证证书的颁发速度,使用树型结构存储签发的时间戳证书。

4.时间戳服务与标准时间

时间是事物不停运动变化的持续性和顺序的衡量标准。目前国际标准时间的计算方法有原子时、世界时和协调世界时。原子时的 1 s 是铯原子跃迁辐射 9 192 631 770 个周期的持续时间,世界时则是根据地球的自转周期计量出的时间,协调世界时则是通过"闰秒制"的原则,当原子时和世界时的误差为 0.9 s 时,人类为更改原子时为 1 s 以保证两者一致。现在,各个国家的授时服务中心采用的标准计时方案都是协调世界时间。

在我国,中国科学院国家授时中心采用无线电、卫星、电视、网络、电话等方式向全国人民发布标准世界时。时间戳服务便是根据国家授时中心提供的时间同步服务获取标准世界时间,并且国家授时中心开发的"时间精灵"服务能够提供毫秒量级的时间,是低成本时间戳服务器的首选时间校准服务,所以本研究使用"时间精灵"服务校对系统时间。

6.1.2 区块链理论基础

区块链一词最早是出现在化名为中本聪的一篇关于数字加密货币的论文中,论文中提出了一种基于分布式数据库、点对点网络、密码学、时间戳技术的电子货币——比特币。比特币诞生之初,许多人简单地认为区块链就是"区块"和"链"的简单叠加,又或者是一种分布式存储的数据。然而区块链技术不能简单地被归结为一项新兴的技术,它是由分布式数据库、共识算法、对等网络和密码学等计算机传统技术集合而成的一项技术。这种组合技术既实现了数据的分布式共享存储,又保证了数据的真实性、不可篡改性和可追溯性。

1.区块链结构与分类

区块链是一种按照时间戳顺序将数据区块以链条的方式组合成的数据结构,并以密码学算法、共识协议来保证数据不可篡改,能够安全存储简单的、有先后关系的、可追溯验证的数据。广义的区块链技术是利用加密链式区块结构来验证与存储数据,利用分布式节点共识算法来生成和更新数据,利用自动化脚本代码(智能合约)来编程和操作数据的一种全新的去中心化基础架构与分布式计算范式。区块链数据结构如图 6-3 所示。

按照区块链的相关概念简单介绍区块链的结构,区块链简单理解可以分为以下 3 部分:

(1)数据

使分布式账本的状态发生改变的一次操作,如某个用户进行的一次数据写入。

(2)区块

保存某个时间段发生的一系列操作及操作的结果,也是对各个可信任节点的共识过程的记录。

(3)链

按照区块上的时间戳生成的前后顺序,将这些区块串联起来的哈希摘要指针,所有串联而成的链和区块组成了区块链数据库。

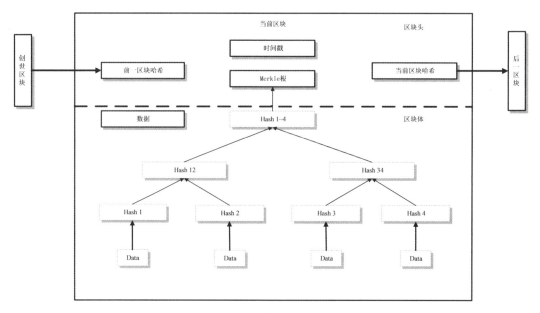

图 6-3　区块链数据结构

依据区块链分布式节点中心化的程度,可将区块链系统分为公链、私链和联盟链。公链没有中心化节点,只需要一台电脑和网络就可以访问其中的任何节点并进行链上数据的读写,公链的访问门槛低,数据公开透明且无法篡改,由于节点的数量过多,存在交易速度慢的缺点。为了提高交易速度,又出现了私链,私链是由一个由中心化管理者集中管理,只有授权的少数人才能访问私链中的节点。私链模式适合企业内部使用,由于链上的节点数量较少,具有很高的信任度,进行交易时不需要所有的节点确认,提高了交易速度。但是私链中的节点需要被集中管理,违背了去中心化的初衷,链上的数据存在被私自修改的可能性,不能根本地解决篡改问题。联盟链的去中心化程度介于公链与私链之间,是指由多个机构共同参与管理的组织体系,数据仅在组织内部进行读写和发送,组织或是企业可以使用组织中被授权的节点数据读取服务,未被授权的节点则无法访问。去中心化的程度和安全性、信任程度是正相关的,去中心化程度越高交易的效率会越低。因此,为了提高效率和增加利益,更多的商业价值体现在联盟链和私有链上。

2. 密码学算法

现代密码学和信息安全的研究成果是人类社会通向信息社会的桥梁。区块链中信息的安全性、完整性和可溯源性就是依赖于密码学算法。如比特币系统中使用双 HASH256 算法来处理交易信息,保证数据的完整性,把不同长度的信息处理成 256 位二进制的字符串以 MERKELE 树形结构存储,将树的根节点作为信息查找的索引存储在区块链头部,便于信息的查找与检验。哈希算法具有正向快速(有效时间内快速计算出哈希值)、逆向困难(已知哈希值,很难计算出哈希值对应的明文)、输入敏感(原始信息和修改后信息的哈希值明显不同)和冲突避免(内容不同的明文,基本不可能出现相同的哈希值)特点。

为了满足安全性和权限检验的需求,区块链技术还使用了非对称加密技术。非对称加密技术的含义是加密和解密的过程中使用不同的密码,分别称为公钥和私钥。使用该技术,可以实现消息加密、数字签名和合法登录等服务。数字签名可以用来验证消息的完整性和发送人的身份,发送消息的人用自己的私钥加密消息然后传递给接收者,收到消息后使用发送者的公钥对消息解密以确保消息来源的可靠性。合法登录服务是将登录消息利用私钥加密后发送给服务器,服务器接收消息后利用公钥解密,来判断登录的合法性。

3. 共识协议

共识(consensus)和一致性(consistency)有时会被放在一起讨论,但是从形式上来说两者并不相同。一致性是分布式系统中多个节点对外表现出来的状态,是一种结果。共识则是分布式系统中若干个节点达成某种一致性状态的过程。虽然共识会形成某种一致性的状态,但这种状态有可能并不是我们所需要的。比特币系统使用的是工作量证明算法,该算法的实质是节点算力的竞争,即所有参与竞争的节点都在寻找某一数值,该数值满足某种条件,当找到满足条件的结果时,获得数值的节点就拥有了记账权,并且获得一定币值的奖励。以太网使用的是权益量证明算法,即系统中权益量大的节点获取记账权的概率高。但是上述两种共识机制都需要通过挖矿花费大量的资源来维护网络性能,会造成资源浪费。

共识机制是区块链系统的灵魂,共识算法的好坏会直接影响到分布式系统的性能。DPoS共识机制是一种联盟链使用的共识算法,该算法维护的节点不需要竞争算力,所有的交易和区块均交给授权节点处理,从而使得联盟链的维护成本极低。但是DPoS共识机制需要选取授权节点,这一步极为重要,负责处理区块数据的授权节点必须经过层层筛选,必须保证自身的可靠性。

4. 智能合约

智能合约是一种经计算机编程嵌入的可以自动执行规范或行为的相关操作。智能合约大致分为3类。第1类是Chaincode,即区块链代码,将智能合约放在链上的某个区块上;第2类是智能法律合约,将法律上允许的行为通过区块链上的代码加以整合,以达到自治的目的;第3类则是智能应用合约,即以智能合约为底层核心,建立有商业价值的新型合约模式。智能合约的生命周期与传统的合约类似,第1阶段是合约的生成,参与合约制定的多方人员执行沟通,制定合约规范,将最终得到的合约进行验证,获得正确有效的合约代码;第2阶段则是合约的发布,合约的发布与链上信息的广播与验证是类似的,将合约的代码存进区块数据上;最终阶段是合约的执行,当有某个事件的结果符合合约的触发机制,合约就会自动执行。

6.2 基于时间戳的大米拉曼指纹光谱数据的区块链存储机制构建

拉曼光谱是一种无损的数据分析技术,它是基于光和材料内化学键的相互作用而产生的。拉曼光谱可以提供样品化学结构、相和形态、结晶度等分子相互作用的详细信息。所以可将获得的大量拉曼光谱建立数据库,通过数据库检索找到同分析物质相符合的光谱数据,辅以特定的计量方法即可鉴别被分析的材料。目前,区块链技术已经开始融入现实世界中的不同领域中,使用区块链技术存储各类数据以达到数据防篡改及有效回溯的案例越来越多,但是使用区块链技术存储拉曼指纹光谱的案例少之又少,大多数拉曼指纹光谱数据都是存储在单机数据库或者云上数据库,其显著缺点就是数据可以人为篡改,实验数据可以任意伪造,产生学术造假或者劣质产品,造成的危害极大。使用区块链技术可以很好地避免此类问题,但是区块链技术从 1.0 可编程货币时代发展到区块链 3.0 可编程社会时代,其间仅仅经历了 10 多年的发展与研究。区块链技术并没有发展完善,依然存在很多问题。例如时间戳不可信、数据上链速度慢和数据扩容难度大等问题,这些问题极大地制约了区块链技术针对多样性数据存储的发展。可信的时间戳、数据存储的扩容机制、数据上链速度等性质应该是区块链数据库重点关注的因素,也是决定区块链数据库能否利益最大化的核心要素。

本章以黑龙江省寒地大米拉曼指纹光谱数据为研究对象,分析大米拉曼指纹光谱数据的特点,针对其特点设计合理的区块链数据结构,构建可信时间戳服务器,改进密码学防篡改与验证算法,改善现有的共识算法,设计链上链下分割存储机制来存储大米拉曼指纹光谱数据,为大米拉曼指纹光谱数据区块链存储系统的实现打下理论基础。

6.2.1 基于时间戳的区块链存储机制的数据结构

1. 大米拉曼指纹光谱数据的特点

大米拉曼指纹光谱数据是通过拉曼光谱仪,在不同的激光强度、不同积分时间条件、不同加工程度下扫描获得的光谱曲线。曲线的横坐标是光谱曲线的波段,纵坐标是光谱曲线的特征峰值,研究人员感兴趣的数据是光谱曲线在扫描过程中的激光强度、积分时间、加工程度系数和曲线波段以及每一波段对应的特征峰值。

本文研究所使用的大米拉曼指纹光谱数据是 $3\ 400\sim200\ \mathrm{cm}^{-1}$ 波段下的峰值数据,曲线光谱数据如图 6-4 所示。

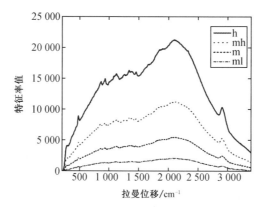

图6-4 大米拉曼指纹光谱数据图

2. 大米拉曼指纹光谱数据结构设计

为了解决区块链数据库面对大量数据时读取速度慢,数据验证上链效率低的问题,提高存读取的速度,决定采用链上存储关键字段区块数据,链下存储非关键数据,链下数据基于链上密文数据,同步协调数据,防止数据篡改。链上数据存储指纹数据 200 ~ 3 400 cm^{-1} 波段的特征波段的峰值、测量部位、测量时间等关键数据。链上区块数据包含数据区块头和数据区块体两个方面,数据区块头由 5 部分组成:使用加密算法计算出的数字签名索引、前一区块的数字签名索引、拉曼指纹光谱数据文件的时间戳数字签名、快速校验和归纳数据真实性的 Merkle 树树根。每个 Merkle 树的非叶子节点都存储了光谱数据、数据文件信息、节点信息和数据库操作集合记录关键数据信息,通过递归哈希值可以找到叶子中的数据值以达到快速验证数据是否被篡改的目的。区块具体结构如图6-5所示。

链下数据库则是存储拉曼指纹光谱非关键信息,为了避免多次查询重复数据,在链上与链下设置一个缓冲区的结构,每次查询数据前先去缓冲区中查询数据,如果缓冲区中有数据则直接从缓冲区调取数据,否则去链上查数据然后校验。

根据上述数据流转的过程可将数据抽象成 3 个对象,分别是数据文件对象、数据区块对象和数据详细内容对象。数据从数据文件对象中流转到数据详细内容对象中以及数据区块对象中。数据文件对象与数据区块对象之间有数据缓冲接口用以存储重复查询的数据。图6-6 是数据对象关系图,其中 LamanFile 是数据文件对象,LamanDataInfo 是数据详细内容对象,BlockChain 是区块对象。

6.2.2 基于时间戳的区块链存储机制的构建

区块链数据存储是在分布式系统中按照特定的共识算法和数据产生时的时间戳将指定数据以链式的结构串联存储在每个节点上,并且使用密码学中的某些算法来保证数据的真实性和有效性,使用智能合约技术来操作相关数据,使用共识算法维护所有节点的状态。

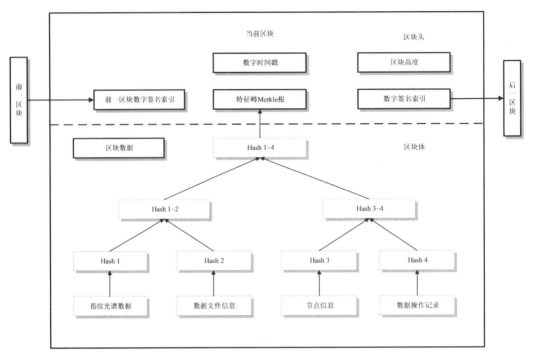

图 6-5　大米拉曼指纹光谱数据区块链存储结构

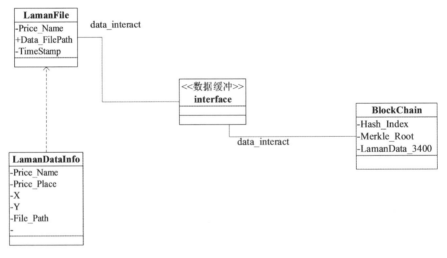

图 6-6　数据关系图

目前多数区块链存储体系使用的时间戳都是节点自己产生的一个 UNIX 时间戳，UNIX 时间戳可信度低，甚至可以造假，严重影响数据真实存在性；同时，主流区块链系统一直都有存储空间有限，数据共识慢的问题。所以本小节将以半去中心化的联盟链方式进行研究，力求设计出能够提供可信时间戳的第三方授时服务器、安全有效的加密方法、高效的分布式节点共识算法、可扩展存储空间的区块链存储机制和智能的数据完整性验证合约。

1. 自发证书的第三方授时服务器

时间戳的字面意思是某元素产生的时间,可信时间戳服务是由权威、可信的第三方公共时间戳服务器机构按照 RFC3161 国际标准建立。根据管理时间戳服务器中心机构的性质,时间戳服务器可以分为权威时间戳服务器、简单时间戳服务器,国内著名的权威时间戳服务器有中科院授时中心建立的联合信任时间戳服务中心、江苏沃通时间戳服务中心等。简单时间戳服务器则是数据存储组织内部根据国家授时标准选择合适的时间戳协议建立的授时服务器。同多数时间敏感数据存储系统采用的权威时间戳服务器相比,简单时间戳服务器信任度低。使用权威时间服务器可以保证时间戳的可信程度,但是会产生一定的费用,国家授时中心签发一个时间戳的费用是 10 元,包年服务价格也需要几万至几十万元不等,所以当数据量十分大并且需要多次申请时间戳的时候,将会产生巨大的费用。简单时间戳服务器的优势是几乎没有成本并且授时速度比较快,但是由于没有中心权威节点监管,产生的时间戳可能会存在虚假的情况。

表 6-2　时间戳服务类型特性对比

时间戳服务类型	数据隐私性	生成时间戳速度	时间戳信任度	时间戳成本
简单时间戳服务器	低	快	低	低
权威时间戳服务器	高	慢	高	高

综合对比权威时间戳服务器和简单时间戳服务器优缺点,基于 RFC3161 标准提出一种使用自发证书的多时间戳协议协助、联合节点控制的半权威时间戳服务器。联合控制的半权威时间戳服务器是一种使用自发证书,基于简单和树型时间戳协议的时间戳服务器,数据节点负责人的作用类似 CA 服务中心,对半权威简单时间戳服务器签发证书;使用简单时间戳协议接收数据、签发时间戳签名;使用树型时间戳协议的树型结构存储时间戳和验证时间戳。签发证书的目的是为了提高时间戳服务器的可信任程度,通过在分布式节点中随机选定节点签发证书形成信任程度高的时间戳服务器,每个上链的区块数据都会通过半权威时间戳服务器获得可信时间戳,然后按时间戳顺序排序上链。节点数据申请时间戳流程图如图 6-7 所示。

多种协议混合的方式是为了使用各个协议最优的部分,简单时间戳协议能提高数据通信效率,树状时间戳协议能有效防止时间戳机构篡改时间戳,保证时间戳的可信度。使用自发证书,多协议混合的联合节点控制的半权威时间戳服务器在一定程度上提高了简单时间戳服务器的可信任度,能够保证区块链区块数据时间戳的可信度。

2. RSA 与 ECC 双椭圆曲线加密签名方案

在区块链数据存储体系中,密码学被用来保证数据的安全性,合适的密码学算法既能够减少密文的长度,又能保证数据的安全。所以本节从 RSA 算法和 ECC 椭圆曲线出发,研究 RSA 和 ECC 双加密签名方案,其中 RSA 算法用以保证明文数据安全性,ECC 算法用以保证时间戳安全性。

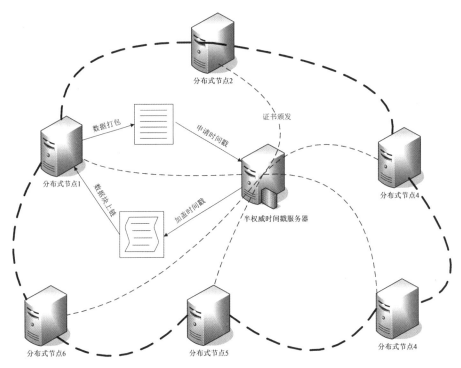

图6-7 节点数据申请时间戳流程图

RSA 算法是通过任选 2 个不同的素数进行一系列的数据计算获取公钥的一种非对称加密算法,在选择大素数的过程会造成加密密钥的长度过长的问题,并且加密过程一般会选择大于 1 024 的密钥长度。RSA 算法的密钥越长安全性越高,加密时间也会越长,所以可以改进密钥长度,提高降低加密的时间。为了保证不同数据的安全性以及数据的使用效率,设计一个长度可控的 RSA 非对称加密算法,通过随机数的大小以及密钥长度来分发不同的密钥证书,敏感数据使用长密钥,非敏感数据使用短密钥。公钥密钥证书由分布式节点独自管理,私钥密钥证书统一由区块链节点服务器管理。以下为长度可控 RSA 密钥签名算法过程。

算法 1:长度可控 RSA 密钥签名算法

输入:随机数范围 X;密钥长度 Y;密钥存储位置 Path;

输出:RSA 公钥密钥与 RSA 私钥密钥;

获取两个大素数 P, Q = Random(X);

计算大素数乘积 N= P * Q

Gcd(x1,x2) = 1//Gcd()是计算 x1,x2 的最大公约数

获得加密密钥 PrivateKey = GenerateKey(Gcd(PrivateKey,N),Y)

规范签名证书格式:

Block = {

```
Type:"RSA Private key"
    Bytes:PrivateKey,
}
```
私钥文件 PS=Create("RSAprivate.pem")&Encode(priveFile,Block)

根据私钥创建公钥 PublicKey=GenerateKey(PrivateKey,Y)

规范签名证书格式：

```
Block={
Type:"RSA Public key"
    Bytes:RSApublicKey,
}
```
公钥文件 PB=Create("RSApublic.pem")&Encode(publicFile,Block)

ReturnRSAPV,RSAPB

ECC 椭圆曲线加密算法是一种公钥加密技术，以椭圆曲线理论为基础，实现加密、解密和数字签名。其安全性依赖于域上椭圆曲线的点构成的 Abel 群离散对数问题的困难性。将椭圆曲线中的加法运算与离散对数中的模乘运算相对应，就可以建立基于椭圆曲线的对应密码体制。由于不像 RSA 算法需要多重计算大素数的乘积，ECC 椭圆曲线的密钥长度相对来说较短且密钥生成速度更快，有效解决了大数据的加解密速度慢的问题。所以使用 ECC 作为包含时间戳的大数据加解密的签名算法可以有效提高时间戳服务器签发时间戳的效率，提高数据空间利用率，提高数据校验的速度。

椭圆曲线加密算法具体的工作流程是通过椭圆曲线公式 $y^2=x^3+ax+b$ 和一个六元组参数决定 $D=(p,a,b,G,n,h)$，其中 p 是一个素数，G 是压缩基点，n 是压缩几点的阶数，h 是协因子，通过改变这些符合椭圆曲线加密数学定理的参数，可以人为构造不同长度密钥的用以加密不同类型的数据。著名的椭圆曲线密码技术公司 NIST 根据密钥的大小公布了长度为 80,112,128,192,256 共 5 种对称椭圆曲线密钥，其对应的非对称二进制密钥长度通常是对称密钥长度的 2 倍，其中 Certicom 公司通过对 256 长度非对称密钥进行优化，推出了 secp256k1 椭圆加密曲线，该曲线的性能优于其他曲线 30%，并且使用最为广泛。

本系统为了提高数据的加密效率以及提高椭圆曲线可用性，设置了 224,256,384,521 共 4 类椭圆曲线函数的生成构造器算法，可以根据不同场景下的数据选择不同的椭圆曲线生成构造器来设置椭圆曲线加密算法进行加密。以下是可选参数 ECC 椭圆曲线加密算法。

算法 2：可选参数的 ECC 椭圆曲线密钥签名算法

输入：随机数 R；椭圆曲线可选参数 Y∈[224,256,384,521]；密钥存储位置 Path；

输出：ECC 公钥密钥与 ECC 私钥密钥；

获取随机数 R=Random();

Constructor(Y){

```
IfY==224
return224ECC
elseifY==256
return256ECC
elseifY==384
return384ECC
elseifY==521
return521ECC
}
```

获得加密密钥 PrivateKey=GenerateKey(Constructor(Y),R)

规范签名证书格式:

```
Block={
Type:"ECC Private key"
Bytes:ECCPrivateKey,
}
```

建私钥文件 PS=Create("ECCprivate.pem")&Encode(priveFile,Block)

根据私钥创建公钥 PublicKey=GenerateKey(PrivateKey,Y)

规范签名证书格式:

```
Block={
Type:"ECCPublic key"
Bytes:ECCPublicKey,
}
```

创建公钥文 PB=Create("Eccpublic.pem")&Encode(publicFile,Block)

ReturnECCPV,ECCPB

3.联合权威授权制共识协议

去中心化程度越高的分布式系统达成一致性状态的时间越久,分布式系统的故障发生越少,中心化程度越高的分布式系统更容易达成一致,但是却会产生专权独断的行为。

去中心化的程度决定了区块链体系的性质,完全去中心化的公链需要众多节点参与共同维护,由于节点太多,处理数据速度慢,并且没有激励机制很难促进体系的发展;私链虽然不需要激励维护,却容易产生专制的现象,联盟链介于两者之间,在众多节点中选择部分节点组成管理节点维护区块链体系,联盟链处理数据快,不会产生独断的现象,所以选择联盟链的方式搭建区块链体系是一个比较好的选择,而一个好的共识协议算法是实现联盟链的关键。

章节 5.1 中阐述了区块链数据存储体系中经常用到的几种共识算法,PoW 算法可以保证高安全性但是会浪费资源,PoS 算法可以避免资源浪费,但不能保障某一节点是自愿进行工作,DPoS 算法虽然可以让节点自愿进行区块验证,但是需要选举出 101 个委托节点,对于节点较少网络是不适用的。所以本系统决定将算法进行改进,设计符合本系统使用的分布式共识协议。

由 DPoS 算法可知,需要根据各个节点的权益选举出可信的权威节点以控制新节点的加入、区块的打包上链等工作,改进的 DPoS 算法不再使用权益机制选举节点,而是让分布式节点以自愿的方式按照某种量化规则,选举出权威节点,联合所有权威节点形成委员会节点,委员会中的节点维护区块链体系的状态。

改进的 DPoS 协议最重要的就是量化规则的设计,首先存储系统中分布式节点会被赋予一定的参与度,参与度的等级是根据该节点对于分布式存储系统的贡献度决定的,贡献度的参考因素有:扫描出的合法光谱数据 X;使用系统中数据发表高水平论文数量 Y;使用系统中数据获得专利发明、软著 Z;错误使用数据带来的危险问题 D。

根据上面的 4 个量化准则使用 $F(x,y,z,d) = 0.5y + 0.2x + 0.3x - 0.8d$ 的计算结果作为分布式节点的参与度。然后根据参与度的大小对节点进行排序,排名靠前的 1/3 的节点自愿组成委员会节点,委员会节点轮流参与数据的封装上链操作。为了防止委员会节点一成不变,会定期更新参与度,重新构造委员会节点集合。

该系统的面向对象一般是导师、研究员、学生和客户等身份,导师、研究员、学生既是数据的生产者也是数据的消费者,客户只是数据的消费者,所以根据这一身份特点,制定三类身份节点,设计一个联合权威授权准入的共识协议。在联合权威授权制共识协议的网络中,首先选举出委员会节点,后续节点的加入需要委员会认证身份后才可以加入联盟链网络中,委员会节点会轮流参与数据封装上链的工作,普通节点和客户端节点参与数据的交互工作。具体节点划分如下:

(1)客户端节点——ClientNode

客户端节点既是数据的产生者也是数据的消费者,客户端节点可将产生的数据上传到区块链网络内,同时也可将下载的数据进行验证。

(2)普通数据存储节点——NormalNode

没有被选举成为委员会的客户端节点自动成为普通节点,普通节点的功能是存储所有数据,客户端节点可任意选择普通节点下载数据并进行验证。

(3)委员会节点——MasterNode

从所有节点中根据节点对系统的贡献程度选举出一部分节点自愿地加入委员会节点中。轮流从委员会节点选择其中一个用于监测数据的准入、区块的封装上链操作,定时根据贡献度更新委员会中的节点。

不同于公链中的节点可以自由进入网络,联合权威授权制共识协议可以规定一个合法的网络,每个进入网络中的节点必须经过身份认证才能有资格参与网络中的活动。同时使用科研成果量化考核的方式赋予每个节点权利,拥有权利的节点可以参与选举委员会节点,以竞争的方式替换挖矿激励的方式,并且使用该方式可以避免 DPoS 共识协议节点工作任务分工不明确的问题、提高节点间的工作效率,更重要的是会激励每个节点为了进入委员会而去专注于自己的研究,发表更多的科研成果。联合权威授权制共识协议流程图如图 6-8 所示。

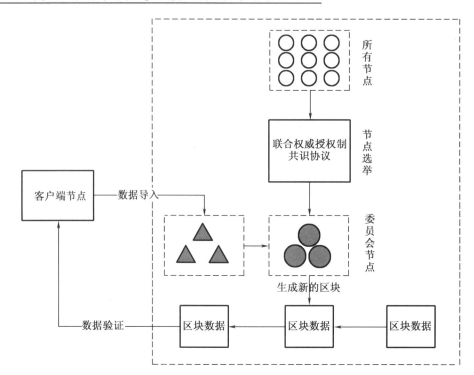

图 6-8　联合权威授权制共识协议流程图

采用上述共识协议的另外一个好处是当某个节点检测出数据信息篡改、学术造假或者产品伪造等严重问题时，委员会节点可以进行投票给与相关节点严厉的惩罚措施，最严重的结果可以将该节点剔除本网络，以互相监督的方式提高数据安全性。

4. 大米拉曼指纹光谱数据链上链下存储机制

主流区块链存储系统扩容方案有"闪电网络"、"侧链技术"、"DAG"、"PLASMA"，这些方案都是为金融交易数据提供服务的，以时间换空间，效率不是很高。既想要提高数据存储空间，又要提高数据存读取速度，可以借助"闪电网络"的思想，"闪电网络"是将原本在区块链网络中传递的非关键交易信息放到区块链以外的网络进行封装，极大地降低了各节点确认数据所使用的时间。所以，根据"闪电网络"思想，本研究根据数据的等级，使用一种链上区块链数据+链下传统数据库的存储方案，扩展区块链系统存储空间，提高数据的存读取速度。

链上链下的存储方案数据依据数据的等级进行。首先，将需要存储的数据进行分类，数据分成两类，关键性数据和非关键性数据。关键性数据包含光谱指纹数据、时间戳数据、数据库操作记录等，非关键性数据包含实验人员信息、服务器信息等。其次，确定区块链数据库区块的大小，本研究中区块的大小可在配置文件中人为设置，但是每个区块最多存储 256 KB 容量的拉曼指纹光谱数据，超过容量的拉曼数据文件需要进行分割，目的是不让区块中存储过多的拉曼数据，增大检索时间。再次，则是数据存储，关键性数据存储到区块链数据库中，非关键性数据存储到链下传统数据库中。最后是数据同步，当新数据存入到区块链中时,链下数据库需要同步更新这一部分数据。数据文件分割过程如图 6-9 所示。

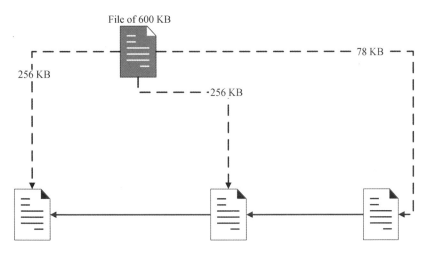

图 6-9　数据文件分割过程

链上区块链数据库数据存储的过程如下:首先,需要将关键数据使用哈希算法计算其信息摘要;其次,计算生成的信息摘要进行两部分操作,一部分是将信息摘要上传第三方授时服务中心,第三方授时服务中心为这部分信息摘要加盖时间戳,另一部分则是使用上文设计RSA 加密算法计算数据的签名;最后将这两部分数据封装成块,通过共算法上链存储。链下传统数据库数据存储非关键数据、拉曼数据明文信息和用于追溯数据的时间戳数字签名。如果数据产生更新,则还需要进行数据同步,先更新区块链数据库,以区块链数据库的数据为准同步链下传统数据库。大米拉曼指纹光谱数据链上链下存储流程图如图 6-10 所示。

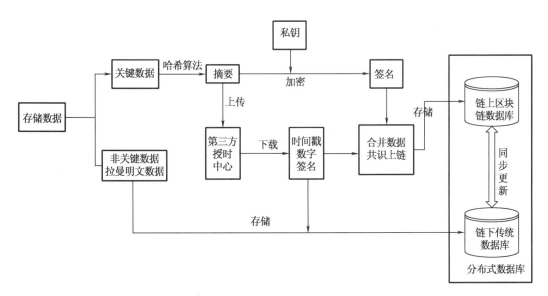

图 6-10　大米拉曼指纹光谱数据链上链下存储流程图

6.2.3 基于时间戳的区块链数据完整性验证智能合约

智能合约是自动化的脚本技术,可以将事先约定好的规则以代码的形式实现,合约运行过程中会根据不同的输入条件触发不同的规则,最后会将合约产生的结果以消息的形式进行输出。将数据验证规则以智能合约形式实现,实现自动化数据验证服务,有效提高数据验证速度。数据的验证规则分为两部分,一部分是验证数据是否被篡改,一部分是检查数据是否真实存在。合法性验证是保障数据没有被篡改,有效性验证是为了保证数据的时效性和真实性,合并两部分的验证结果,从而可以判断数据是否是真实存在的,数据存储过程中有没有被篡改。

数据的合法性验证是为了保证数据的不可篡改。每次验证数据的时候都会触发合法性验证合约,通过数据结构设置的数字签名索引,在区块链数据库中找到本次数据纪录的区块位置,下载该区块中存储的数字签名与公钥,用公钥对签名进行解密,获得本次数据的哈希摘要;同时从下载的明文数据中找出需要验证的数据,然后使用哈希算法重新计算本次数据的哈希摘要,对比两部分的摘要是否一致,如果一致则认为本次数据没有被篡改,是合法的。否则数据非法,本次验证数据的节点需要向所有节点发出警告信息——存在数据篡改,所有节点收到这部分信息后,根据上文的共识协议机制,删除该部分数据,并惩罚篡改数据的节点。

数据的有效性验证是为了保证数据是真实存在的,不是凭空捏造的。数据的合法性验证会触发数据的有效性验证合约。从传统数据数据库中获取数字时间戳,同时将明文数据计算获得的哈希摘要进行合并,上传到自发证书的第三方授时服务器用以验证时间戳数字签名的有效性。根据自发证书的第三方授时服务器返回的结果判断数据是否真实的,如果数据合法且有效,则数据是真实,未被篡改的。如果数据是非法的,则本次验证的明文数据是无效的,同上文一样告知所有节点数据存在问题,删除该部分数据,惩罚出现问题的数据节点。数据合法性与真实性验证流程图如图 6-11 所示。

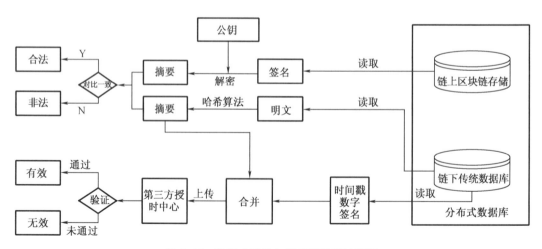

图 6-11 数据合法性与真实性验证流程图

6.3 基于时间戳的区块链存储机制的存储系统设计

依据时间戳和区块链技术的学习和研究,发现二者存在一些问题,根据这些问题提出了基于时间戳的区块链存储机制并改进了相应的算法,该方案在一定程度上可以解决之前提出的问题。本节将根据上述方案,以大米拉曼指纹光谱数据为存储对象,对大米拉曼指纹光谱数据管理系统进行需求分析,按照实际需求组织业务流程,设计整体架构和模块功能、以及链上区块链数据库、链下传统数据库的数据访问控制模型和相应的数据表。

6.3.1 指纹光谱数据区块链存储系统功能需求分析

以大米拉曼指纹光谱数据为存储对象,使用时间戳和区块链技术来保证数据安全存储,建立一个防篡改可追溯的大米拉曼指纹光谱数据存储系统,实现大米拉曼指纹光谱数据的防篡改存储,为其他需要使用光谱数据进行数学分析的研究员提供准确的数据支撑。综合考虑大米拉曼指纹光谱数据的特点与时间戳、区块链技术的应用,充分借鉴其他数据管理系统拥有的功能,总结得出大米拉曼指纹光谱数据管理系统应该具备以下功能需求。

1. 用户管理需求

用户管理是每个管理系统必备的功能,而且本系统以联盟链为基础设计,所以,进入本系统的用户首先需要进行资格审核,符合条件的用户才能继续注册账号并登录使用本系统。基于注册资格筛选的方式,可以筛选出优质数据提供者,既提供了好的数据,又能够让系统更稳定地运行。根据用户的资格审核结果,用户在注册的时候,为不同资格用户分配不同的权限,后台通过权限管理,让不同的用户体验对应权限的服务。区块链存储系统需求分析图如图6-12所示。

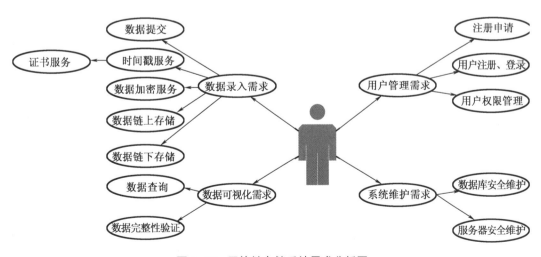

图6-12 区块链存储系统需求分析图

2. 数据录入需求

用户登录后,通过前端接口提交大米拉曼指纹光谱数据文件,大米拉曼指纹光谱数据文件从上传到存储的过程中,如何保证数据的防篡改传输和存储尤为重要。在本方案中,数据上传需要分2步走,首先是上传至时间戳授时中心获得数字时间戳之后才可以上链存储,明文数据在上传过程中很容易被网络抓包,然后被篡改,为了保证数据上传至时间戳授时中心这一过程数据的安全,上传的数据需要先进行摘要计算,并且,根据区块链区块数据的特性,区块链数据的头部需要存储明文数据的数字签名索引和数字时间戳。因此,大米拉曼指纹光谱数据的加密计算、时间戳授予和时间戳授时服务器证书认证服务是建立一个防篡改、可追溯的大米拉曼指纹光谱数据的管理系统基本功能需求。

随着扫描的光谱数据越来越多,数据存储空间的无限增长会给区块链数据库带来极大的扩容问题,所以使用链上区块链存储关键数据并配合链下传统数据库存储非关键数据的机制可以很好地解决这个问题,但是链上链下的存储方式需要考虑到链上存储何种密文,怎样协商并同步链上链下的数据,两部分数据如何管理等方面,所以制定一种高效的规则就显得十分重要。针对光谱数据的特点,选择其关键特征数据加密可以有效减少区块体的大小,降低存储空间,并且,将数据同步与验证规则和数据管理规范以智能合约的形式进行编码,可以实现数据同步自动,数据管理智能化;同时,还可依靠智能合约来管理用户准入规则、系统内部的维护原则等。

3. 数据可视化需求

任何一个数据管理系统必须满足数据可视化的要求,本系统采用双数据库存储机制,所以建立合适的数据访问控制模型和数据结构是实现大米拉曼指纹光谱数据的快速查询、显示和验证最基本的需求。为了提高系统的性能,可以根据用户是否需要验证数据这一需求来对查询做分类,用户不需要验证数据时,则根据用户的查询条件快速检索传统数据库,将结果显示给用户;如果用户需要验证数据,检索传统数据库的同时还需要检索区块链数据库获取数据用于验证,并将最终的查询和验证结果分别展现给用户。

4. 系统维护需求

大米拉曼指纹光谱数据存储系统的维护不能只依赖智能约合以及相应数据库本身自带的维护模式,建立相应维护规范也是必需的。在指纹光谱数据管理系统建成之后,可能会因为某些操作不当、断电、设备受损等问题导致数据库出现问题,为保证链下传统数据库数据受损能及时恢复,需要定期备份数据,如果链下传统数据库出现数据安全问题,及时使用备份数据重新恢复数据,恢复后的数据也需要再次和区块链数据库进行对比,保证恢复后的数据也是没有被修改的。同时,还应定期对服务器进行安全检查,加强网络安全防护,避免数据泄露,服务器被黑客攻击等网络安全问题。

对上述需求进行更细致的划分后,归纳总结出具体需求如表6-3所示。

表6-3 功能需求表

需求名称	需求说明	角色
资格申请	申请一个可用于账号注册的资格码	用户
账号注册	创建一个用于登录系统的账号	用户
用户权限管理	管理不同级别的用户	管理员
数据提交	提交数据文件	用户
数据查询	根据查询条件查询数据、获取查询结果	用户
数据更改	根据更改条件更改数据	用户
数据追溯验证	查询区块链数据库中数据，对数据进行追溯和验证	用户
证书申请	时间戳授时服务器向证书服务器申请证书	系统
证书验证	验证时间戳授时服务器的证书	系统
时间戳申请	向时间戳授时服务器申请数字时间戳	系统
时间戳计算	使用 ECC 椭圆曲线算法计算数字时间戳	系统
时间戳颁发	时间戳授时服务器为数据文件加盖数字时间戳	系统
时间戳验证	用户验证数字时间戳的真实性	用户
数据摘要计算	计算数据的哈希摘要	系统
数据加密	使用 RSA 算法对数据进行加密	系统
数据链上存储	部署区块链数据库网络，数据共识上链，存储数据	系统
数据链下存储系统维护	部署传统数据库网络，存储数据系统管理员对系统进行维护	系统管理员

6.3.2 指纹光谱数据区块链存储系统总体设计

本系统采用数据访问对象和 RPC 设计模式，根据上文提出的链上链下存储方案，使用 LevelDB 区块链数据库存储拉曼指纹光谱数据、明文数据库产生的所有操作记录、数据操作员的信息和存储节点信息的密文，使用 MySQL 分布式集群作为分布式节点明文数据库用以存储所有拉曼指纹数据和相关记录信息，切实解决区块链存储空间不足的问题，充分保障传统数据库中数据存储安全，避免数据篡改。

1. 指纹光谱数据区块链存储系统架构

根据需求分析中提出的需求，先将大米拉曼指纹光谱数据管理系统构架如图6-13整合。整个管理系统的逻辑架构采用 RPC 层级模式设计，从上到下分别是应用服务层、合约服务层、数据持久化层。以分层的形式实现每个模块的功能，能够降低整个系统的耦合性，提高系统的扩展性，当需要新的功能时，只需要在相应的处理层添加服务即可。并且，本系统将前后端数据分割开来，用户只需要根据提示，选择他们想要的功能即可，无需关注数据的走向和操作，整个后端对用户来说就像是一个黑箱，无法触及数据，也能从一定程度上保护数据。

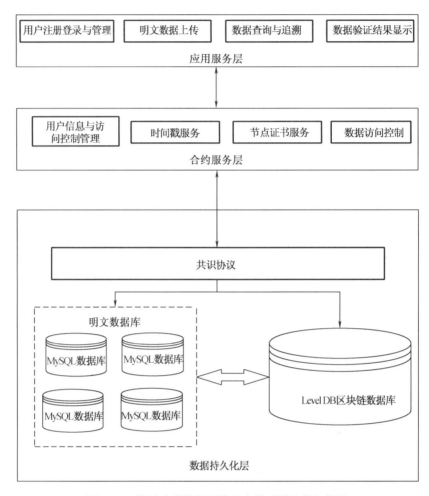

图6-13 指纹光谱数据区块链存储系统总体架构图

应用服务层是一个前端网页,主要是针对用户层面的一些功能展示,包括用户的注册登录与管理、数据查询与追溯结果的显示、数据合法性和真实性验证结果的显示等一系列数据可视化服务。合约服务层则是以智能合约的方式实现系统的核心业务逻辑,例如智能化完成用户管理、用户访问控制、数据加密操作、数字时间戳上传与下载操作以及相应的数据流向控制等一系列和数据相关的操作。位于应用服务层和数据持久化层之间的合约服务层是本系统最为重要的一个环节,它起到了一个承上启下的作用,该层既需要甄别用户的身份,还需要控制数据的走向,所以必须要制定详细的合约规范来维护该层的服务。数据持久化层是完成最底层的数据存储服务,该层是由 LevelDB 区块链数据库、MySQL 明文数据库和共识协议组成,数据从合约层到达数据持久化层,共识协议会根据特定规则选择一个主节点存储明文数据,并将对应的关键数据存储到区块链数据库,之后会将主节点数据同步到系统中其他的节点上。同时,如果合约控制层传来数据请求任务,数据持久化层还需能够提供相应的数据。

2.指纹光谱数据区块链存储系统功能模块

根据需求分析和系统架构,大米拉曼指纹光谱数据管理系统应该包含用户访问控制、时间戳服务、证书管理、数据访问控制4个功能模块,如图6-14所示。

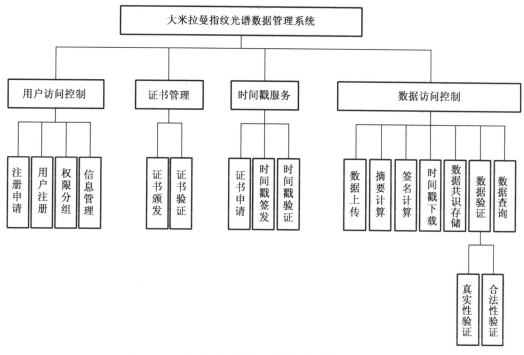

图6-14　指纹光谱数据区块链存储系统功能模块图

用户访问控制模块包含注册申请、用户注册、权限分组和注册信息管理功能;时间戳服务包含时间戳服务器证书申请、数字时间戳签发、数字时间戳验证;证书管理则是完成证书颁发和证书验证功能,确保时间戳授时服务器是真实可信的;数据控制模块则需要完成指纹光谱数据上传、数据摘要计算、数据RSA签名计算、数字时间戳获取、数据合并共识存储,其中数据合并存储又划分出2个小功能,数据存入明文数据库和区块链数据库;数据访问控制模块还应包含数据验证与数据查询显示,数据验证包括数据合法性验证、数据真实性验证。4个功能模块协调运行,实现一个防篡改,真实有效的大米拉曼指纹光谱数据管理系统。

(1)用户访问控制模块

用户访问控制流程如图6-15所示。

注册申请:本系统是以联盟链的方式实现的,所以在加入本系统前的所有组织以及个人都需要先向本系统的负责组织提出申请,申请通过方可进行注册加入本系统。

用户注册:注册申请通过的用户可以填写相关信息进行注册,成功注册后的信息分别存入本地数据库以及区块链数据库。

权限分组:注册成功后的部分用户和组织仅有数据查看的功能,只有特定权限的用户才能提交数据,系统管理员根据特定的规则对其进行管理,权限记录也需要上传到区块链数据库。

信息管理:系统管理有权对普通用户的信息进行操作,操作的记录需上传至区块链数据库。

(2)时间戳服务模块

时间戳服务流程如图6-16所示。

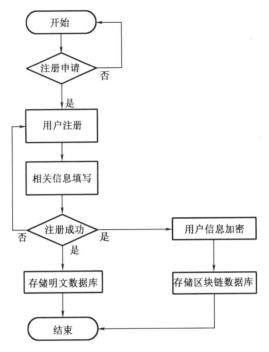

图 6-15　用户访问控制流程图

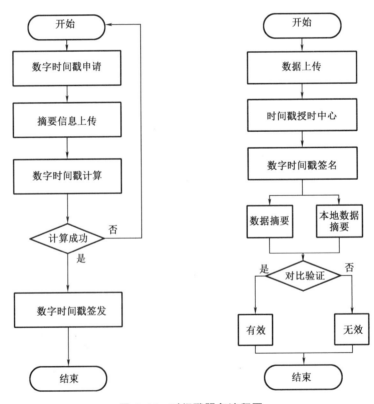

图 6-16　时间戳服务流程图

时间戳服务器证书申请:本系统使用的第三方授时中心并不是权威时间戳服务器,所以需要申请证书来保证本系统中所使用的时间戳授时服务器是可信的。

数字时间戳签发:对上传的摘要数据用上文改进的 ECC 椭圆曲线加密算法计算时间戳数字签名。

数字时间戳验证:对上传的数字时间戳签名进行验证,验证过程是对比上传数据的信息摘要和本地数字时间戳中信息摘要是否一致,返回相应的结果。

(3)证书管理模块

证书管理流程如图 6-17 所示。

证书颁发:对本系统中的时间戳授时服务器颁发证书,保证授时服务器的安全性。

证书验证:不定时检查时间戳服务器的证书是否有效,是否过期等,出现问题,立即向组织内所有节点发出警告。

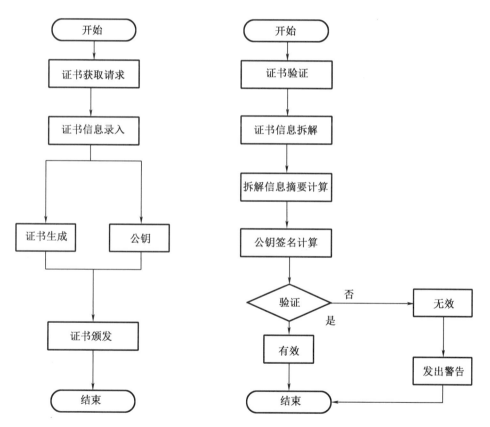

图 6-17　证书管理流程图

(4)数据控制模块

链上链下数据存储流程如图 6-18 所示。

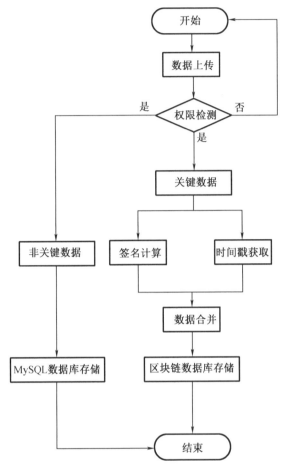

图 6-18 链上链下数据存储流程图

数据上传:拥有上传数据权限的用户可以将采集到指纹光谱数据上传到本系统中。

摘要计算:使用哈希 256 算法计算上传数据的哈希摘要。

RSA 签名计算:使用第三章改进的 RSA 加密算法计算数据的数字签名。

时间戳下载:获取时间戳服务器签发的 ECC 时间戳数字签名。

数据合并共识存储:按照第三章设计的共识协议选择主节点将非关键数据存入链下 MySQL 数据库,将 RSA 签名数据和时间戳数字签名等关键数据合并存入区块链数据库,最后将主节点所有的数据同步到其他节点上。

数据显示与验证:将用户查询出来的数据进行分解,明文数据重新计算摘要。重新计算的数据摘要和区块链数据库中解密 RSA 数字签名的摘要进行对比,判断结果是否一致,用于检查数据的合法性,将时间戳数字签名上传至时间戳授时中心进行校验,检查数据的有效性,将两部分的验证结果返回到前台显示。

6.3.3 指纹光谱数据区块链存储系统链上链下数据库设计

本系统采用的是链下链上数据存储模式,存储的数据对象有用户数据、大米拉曼指纹光谱明文数据、签名数据、时间戳数据、节点信息和数据库操作记录等。链上选用 LevelDB 存储区块数据,链下使用 MySQL 数据库存储非关键数据,基于链上链下存储机制,力求设计出高效的数据存储模型降低数据存储空间、合理的数据访问控制模型提高数据查询速度,尽量重用数据类型避免数据冗余。数据验证流程如图 6-19 所示。

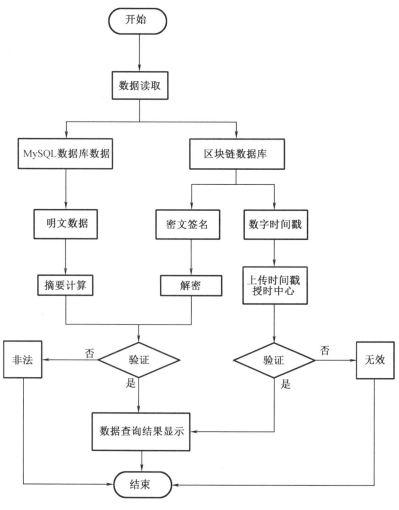

图 6-19 数据验证流程图

1. 链上区块链数据库的设计

链上区块链数据库的设计是基于联合权威共识协议和链上链下存储机制,从分布式节点中选定主节点存储区块数据。由于本系统使用 LevelDB 数据库存储区块数据,所以需要将区块数据抽象成 Key-Value 形式的区块数据对象。使用每一个区块链的唯一标识——签名索引作为 Key,序列化区块头和区块体中的数据作为 Value,将 Key-Value 形式的数据存入 LevelDB 数据库中。区块链数据存储模型如图 6-20 所示。

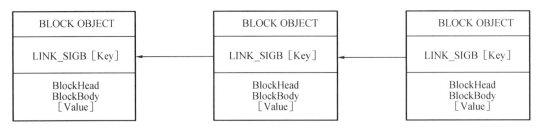

图 6-20　区块链数据存储模型

区块体中数据存储部分既要涵盖数据主要特性,又需要尽可能降低区块的存储空间,所以综合考虑,区块数据存储部分应包含如表 6-4 所示的关键数据属性,使用区块的签名索引与链下数据库进行交互。

表 6-4　区块体数据属性字段

属性名	属性类型	属性注释
FileID	Int64	上传数据文件分割 ID
FileUploader	String	上传数据文件的人
Location	String	存储数据的节点 IP
Sign	[ ] byte	本数据块的签名索引
PrevSign	[ ] byte	上一数据块的签名索引
Height	Int64	区块容量
Timestamp	[ ] byte	数字时间戳签名
MerkleRoot	[ ] byte	数据验证 Mekle 根
LamanDatas	[ ] * LamanData	光谱密文数据集合
Operations	[ ] string	MySQL 数据操作集合

2. 链下 MySQL 数据库的设计

MySQL 明文数据库将会存储本系统各个功能模块涉及的所有数据信息,利用 MySQL 数据库不仅可以高效地存储和查询数据,还能够快速地和区块链数据库通信验证数据是否被篡改。数据模型是数据库的逻辑单位,数据表是数据库的物理单位,二者是数据库数据存储的重要组成单位,所以需要抽象出系统的数据实体并描绘实体联系图,根据实体联系图设计相应的数据表,改善数据空间利用率,降低数据冗余性和提高数据检索速度。

根据系统架构的设计,本系统参与方有时间戳授时中心、证书颁发机构、光谱数据存储节点,针对各参与方抽象出用户、权限信息、分布式节点、时间戳授时中心、数字时间戳、CA 证书、光谱数据文件信息和光谱数据详细信息等 8 个实体对象。从 8 个实体对象入手,设计实体关系图和相应的数据表,详细内容如下:

①用户实体属性应该包含用户 UUID、账号名、密码、邮箱信息、所属机构。

②权限实体属性应该包含用户 UUID、用户名、权限级别、操作。用户权限实体关系如图 6-21 所示。

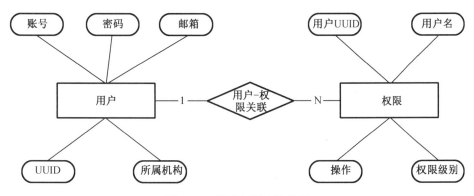

图 6-21　用户权限实体关系

③分布式节点实体属性包含节点编号、节点端口信息、节点 IP 地址、节点证书 UUID、节点管理员、节点所属结构,如图 6-22 所示。

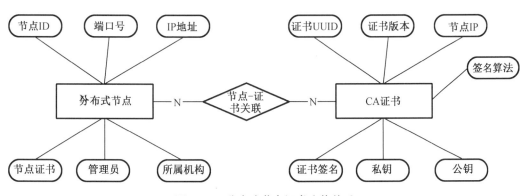

图 6-22　分布式节点证书实体关系

④时间戳授时中心实体属性包含证书 UUID、服务器 IP 地址、服务端口号,所属机构。

⑤CA 证书实体属性包含证书 UUID、证书版本信息、节点 IP 信息、签名算法、公钥信息、私钥信息、证书数字签名。分布式节点、时间戳授时中心、CA 证书实体关系如图 6-23 所示。

⑥时间戳数字签名实体属性包签名编号、签名数据摘要、文件生成时间、文件上传者、签名算法、公钥信息、私钥信息、数字时间戳内容。

⑦光谱数据文件信息实体属性包含光谱文件 ID、大米类型、测量时间、测量仪器编号、测量位置、光谱数据编号。时间戳数字签名和光谱数据文件信息实体关系如图 6-24 所示。

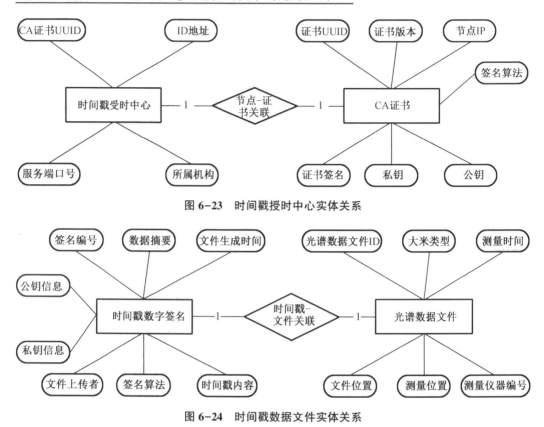

图 6-23　时间戳授时中心实体关系

图 6-24　时间戳数据文件实体关系

⑧光谱数据详细信息实体包含光谱数据 ID、数据数字签名索引、光谱数据、签名信息、数字时间戳。使用数据的数字签名索引将光谱数据详细信息实体与链上区块实体对象进行交互。光谱数据文件信息、光谱数据实体关系如图 6-25 所示。

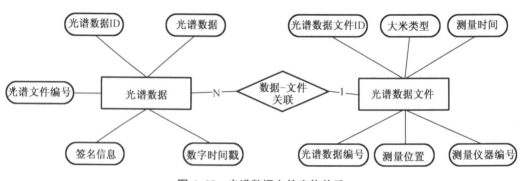

图 6-25　光谱数据文件实体关系

根据上述实体属性与实体联系图设计本系统的数据表。数据表详细设计如下。

（1）用户数据表如表 6-5 所示。

表 6-5 用户数据表

字段	类型	是否为空	是否为主键	解释
User_uuid	varchar(100)	no	yes	用户 UUID
User_account	varchar(20)	no	no	用户账号
User_password	varchar(20)	no	no	用户密码
User_email	varchar(20)	no	no	用户邮箱
User_organize	varchar(20)	no	no	用户所属组织
User_priority	int	no	no	用户权限

（2）权限数据表如表 6-6 所示。

表 6-6 权限数据表

字段	类型	是否为空	是否为主键	解释
User_uuid	varchar(100)	no	yes	用户 UUID
Operations	varchar(20)	no	no	操作类型
Level	int	no	no	用户级别

（3）CA 证书数据表如表 6-7 所示。

表 6-7 CA 证书数据表

字段	类型	是否为空	是否为主键	解释
Cer_uuid	varchar(100)	no	yes	证书 UUID
Cer_version	varchar(20)	no	no	证书版本
Cer_IP	varchar(20)	no	no	节点 IP
Cer_sign	varchar(20)	no	no	证书签名
Cer_signAl	varchar(20)	no	no	签名算法
User_public	text	no	no	证书公钥
User_privita	text	no	no	证书私钥

（4）节点信息数据表如表6-8所示。

表6-8　节点信息数据表

字段	类型	是否为空	是否为主键	解释
Node_id	int	no	yes	节点编号
Node_port	int	no	no	节点端口号
Node_ip	varchar(20)	no	no	节点 IP
Node_certificate	varchar(20)	no	no	节点证书
Node_ organize	varchar(20)	no	no	节点所属组织
Node_admin	varchar(20)	no	no	节点管理员

（5）时间戳服务器数据表如表6-9所示。

表6-9　时间戳服务器数据表

字段	类型	是否为空	是否为主键	解释
Time_ceruuid	varchar(100)	no	yes	授时中心证书编号
Time_port	int	no	no	节点端口号
Time_ip	varchar(20)	no	no	节点 IP
Time_organize	varchar(20)	no	no	节点证书

（6）时间戳数字签名数据表如表6-10所示。

表6-10　时间戳数字签名数据表

字段	类型	是否为空	是否为主键	解释
TP_id	int	no	yes	时间戳编号
TP_fileCreate	varchar(20)	no	no	文件生成时间
TP_fileUploader	varchar(20)	no	no	文件上传者
TP_abstract	varchar(20)	no	no	数据摘要
TP_sign	varchar(20)	no	no	时间戳内容
TP_signAL	varchar(20)	no	no	时间戳签名算法
TP_public	text	no	no	时间戳公钥
TP_privita	text	no	no	时间戳私钥

（7）光谱文件数据表如表6-11所示。

表 6-11　光谱文件数据表

字段	类型	是否为空	是否为主键	解释
File_ID	int	no	yes	光谱文件编号
File_type	varchar(20)	no	no	大米测量类型
File_time	varchar(20)	no	no	大米测量时间
File_positon	varchar(20)	no	no	大米测量位置
File_instrument	int	no	no	测量设备编号
File_path	varchar(20)	no	no	数据文件位置
File_stamp	text	no	no	数字时间戳

（8）光谱数据表如表6-12所示。

表 6-12　光谱数据表

字段	类型	是否为空	是否为主键	解释
Data_ID	int	no	yes	光谱数据编号
Data_sign	text	no	no	数据签名索引
Data_file	int	no	no	光谱文件编号
Data	text	no	no	光谱数据
Data_sign	text	no	no	光谱数据密文
Data_timestamp	text	no	no	数字时间戳

6.4　指纹光谱数据区块链存储系统的开发与应用

基于6.3的需求分析和架构设计,本节将选用合适的开发环境、技术和软件工具逐步实现上一章中提出的功能模块,同时展示存储系统主要功能对应的界面显示。针对主要功能进行功能测试以及链上链下存储机制的性能测试。

6.4.1　区块链存储系统开发与部署环境

系统开发环境是由硬件环境、软件环境以及开发工具组成,选择并配置一个良好的系统开发环境可以为系统开发起到事半功倍的作用,同时也能够降低后期维护的工作量,延长系统的使用寿命。

1. 区块链系统开发与部署环境配置

基于时间戳的大米拉曼指纹光谱数据区块链存储系统的各个模块功能均是在Windows 环境中完成开发,具体系统环境如表6-13 所示。

表6-13　系统环境

系统环境	配置
处理器	AMD Ryzen 54600U 双核
内存	16G
硬盘	1T
操作系统	Windows 1021H1 64 位

存储系统的功能实现是在 Visual Studio Code 编译器上使用 Golang 语言进行编程,利用 Gin 框架作路由转发,Vue 作前端展示,明文数据库使用 MySQL 数据库,区块链数据库使用 LevelDB,最后使用 Nginx 部署服务。具体开发环境如表6-14 所示。

表6-14　开发环境

开发环境	版本
Visual Studio Code	1. 62. 3
Golang	1. 17. 2 windows/amd64
Gin	1. 5. 2
Vue	2. 9. 6
MySQL	8. 0. 15
LevelDB	1. 2. 1
Nginx	1. 16. 0

2. 区块链存储系统开发相关软件技术

(1)前端界面显示

Vue 是一款综合了 HTML、CSS、JS 技术的用于构建用户可视化界面的渐进式方案,可以兼容多款浏览器,支持开发者模式。简洁的语法、功能强大的第三方库,让 Vue 成为目前主流的前端技术。本系统采用 Vue 框架实现前端页面,为用户提供一个简洁、美观的可视化窗口。

(2)数据库平台

MySQL 数据库历史悠久,功能强大,其集群功能非常适合实现分布式节点服务,而且MySQL 数据库支持多种数据库引擎,能够高效优化数据的存储与查询操作,提高系统的性能。LevelDB 是谷歌公司开发一款键值类型的单机数据库,Key-Value 持久化的方式非常适合存储区块链数据结构。本系统使用 MySQL 模拟分布式节点存储明文数据,使用 LevelDB 存储区块链密文数据,既解决了区块链存储系统存储空间不足的问题,又能提高数据的检索效率。

(3)后端服务

Golang 是谷歌公司 2012 年发布的一款后端开发语言,该语言综合了静态语言 C++和动态语言 Python 的优点,强大的并发操作和高效编程模式让其逐渐成为后端服务首选语言。Ngnix 是一款支持多操作系统的高性能 Web 服务器,Nginx 服务配置简单,鲁棒性高,并发能力强,并且该服务占用内存极小,国内众多大型互联网公司均使用该服务器。本系统使用 Golang 开发服务端,采用 Ngnix 部署服务,实现一个支持数据高并发的防篡改数据存储系统。

6.4.2　区块链存储系统功能实现

根据章节 5.3 对该系统功能的详细规划和描述,结合本节选择的编程技术对各个功能进行实现,并且展示以下部分功能,例如:用户注册登录功能、证书验证管理功能、时间戳授时功能、数据链上链下存储功能和数据查询验证功能。

1.用户访问控制模块实现

用户访问控制模块包含 3 个子功能,分别是用户注册前的资格申请、用户注册登录、用户信息管理功能。

(1)用户注册资格申请

用户在注册之前需要先向本系统指定的管理组织申请注册资格,申请成功之后,系统以邮件的方式发送资格码,后续使用资格码进行注册。用户注册资格申请界面如图 6-26 所示。

图 6-26　用户注册资格申请

(2)用户注册

用户收到资格码之后,根据注册界面提示的相关信息进行填写,注册界面如图 6-27 所示。

图 6-27　用户注册

（3）用户登录

注册成功的用户可以通过用户名和密码进行登录，登录界面如图 6-28 所示。

图 6-28　用户登录

（4）用户管理界面

超级账户是由系统指派的，可以管理所有用户的访问控制权限界面，如图 6-29 所示。

图 6-29　用户管理

2.证书管理功能实现

证书管理功能是由证书颁发和证书验证功能组成,验证全程是由管理员在后端进行操作,无须提供显示界面,只需返回证书颁发结果和证书验证消息。根据提示输入证书申请方的信息,在本地生成证书和公钥信息,然后发送给证书申请方。图6-30、图6-31显示是证书颁发过程。

POST	∨	http://localhost:8080/GrantCert?rootOrtime=sign&country=CN&organization=BYAU&organizationalunit=BYAU&emailaddress=123456@126.com&provin...	

参数 ●　授权　Header (9)　Body ●　预请求脚本　测试　设置　　　　　　　　　　　　　　　　　　　　　　　　　Cookie

	键	值	描述	ooo 批量修改
☑	rootOrtime	sign		
☑	country	CN	国家	
☑	organization	BYAU	组织	
☑	organizationalunit	BYAU	组织联盟	
☑	emailaddress	123456@126.com	邮箱账号	
☑	province	黑龙江	省份	
☑	locality	大庆黑龙江八一农垦大学304实验室	具体地点	
☑	ipaddress	192.168.3.133	节点IP地址	

图6-30　证书信息录入

```
-----BEGIN CERTIFICATE-----
MIID2jCCAsKgAwIBAgIIdgzdxSi9zHowDQYJKoZIhvcNAQELBQAwaTELMAkGA1UE
BhMCQ04xEDAOBgNVBAgTB0ppYW5nU3UxDzANBgNVBAcTBlN1WmhvdTELMAkGA1UE
ChMCV1MxFDASBgNVBAsTC3dvcmstc3RhY2tzMRQwEgYDVQQDEwtXb3JrLVN0YWNr
czAeFw0yMTExMTIwMjA0MThaFw00MTExMTIwMjA0MThaMGkxCzAJBgNVBAYTAkNO
MRAwDgYDVQQIEwdKaWFuZ1N1MQ8wDQYDVQQHEwZTdVpob3UxCzAJBgNVBAoTAldT
MRQwEgYDVQQLEwt3b3JrLXN0YWNrczEUMBIGA1UEAxMLV29yay1TdGFja3MwggEi
MA0GCSqGSIb3DQEBAQUAA4IBDwAwggEKAoIBAQD6gQ4WVtrwjHlOc25evIo58iM6
bwcOeDv+Yi9rCHx2sj7T1JXycjQ5P3Zu5XatxnwPhxM87Kmic6hmQRk9QvUbsAkl
eXVMMOMfWhm+8QcVLG4sSajYGUBXTPITpSkQb7qFhToA9JCDCl062zXuRr6pIHBI
Gng9yX00VUKbkqdsTP4IV0TDBNvus9BtCwojP31thUNjrLRraf5P2SiY4a3uxpvk
j0KlAbUAYUVBHs0V2s2/bRcDhj9GVscpaitR7y0l+/f/MnGTri9zW4VY7eCEABBD
5lCeym28ZfO9oOwfJoXiqiAnbD3KL8WdoUvuhzpLgM4tD5N2BeB0/tr8AYyPAgMB
AAGjgYUwgYIwDgYDVR0PAQH/BAQDAgEKMB0GA1UdJQQWMBQGCCsGAQUFBwMCBggr
BgEFBQcDATAPBgNVHRMBAf8EBTADAQH/MB0GA1UdDgQWBBTV0c8WmepixVYShd/c
MLL6oD+UvzAhBgNVHREEGjAYgRBjenhpY2h1bkAxNjMuY29thwTAqAMBMA0GCSqG
SIb3DQEBCwUAA4IBAQAuf8kOCHzxKztG2VCa3SKCVZKbGbptZvLfMUmyKqh8ctsi
q9Oyc2n/EYLNyWYhNfpb+EfLYup+ldMZR5Mp5ZHj+/btJfg5G/qfQvNmgr9fQYmt
NwhqZN1GpLkbbiwEQGSYrNLXjNqGeblw3pAq5dZrTDNIu6Mi/yq93NJg4J3hE48h
zWLQMZfE4YmcgcVKZ6VWbZ5SI1NlakzARfvD6mXT0BEo2aDuCYO7knoB8aGugtbq
rw2+SoV51FKWUkC5FxbwoFflXIHgf8Mxlvb3x2MtOSqc657Z+hVhzHioaOSS8Pbt
qle9fANU/MBQ52054Q8LiPWflxMBA1Hs2UdQahhU
-----END CERTIFICATE-----
```

图6-31　证书内容信息

3.时间戳授时功能实现

时间戳授时是将上传的数据哈希摘要赋予时间效力,并连同相关信息计算时间戳签名数据。首先,在时间戳服务器上接入国家授时中心提供的API接口,并在服务器上设置每间隔10 s校准系统时间,如图6-32所示。

图 6-32　系统时间校准

4. 数据库数据存储功能实现

用户根据提示输入数据相关信息,包括光谱测量对象、测量部位、测量地点、数据测量人、测量时间和测量的数据文件,数据文件提交之后,数据信息会存储 MySQL 数据库和区块链数据库。数据存储过程如图 6-33 所示。

Hash25 50e23a624b9c73da9445b08f447802e85dd991913816dd0d9c7f 2021/11/18 15:36 priKey.pereb679db9-10b5-480d-bdb6-af2fb5d7a370
Hash25 7523fb3d61b8106bd9c456d3a720787e7d2635436afa8992eb8e 2021/11/18 15:36 priKey.perc8751a02-9f83-45b0-b597-47ff16195569
Hash25 464daa5f740bfa585158c9d7dadbace78a07bdc46ae162ac43da4 2021/11/18 15:36 priKey.per043eac73-ab01-4c9b-b727-5c87205b4f38
Hash25 96ef3f75b265377562e05429ecbe9c33ba97d39a262440d1f7477 2021/11/18 15:36 priKey.per69ffb411-227f-486e-9e4a-17520ac695fa
Hash25 4ecc6fed3ded6a7eba48d6f84cacfa7e52f57d1b62da47ae47ba7C 2021/11/18 15:36 priKey.perd8285389-a838-451d-a602-81ee1f349f88
Hash25 af556b1248066e75a357dac2e0fb344fcd6dc0fbc7dbe31ea98293 2021/11/18 15:36 priKey.perf2a011e1-b874-4872-aa8c-afa76a71870f
Hash25 c90e9c2b41479f46d7ec319b435ade8309b06729f5a54971cec8c 2021/11/18 15:36 priKey.peredc4f43a-dfd5-4479-b0b9-9444789b53e9
Hash25 df37aef0a8044a0089031336eecee849f9a4adf64a8e6de2b258aC 2021/11/18 15:36 priKey.per4c3ffd46-460a-4a04-8aba-12a2713274b7
Hash25 11d6e1d04011c53126e1be178541586da907a2a25bc3d72ffb82c 2021/11/18 15:36 priKey.per2a162d68-0823-4172-9fdf-cc867398a844
Hash25 aa5605c75afd895ab3f309863f5720e3b19027a32b40c1337f07a9 2021/11/18 15:36 priKey.perea2f9e6d-065a-493b-a866-1a380d420242
Hash25 52310e703bacb0aea1420ef868913c522fd995adefbf83e41d47e3 2021/11/18 15:36 priKey.per181b3faa-e0e3-42b8-a36f-1fb67d0ab4ca
Hash25 d1caafc72eda65d0142095cabd3fad889234071883b7b9cf772b 2021/11/18 15:36 priKey.per05a636bd-874d-45a0-8823-c20c5b6bed15
Hash25 917cb61178cbc3afbf22e4f76d7f1e6b1a4999f7825e791d332323 2021/11/18 15:36 priKey.per0641434b-cc1a-47de-baa2-807181726400
Hash25 7247ae2a2ae32dce7a88f27712ccbf79044159bfd8328342eef6ba 2021/11/18 15:36 priKey.per32b9f6e1-0e82-471b-ab82-36a414fad002
Hash25 b83a122911e3a4d8552186632571b89812e5c19a51e9d996b61(2021/11/18 15:36 priKey.perc9d9e40b-48ef-49dc-afec-14ba9651cc4f
Hash25 38971099d8203bec093929e5017811db385077d0f9497d0c9ff9C 2021/11/18 15:36 priKey.perbdce4fa9-e7a4-4a64-b407-d69e9c15d74f
Hash25 58d4c5f77e95a707b8192010060ff7074305d6afb5eed587d7cb 2021/11/18 15:36 priKey.peref8ada4f-6c0d-4eda-a06f-da9685b098af
Hash25 c1759bd0df1d67a984484af5b1aa2c3ee019999bf9710e9cee62f1 2021/11/18 15:36 priKey.perc388d39b-ab44-4dcc-ba5c-f30a94e596df
Hash25 308f077fd31b1b28d904a3b1fb47dc76e6e3e9db42b58b7416d6 2021/11/18 15:36 priKey.per7e8a8ba0-30b7-4354-b0e3-96900e10b628
Hash25 a79b6362a49b0266c9688edf8c2e4c7b06ed6dbdabea8e886302 2021/11/18 15:36 priKey.per319cb852-07b3-480a-99f8-22389026256d
Hash25 d0b3de20641b6d18a00a1599f12572bd7257cc623fdb594ad2bd 2021/11/18 15:36 priKey.pere782f20a-4b89-405d-a6c3-c627a9ed0812

图 6-33　数字时间戳签名内容

5. 数据查询和溯源验证功能实现

根据特定用户输入的查询条件,将数据以表格的形式在前端页面显示,如图 6-34、图 6-35、图 6-36 所示。

用户可将已经下载的数据进行溯源,通过提交数据文件下载时的文件编号即可进行数据溯源,数据溯源结果示例如图 6-37 所示。

光谱数据信息录入区块

数据对象　大米

测量部位　根部

测量地点　304实验室

测量人　张三

测量时间　2021-12-11

选择文件

| 文件名 | 大小 | 状态 | 操作 |
| 1#12.xlsx | 290.2kb | 等待上传 | 删除 |

立即提交　重置

图 6-34　光谱数据录入

```
Index :6
    TimeStamp: 2bfc0029-265c-497a-897f-94e1bb92cb4b
    Data: 大米拉曼数据-张三采集-编号:--6
    PrevHash: 41376e37d887098cccb8dc7d9b5a592a707bac41f03aa696cd195a71205bbc48
    Hash: 94f4d8995d1ea16778c21e70277ec8488e43b1b054261c1e70f0bd33a085b80d

Index :7
    TimeStamp: 40bee7e6-fd53-41bd-9e97-bb8078a06ce6
    Data: 大米拉曼数据-张三采集-编号:--7
    PrevHash: 94f4d8995d1ea16778c21e70277ec8488e43b1b054261c1e70f0bd33a085b80d
    Hash: 1d60221cf214e19152e49f86debc07aed01984b548acc11d1f9de00a448ad0bf

Index :8
    TimeStamp: 0d273a45-584e-4390-9ff1-5baf6c002cd8
    Data: 大米拉曼数据-张三采集-编号:--8
    PrevHash: 1d60221cf214e19152e49f86debc07aed01984b548acc11d1f9de00a448ad0bf
    Hash: 6770a62d2d5a7b7b4a900b60ba0605c710303d0dcae69d9c0d917b7dadbfe293

Index :9
    TimeStamp: 0016f275-8e52-43dc-91aa-1f0efb47af8b
    Data: 大米拉曼数据-张三采集-编号:--9
    PrevHash: 6770a62d2d5a7b7b4a900b60ba0605c710303d0dcae69d9c0d917b7dadbfe293
    Hash: 63f915825c7f8f234172202f2b3c7aca8b06979fbf66cbe92c225a557b0fbfeb
```

图 6-35　链上数据部分信息

基于时间戳的大米拉曼指纹数据区块链存储系统　光谱数据录入　**光谱数据查询**　光谱数据下载　光谱溯源信息查询

ID ⇕	测量时间	测量地点	测量人	测量类型	光谱数据
10001	2021-12-11	信息楼304实验室	张三	大米	1,1,3,4,6,7,9,12,16,22,30,39,49,59,72,85,99,112,126,139,151,165,181,199,219,243,270,301,336,377,422,471,526,584,64...
10002	2021-12-11	信息楼304实验室	张三	大米	11,1,17,34,50,64,76,85,94,102,113,125,140,158,179,204,233,267,303,344,387,433,482,535,592,654,721,794,871,954,10...
10003	2021-12-11	信息楼304实验室	张三	大米	2,12,27,40,52,63,73,82,92,105,121,139,161,185,210,237,266,298,333,371,413,458,506,557,611,671,737,810,890,977,10...
10004	2021-12-11	信息楼304实验室	张三	大米	2,1,3,6,10,16,23,33,45,60,75,92,108,124,138,151,164,178,193,212,233,258,287,319,354,394,438,488,543,603,665,731,8...
10005	2021-12-11	信息楼304实验室	张三	大米	10,3,16,27,38,46,54,62,70,79,88,99,113,130,150,175,205,238,274,314,356,400,448,498,551,607,665,728,795,868,948,1...
10006	2021-12-11	信息楼304实验室	张三	大米	7,3,14,26,39,53,66,78,89,100,111,125,142,163,188,216,247,279,313,348,387,431,481,536,597,661,730,801,878,959,104...
10007	2021-12-11	信息楼304实验室	张三	大米	3,12,27,41,55,68,81,94,108,122,137,154,172,193,218,246,278,312,350,392,438,489,544,604,668,735,807,884,966,1053...
10008	2021-12-11	信息楼304实验室	张三	大米	3,10,26,41,55,67,78,87,97,107,119,133,150,170,194,222,254,290,329,372,419,470,526,586,650,718,788,862,940,1023,1...
10009	2021-12-11	信息楼304实验室	张三	大米	2,10,23,34,44,53,60,66,73,82,94,108,127,149,175,204,237,273,313,357,405,456,510,566,625,685,748,815,889,969,1057...
10010	2021-12-11	信息楼304实验室	张三	大米	5,7,18,29,38,46,53,60,66,74,85,99,116,138,164,192,223,256,291,328,368,413,461,515,573,636,703,774,849,927,1008,1...

〈 **1** 2 〉 到第　1　页　确定　共14条　10条/页 ∨

图 6-36　数据信息查询

图 6-37　数据信息验证

6.4.3　区块链存储系统测试

1.区块链存储系统功能测试

区块链存储系统功能测试主要分为 2 类,第一类是用户管理和数据查询功能测试,第二类是时间戳服务、数据链上链下存储、数据防篡改功能测试。第一类功能测试运用黑盒测试的方法,重点测试注册登录、用户信息管理、数据上传、数据查询、数据验证基本功能是否可以正常运行;第二类功能测试则以白盒测试方法为主,重点测试时间戳服务能否正常启动、区块链数据服务能否正常启动、数据链上链下能否正常同步存储以及能否检测出数据篡改行为。第一、二类测试用例和结果如表 6-15、表 6-16 所示。数据篡改验证如图 6-38 所示。

表 6-15　第一类测试用例和结果

测试编号	测试内容	测试过程	测试结果
1	用户注册过程中非法字符检测	注册界面输入非法字符,页面提示输入内容有误,重新输入。	通过
2	用户登录功能检测	输入已创建的账号,检测登录功能。	通过
3	用户信息管理功能检测	用管理员账号去操作普通用户的权限,检查普通用户权限是否发生变化。	通过
4	数据上传功能检测	提交相应数据文件,检测数据是否存入数据库中。	通过
5	数据查询功能检测	输入查询条件,检测能否查询到数据。	通过
6	数据下载功能检测	将查询到的数据下载到相应的数据文件中,并检查数据文件的内容是否在数据库中查询到。	通过

表 6-15(续)

测试编号	测试内容	测试过程	测试结果
7	数据追溯功能检测	根据已有的信息,查询系统中数据的溯源结果。	通过
8	数据验证功能检测	对下载的数据进行验证。	通过

表 6-16 第二类测试用例和结果

测试编号	测试内容	测试过程	测试结果
1	时间戳服务能否正常启动。	首先,时间戳服务器申请证书并验证证书,其次对上传数据进行数字时间戳计算,最后检查数字时间戳内容是否和预期一致。	通过
2	区块链数据存储服务能否正常启动。	划分出十个节点,网络配置完成后,检查各个节点的创世区块是否创建成功以及节点间能够正常通信。	通过
3	链下明文数据存储服务能否正常启动。	配置明文数据库服务,在数据库终端界面检查数据库运行状况。	通过
4	链上链下数据能否正常存储。	对分割后需要存储的数据分别做标识,数据完成存储后,验证两部分的标识。	通过
5	数据防篡改测试	修改 MySQL 数据库中的数据,验证篡改数据能否被检测出。	通过

溯源数据校验结果

链上区块数据签名	1cbedb88aae2a11721d7d26f4b3fc7c7aec77e582eecb0f5c631344d975ac4d1
实际数据签名:	464daa5f740bfa585158c9d7dadbace78a07bdc46ae162ac43da4229892ccf04
数据合法性验证:	非法
时间戳数字签名:	a79b6362a49b0266c9688edf8c2e4c7b06ed6dbdabea8e886302bc86fac24739
实际数字时间戳签名:	4ecc6fed3ded6a7eba48d6f84cacfa7e52f57d1b62da47ae47ba70f4e9b3a3fd
数据真实性验证:	无效

图 6-38 数据篡改验证

2. 区块链存储系统性能测试

对基于时间戳的区块链存储机制进行性能测试,验证链上链下存储机制在降低区块链存储空间的同时是否保证系统的性能。性能判定的依据是系统数据存储响应时间,设定初始上传单个文件大小为 300 kB,其中关键数据占 100 kB。链上链下存储测试中,

100 kB 数据存入区块链数据库,200 kB 数据存入 MySQL 数据;仅链上存储测试中,300 kB 数据全部存入区块链数据库中。模拟数据文件从 300 kB 增加至 3 000 kB,每次增加 300 kB,计算 10 次系统响应时间取平均数。

图 6-39 展示了两种存储模式下系统响应时间的变化,随着数据文件的增大,两种存储模式的系统存储响应时间均在增大,当文件越来越大时,仅使用区块链存储数据的模式系统响应时间明显高于双数据库的存储,所以使用链上链下的存储机制不仅降低了区块链存储空间,还能保证系统的性能。

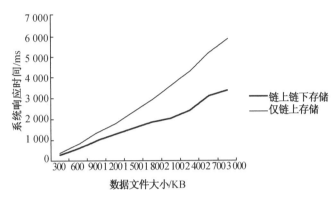

图 6-39　不同存储模式下的系统响应时间

6.5　本 章 小 结

本章研究了时间戳和区块链技术在数据存储的构建,分析并总结出时间戳和区块链技术在大量数据存储应用方面存在着区块链时间戳不可信,可信时间戳服务器成本高,存储空间不足和区块链共识效率低的问题,具体总结如下:

为优化时间戳和区块链技术在大量数据存储方面遇到的问题,提出了基于时间戳的区块链存储机制解决方案。首先,以大米拉曼指纹光谱数据为存储对象,分析并抽象出了数据的区块链数据结构;其次,提出了一种基于多时间戳协议、自发证书的第三方授时服务器为区块链数据加盖可信时间戳,降低时间戳服务器成本;再次,设计了参数可选的 RSA 和 ECC 加密方案,选择合适长度的密钥加密数据;同时,为了提高数据共识上链的效率,在 DPoS 协议的基础上设计了联合权威授权制的共识协议;然后,使用了链上链下双数据库分割存储关键数据与非关键数据的方案,基本解决了区块链存储空间不足的问题;最后,为了更好更快地追溯并验证数据,将数据完整性验证方案写入了智能合约。

以大米拉曼指纹光谱数据为存储对象,基于时间戳的区块链存储机制为算法支撑,选用合适的软件技术实现了大米拉曼指纹光谱数据存储系统。对系统进行功能测实验证了系统可以检测出数据的篡改行为,对系统进行性能测实验证了分割存储方案能有效提高数据存储速度,优化存储空间。

平台测试表明,基于时间戳的大米拉曼指纹光谱数据区块链存储系统能够保证数据的真实性和有效性。

第7章 寒地稻米身份识别系统与产地鉴别装备开发与应用

7.1 大米身份识别系统的开发

7.1.1 大米身份识别系统总体架构

大米身份识别系统采用4层结构。数据输入层主要用来导入DNU和PRN文件格式的拉曼光谱数据,导入32个主要测试指标的大米成分数据,其中,160是由拉曼光谱分析仪导出不含基波的拉曼光谱数据;数据上传层主要用来将导入到客户端的数据远程上传到服务器;数据存储和支持层依托阿里云平台服务器建立指纹图谱数据库,包括样本指纹图谱、样本成分图谱、测试图谱和测试结果数据集,存储相关支持算法;系统功能层由图谱显示、下载、导出和计算分析等组成,完成大米产地溯源和大米的身份识别。系统总体架构如图7-1所示。

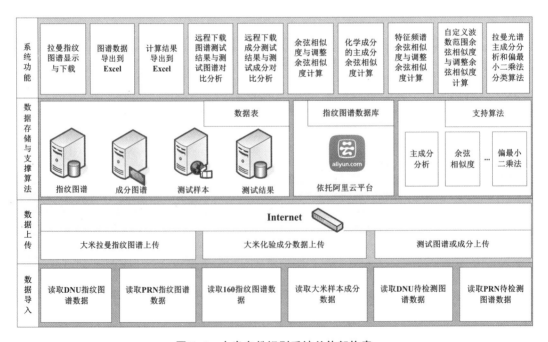

图7-1 大米身份识别系统总体架构表

大米身份识别系统主要功能流程图如 7-2 所示。主要由样本数据读取与上传、训练集的筛选及预处理、建模方法的选择、模型的建立与保存、模型预测及结果输出等部分组成。

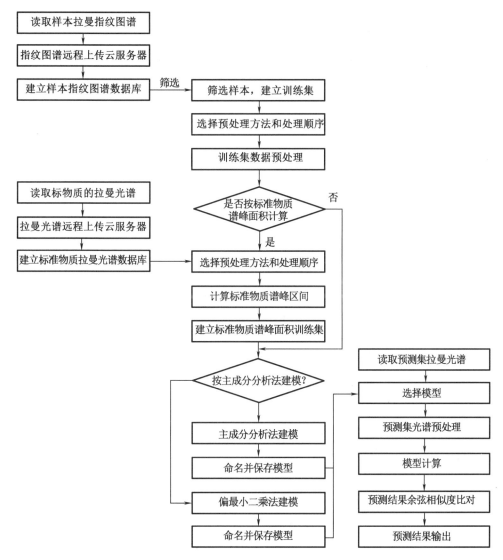

图 7-2 识别系统主要功能流程图

7.1.2 建立指纹图谱数据库

1. 指纹图谱数据库

数据库采用 Microsoft SQL Server 2003,操作系统采用 Windows Server 2008,依托阿里云平台建设,系统配置如下:

CPU:1 核

内存：2 GB

实例类型：I/O 优化

操作系统：Windows Server 2008 标准版

公网 IP：118.190.XX.XX

内网 IP：10.29.XX.XX

带宽计费方式：按固定带宽

当前使用带宽：1Mbps

数据库名称：Laman_TFM

数据文件：Laman_TFM_DATA

日志文件：Laman_TFM_LOG

2. 样本拉曼光谱说明数据表

表名：Raman_title

表结构如图 7-3 所示。其中，ID 为序号；TITLE 为产地品种的中文名称；DATA_FILENAME 为拉曼光谱文件名；XH 为采集光谱的序号；BW 为采集大米的部位；SYSDATE 为存储该表的时间。

列名	数据类型	长度	允许空
ID	int	4	
TITLE	varchar	100	✓
DATA_FILENAME	varchar	100	✓
XH	varchar	50	✓
BW	varchar	50	✓
SYSDATE	datetime	8	✓

图 7-3　样本拉曼光谱说明数据表结构

3. 样本拉曼光谱数据表

表名：Raman_spectra

数据结构如图 7-4 所示。其中，ID 为序号；ZID 对应为样本光谱说明数据表中的 ID，用作数据关联；X 为光谱波数；Y 为光谱强度。

列名	数据类型	长度	允许空
ID	int	4	
ZID	int	4	✓
X	float	8	✓
Y	float	8	✓

图 7-4　样本拉曼光谱数据表结构

4. 测试拉曼光谱说明数据表

表名:Raman_title_test

表结构如图 7-5 所示。其中,ID 为序号;TITLE 为测试出来的产地品种的中文名称;DATA_FILENAME 为测试的拉曼光谱文件名;XH 为采集光谱的序号;BW 为采集大米的部位;SYSDATE 为存储该表的时间;Title_ID 为对应相似度最高样本的拉曼光谱数据表中ID;Similarity 为测算的相似度最高值;Result 为测算结果。

列名	数据类型	长度	允许空
ID	int	4	
TITLE	varchar	100	✓
DATA_FILENAME	varchar	100	✓
XH	varchar	50	✓
BW	varchar	50	✓
SYSDATE	datetime	8	✓
Title_ID	int	4	✓
Similarity	float	8	✓
Result	text	16	✓

图 7-5 测试拉曼光谱说明数据表结构

5. 测试拉曼光谱数据表

表名:Raman_spectra_test

数据结构如图 7-6 所示。其中,ID 为序号;ZID 对应为测试光谱说明数据表中的 ID,用作数据关联;X 为光谱波数;Y 为光谱强度。

列名	数据类型	长度	允许空
ID	int	4	
ZID	int	4	✓
X	float	8	✓
Y	float	8	✓

图 7-6 测试拉曼光谱数据表结构

6. 样本成分说明数据表

表名:composition_title

表结构如图 7-7 所示。其中,ID 为序号;TITLE 为产地品种的中文名称;DATA_FILENAME 为成分文件名;SYSDATE 为存储该表的时间。

7. 样本成分数据表

表名:composition_data

数据结构如图 7-8 所示。其中,ID 为序号;ZID 对应为病害光谱说明数据表中的 ID,用作数据关联;X 为成分名称;Y 为成分值。

列名	数据类型	长度	允许空
ID	int	4	
TITLE	varchar	100	✓
DATA_FILENAME	varchar	100	✓
SYSDATE	datetime	8	✓

图 7-7　样本成分说明数据表结构

列名	数据类型	长度	允许空
ID	int	4	
ZID	int	4	✓
X	varchar	50	✓
Y	float	8	✓

图 7-8　样本拉曼光谱数据表结构

8. 测试成分说明数据表

表名：composition_title_test

表结构如图 7-9 所示。其中，ID 为序号；TITLE 为测试成分名称；DATA_FILENAME 为成分文件名；SYSDATE 为存储该表的时间；Title_ID 为对应相似度最高样本的样本成分数据表中 ID；Similarity 为测算的相似度最高值；Result 为测算结果。

列名	数据类型	长度	允许空
ID	int	4	
TITLE	varchar	100	✓
DATA_FILENAME	varchar	100	✓
SYSDATE	datetime	8	✓
Title_ID	int	4	✓
Similarity	float	8	✓
Result	text	16	✓

图 7-9　测试成分说明数据表结构

9. 测试成分数据表

表名：composition_data_test

数据结构如图 7-10 所示。其中，ID 为序号；ZID 对应为测试成分说明数据表中的 ID，用作数据关联；X 为成分名称；Y 为成分值。

列名	数据类型	长度	允许空
ID	int	4	
ZID	int	4	✓
X	varchar	50	✓
Y	float	8	✓

图 7-10　测试成分数据表结构

7.1.3 客户端开发语言与环境

1.客户端程序开发语言

客户端程序采用 Delphi 7 开发。Delphi 是美国 Borland 公司推出的一种基于客户/服务器体系的 Windows 快速应用开发工具(RAD),是一种面向对象的可视化编程工具,即根据 Delphi 的可视性,结合 Object Pascal 语言的编程技巧,可以开发出功能强大的 Windows 应用程序和数据库应用程序。Delphi 是第一个集可视化开发环境、优化的源代码编译器和可扩展的数据库访问引擎于一身的 Windows 开发工具。它具有以下优点:优秀的可视化开发环境;高效率的编译器;结构良好的编程语言;对数据库和网络编程的灵活支持;层次清晰和可扩展的框架。

2.客户端程序开发环境

客户端程序在 Windows 7.0 64 位操作系统下开发,具体开发环境如下:

CPU:Inter(r) Core(TM) i3 CPU 550@3.20GHz

内存:4 GB

硬盘:希捷 1 TB ,5 400 转

显示器:联想 23 寸

Excel:Microsoft Excel 2003

7.1.4 客户端软件开发

客户端(如图 7-11 所示)开发时需要使用的控件如下:

图 7-11 客户端开发主界面

①客户端开发数据库功能。客户端需要与 SQL Serve 数据库服务器连接,完成数据添加、修改和删除等功能,连接 SQL Server 数据库使用 ADOConnection 的控件,操作数据库使用 ADOQuery 控件;

②客户端开发显示数据集功能。显示数据表格使用 StringGrid 控件,显示拉曼图谱使用 DBChart 控件,显示计算结果使用 Memo 控件;

③客户端开发人机交互功能。数据输入使用 Edit 控件,按钮使用 Bitbtn 和 Botton 控件,单选使用 Combobox 控件,弹出菜单 PopupMenu 控件,打开文件使用 OpenDialog 控件,存储文件使用 SaveDialog 控件,保存 Excel 文件使用 ExcelApplication 和 ExcelWorkbook 控件;

④客户端算法开发直接编程实现。

7.1.5 基于拉曼光谱的大米身份识别

1. 建立样本指纹图谱数据库

建立样本指纹图谱数据库主要包括以下步骤:

(1)读取指纹图谱数据

将样本指纹图谱数据的 DNU 或 PRN 文件复制到系统目录,样本指纹图谱如表 7-1 所示。选择"读取指纹图谱数据"功能运行,等待数十秒后,显示指纹图谱数据,如图 7-12 所示。

表 7-1　大米样本采样表

序号	品种	产地	样本数量	采样时间
1	五优稻 2 号	黑龙江省五常市龙凤山	30	2016.12
2	五常 639	黑龙江省五常市三河屯	30	2016.12
3	五优稻 2 号	黑龙江省杜蒙县江湾乡	30	2016.12
4	东农 425	黑龙江省杜蒙县江湾乡	30	2016.12
5	空育 131	黑龙江省宁安市渤海镇响水村	30	2015.12
6	五优稻 1 号	黑龙江省肇源县四方山村	30	2015.12
7	五优稻 2 号	辽宁省桓仁满族自治县	30	2015.12
8	五常 639	黑龙江省五常市古榆树村	30	2015.12
9	五优稻 2 号	齐齐哈尔市泰来县江桥镇	30	2015.12
10	七星一号	建三江分局七星农场第四管理区	30	2015.12
11	五优稻 2 号	黑龙江省五常市古榆树村	30	2015.12

由图 7-12 可见,产地品种读取已知样本的产地品种,为便于数据存储,将产地品种定义为相关文件目录的名称,在提取时自动读取。文件名中:-XX-表示实验样本大米粒的序号;-g 表示实验部位为大米根部;-z 表示实验部位为大米根中部;-j 表示实验部位为大米尖部。为完整表示大米的拉曼光谱特性将样本大米三个部位的图谱均作为指纹图谱,避免同一粒大米不同部位的拉曼光谱的差异影响大米身份的识别。

图 7-12 读取样本指纹图谱数据

(2)指纹图谱远程上传

检查样本指纹图谱,没有错误就可以上传到服务器,为避免指纹图谱重复,相同文件名的光谱数据文件不能重复上传,指纹图谱数据存储在服务器的数据库中,如图 7-13 和 7-14 所示。

图 7-13 上传的指纹图谱说明数据表

ID	ZID	X	Y
5063984	1590	200	-12
5063985	1590	201	-3
5063986	1590	202	8
5063987	1590	203	21
5063988	1590	204	37
5063989	1590	205	54
5063990	1590	206	73
5063991	1590	207	92
5063992	1590	208	112
5063993	1590	209	133
5063994	1590	210	155
5063995	1590	211	180
5063996	1590	212	208
5063997	1590	213	239
5063998	1590	214	272
5063999	1590	215	308
5064000	1590	216	347

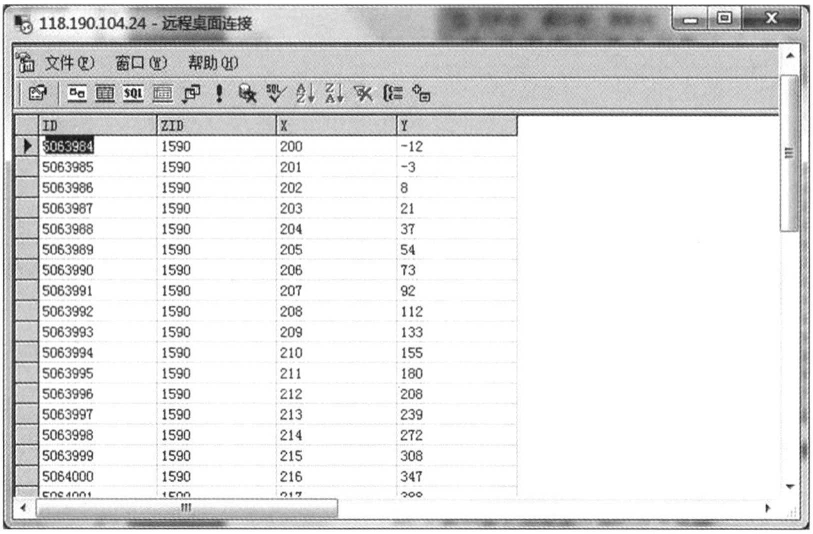

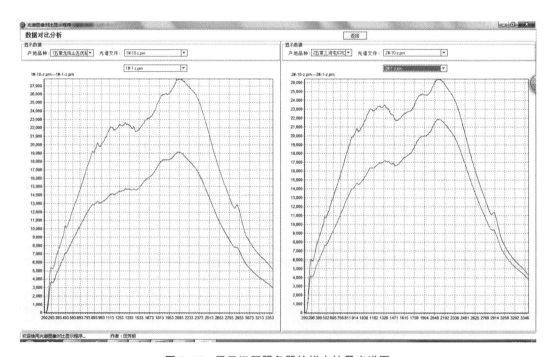

图 7-14　上传的样本拉曼光谱数据表

(3)下载和显示远程服务器的样本数据

通过远程下载指纹图谱和显示指纹图谱数据功能,可以查看上传的图谱数据,如图 7-15 所示。

图 7-15　显示远程服务器的样本拉曼光谱图

2.读取待测图谱

（1）选择待测试样本拉曼光谱文件

选择"读取测试成分数据"功能运行,选中要进行测试样本的大米成分文件,读取并在数据显示区显示,如图7-16所示。

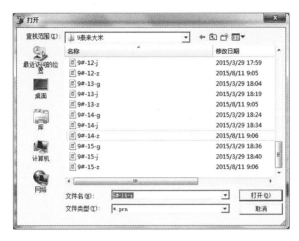

图 7-16　读取待测成分数据

（2）读入待测数据

读取文件在待测区显示,如图7-17所示。

3.余弦相似度计算

（1）余弦相似度计算

选中"本地余弦相似度判断"功能运行,运行结果如图7-18所示。待测大米身份识别为泰来大米,相似度为99.990 4%。

图谱数据	指纹图谱	计算结果
产地品种	待测试...	
光谱文件	9#-14-z.prn	
序号	14	
部位	中部	
指纹图谱ID		
相似度		
检测结果		
200	-22	
201	-12	
202	-1	
203	7	

图谱数据	指纹图谱	计算结果
产地品种	9泰来大米	
光谱文件	9#-14-z.prn	
序号	14	
部位	中部	
指纹图谱ID	1908	
相似度	99.9904	
检测结果	最相似的指纹光谱文件:9#-6-g.prn(9泰来大米)	
200	-22	
201	-12	
202	-1	
203	7	
204	13	

图 7-17　读取待测成分数据　　　　图 7-18　读取待测成分数据

计算结果如图7-19所示,格式为A/B/C/D。其中,A 为样本拉曼光谱指纹图谱名称;B 为数据表中的 ID 序列号;C 为上次指纹图谱文件名;D 为余弦相似度。

（2）调整余弦相似度计算

选中"本地调整余弦相似度"功能运行,运行结果如图7-20所示,待测大米身份识别为泰来大米,相似度为99.818 0%。

图7-19　读取待测成分数据

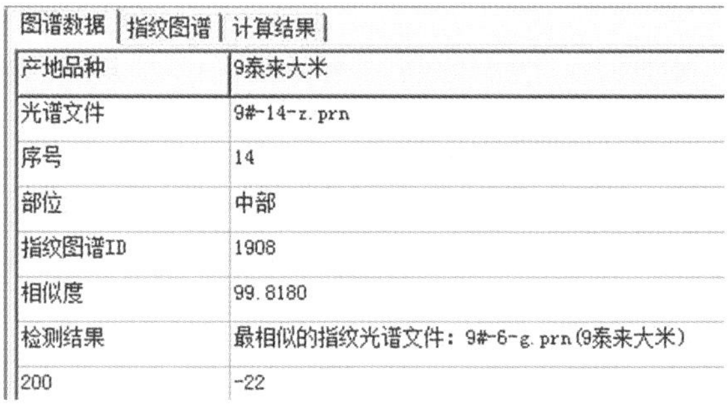

图7-20　读取待测成分数据

（3）特征频谱余弦相似度计算

选中"特征频谱余弦相似度"功能运行,运行结果如图7-21所示。待测大米身份识别为泰来大米,相似度为99.999 6%。

（4）测试结果分析

通过上述计算结果可知,特征频谱余弦相似度方法计算出相似度为99.999 6%,余弦相似度方法计算出相似度为99.990 4%,调整余弦相似度方法计算出相似度为99.818 0%,身份识别均为泰来大米。

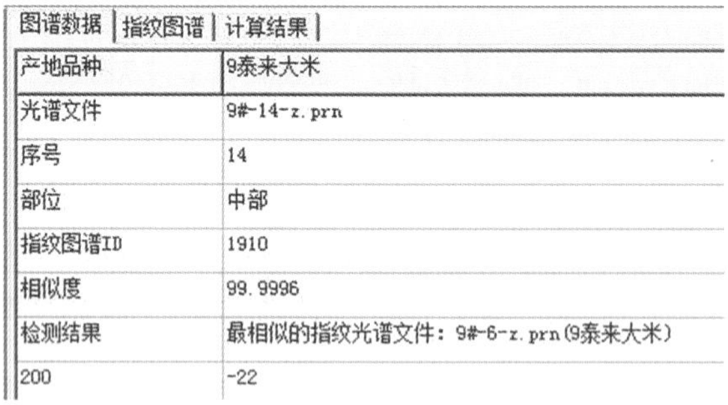

图7-21　读取待测成分数据

4.主成分分析—余弦相似度分类法

（1）选择预处理方法

选中"主成分分析法分类"功能运行,选择"设置预处理方法"选项页,在中心化、平移平滑、矢量校正、散射校正、一阶导数、二阶导数、平移基带、去除基带和极差归一等9种预处理方法中选择合理预处理步骤,按顺序执行预处理方法。为避免预处理后数据差异,在设置预处理方法的最后选择极差归一预处理方法,使预处理后的数据都处在 0~1。图 7-22 是采用平移基带、去除基带和极差归一 3 种预处理方法后原始数据和处理完数据的波形。

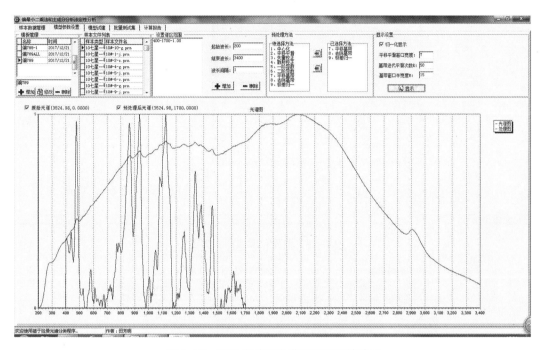

图 7-22　原始光谱和光谱预处理后的波形

(2)创建主成分分析模型

选择"模型试建"选项页,输入主成分个数,进行模型试建,试建后点击"保存模型"保存试建结果。主要保存预处理数据、模型试建产生的得分矩阵、特征向量矩阵和特征值矩阵等数值,因为数据量较大,保存的时候采用 text 类型字段存储数据。

(3)选择测试集数据

选择"批量测试集"选项页,添加测试集数据,如图 7-23 所示,然后点击"测试数据集计算分析",计算后在计算结果里面查看运行结果。

(4)测试结果分析

计算结果中的主成分得分矩阵不能够很好地显示分类结果,引入了余弦相似度计算方法,按照输入的主成分个数对测试结果进行相似度计算,显示各个测试集主成分与样本集主成分结果的相似程度最大值对应样本为识别结果,如图 7-24 所示。

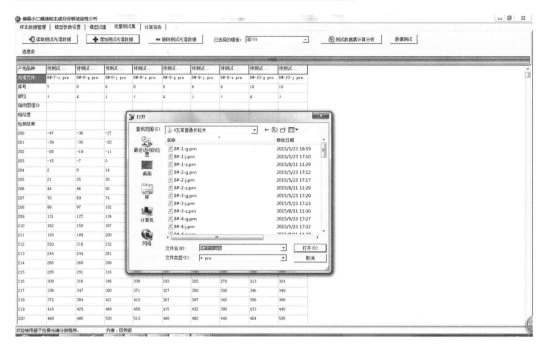

图 7-23　选择和添加测试集

图 7-24　主成分分析法计算结果

5. 标准物质峰面积偏最小二乘—余弦相似度分类法

（1）标准物质拉曼光谱特征谱峰区间的计算

按照公式（4-8）编写了谱区提取的计算程序，在功能窗口点击全部应用按钮，可以按照设定值一次得到全部谱区的范围，并上传到服务器，需要添加和删除某个谱区的时候，也可以利用设置谱区范围窗口的增加和删除功能完成，如图 7-25 所示。

（2）大米所含标准物质特征谱峰面积的计算

按照公式（4-10）和公式（4-11）编写了大米标准物质特征谱峰面积的计算程序，可以通过模型试建功能,对样本集大米光谱数据进行预处理,在模型试建功能窗口点击导出预处理数据按钮,可以导出标准物质谱峰面积,导出 Excel 的数据如图 7-26 所示。

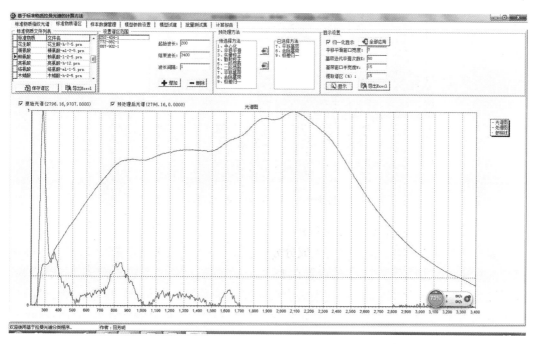

图 7-25　标准物质拉曼光谱特征谱峰区间计算界面

	苯丙氨酸	丙氨酸	蛋氨酸	二十烯酸	脯氨酸	甘氨酸	谷氨酸	胱氨酸	花生酸	精氨酸	赖氨酸	亮氨酸	络氨酸	木蜡酸	丝氨酸
1#-1-j.prn	0.0794	0.0771	0.0675	0.0616	0.1287	0.0827	0.1292	0.0121	0.0287	0.0465	0.0526	0.1432	0.0535	0.0692	0.1063
1#-2-z.prn	0.0675	0.0724	0.0641	0.0632	0.1135	0.0721	0.1142	0.0108	0.0326	0.0374	0.0423	0.1307	0.0437	0.0665	0.0929
1#-4-z.prn	0.0798	0.077	0.0673	0.0611	0.1287	0.0829	0.1296	0.0124	0.0283	0.0472	0.0534	0.1428	0.0542	0.0689	0.1064
1#-6-j.prn	0.0833	0.0782	0.0682	0.0604	0.1321	0.086	0.1339	0.0131	0.0269	0.05	0.0566	0.1456	0.0573	0.0694	0.1098
1#-7-j.prn	0.0834	0.0784	0.0684	0.0607	0.1325	0.0861	0.1341	0.013	0.0271	0.05	0.0566	0.146	0.0573	0.0696	0.1099
1#-9-z.prn	0.0792	0.0778	0.0683	0.0622	0.1287	0.083	0.1298	0.0124	0.0291	0.0465	0.0526	0.1439	0.0535	0.0695	0.1065
2#-1-j.prn	0.0873	0.08	0.0696	0.0609	0.1374	0.0907	0.139	0.0139	0.0267	0.0531	0.0597	0.1499	0.0604	0.0718	0.114
2#-2-z.prn	0.0897	0.0816	0.0709	0.0609	0.1415	0.0931	0.1427	0.0142	0.0263	0.0549	0.0618	0.1537	0.0623	0.0728	0.1174
2#-4-z.prn	0.0824	0.0789	0.0691	0.0622	0.1332	0.087	0.134	0.0129	0.0282	0.0487	0.0549	0.1475	0.0558	0.0713	0.1102
2#-6-j.prn	0.086	0.0799	0.0696	0.0612	0.1366	0.0897	0.1379	0.0137		0.0521	0.0586	0.1496	0.0592	0.0718	0.1132
2#-7-z.prn	0.0878	0.0818	0.0712	0.062	0.1399	0.0917	0.1411	0.0142	0.0278	0.0537	0.0604	0.153	0.0608	0.0732	0.1158
2#-8-z.prn	0.0888	0.0822	0.0715	0.0619	0.1411	0.0926	0.1423	0.0144	0.0277	0.0546	0.0615	0.1539	0.0618	0.0737	0.1168
3#-1-j.prn	0.0921	0.0819	0.0706	0.0599	0.143	0.0942	0.1446	0.015	0.0258	0.0575	0.0647	0.1536	0.0649	0.0729	0.1186
3#-2-z.prn	0.0885	0.0807	0.0699	0.0606	0.1391	0.091	0.1403	0.0143	0.027	0.0545	0.0614	0.1509	0.0617	0.0722	0.1152
3#-4-z.prn	0.088	0.0805	0.0697	0.0606	0.1388	0.0906	0.1398	0.0141	0.0269	0.0539	0.0607	0.1506	0.0611	0.072	0.1149
3#-6-j.prn	0.0876	0.0808	0.0701	0.061	0.1388	0.0905	0.1398	0.014	0.0272	0.0536	0.0604	0.1512	0.0608	0.0721	0.1149
3#-7-z.prn	0.0935	0.0829	0.0715	0.06	0.1451	0.0953	0.1467	0.0153	0.0259	0.0588	0.0662	0.1556	0.0662	0.0735	0.1203
3#-8-g.prn	0.087	0.0808	0.0702	0.0613	0.1385	0.0901	0.1394	0.0138	0.0259	0.0529	0.0596	0.1513	0.0601	0.0721	0.1147
4#-1-j.prn	0.0872	0.0811	0.0708	0.0617	0.1361	0.0901	0.1398	0.0146	0.0274	0.0538	0.0606	0.1498	0.0613	0.0714	0.1135
4#-2-z.prn	0.0836	0.0795	0.0696	0.062	0.1318	0.0867	0.1351	0.0139	0.0254	0.0508	0.0573	0.1462	0.0581	0.0704	0.1097
4#-3-g.prn	0.0858	0.0802	0.0701	0.0613	0.1347	0.0888	0.1381	0.0141	0.0279	0.0525	0.0593	0.1487	0.06	0.0708	0.1124
4#-5-j.prn	0.0921	0.0813	0.0704	0.0594	0.1393	0.0935	0.1442	0.015	0.025	0.0583	0.0655	0.1505	0.066	0.0711	0.1165
4#-7-z.prn	0.0839	0.0797	0.0698	0.062	0.1324	0.0872	0.1356	0.0138	0.0254	0.0508	0.0573	0.147	0.0582	0.0705	0.1103
4#-8-g.prn	0.0858	0.081	0.0709	0.0623	0.1353	0.0891	0.1385	0.0141	0.0279	0.0522	0.059	0.1498	0.0597	0.0714	0.1128

图 7-26　标准物质特征谱峰面积计算结果

(3)大米成分特征谱峰面积的分类

基于标准物质谱峰面积的偏最小二乘法分类—余弦相似度分析方法与上述操作相同,只是在输入数据有差异。其中一个是光谱数据,另外一个是标准物质峰面积全谱归一化数据;一个是根据计算谱区的不同可以调整,最多可以有 3 201 个,另外一个仅有 20 个。图 7-27 为依据特征谱峰面积分类计算的结果。

图 7-27 偏最小二乘法—余弦相似度计算结果

6. 偏最小二乘—余弦相似度分类法

偏最小二乘法分类计算方法与主成分分析法类似,首先选择预处理方法,然后选择偏最小二乘法最大主成分个数,个数设置在 16 以上的时候,计算结果较理想,模型试建的时候系统会按照样本的大米品种自动生成输出数据。本例中大米品种类型为 11 种,输出数据的格式按照品种 1、品种 2 至品种 11 的顺序分别为 10000000000、01000000000 至 00000000001。建立模型后,选择测试集进行计算分析。计算结果再经过余弦相似度计算后,显示各个测试集预测结果与样本集预测结果的相似度最大值对应样本为识别结果,如图 7-28 所示。

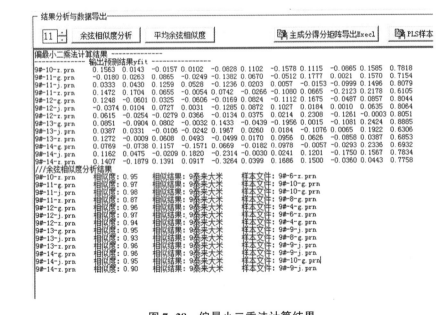

图 7-28 偏最小二乘法计算结果

7.1.6 基于成分的大米身份识别

1. 建立样本成分图谱数据库

建立样本指纹图谱数据库主要包括以下步骤:

(1)读取化验成分数据

样本成分如表 7-2 所示,选择"提取大米样本成分"功能运行,选择样本大米成分文件,读取并在数据显示区显示,如图 7-29 所示。

表 7-2 大米样本及数量表

序号	品种	产地	样本数量	采样时间
1	五优稻 2 号	黑龙江省五常市龙凤山	500g	2016.12
2	639 二代	黑龙江省五常市三河屯	500g	2016.12
3	五优稻 2 号	黑龙江省杜蒙县江湾乡	500g	2016.12
4	东农 425	黑龙江省杜蒙县江湾乡	500g	2016.12

由图 7-29 可见,产地品种读取已知样本的产地品种,为便于数据存储,将产地品种定义为相关文件目录的名称,在提取时自动读取。

(2)成分数据上传到服务器

检查样本成分数据,没有错误就可以上传到服务器,为避免数据重复,相同文件名的成分数据文件不能重复上传,成分数据存储在服务器的数据库中,如图 7-30 和 7-31 所示。

图 7-29 读取样本指纹图谱数据　　　　图 7-30 上传的样本成分说明数据表

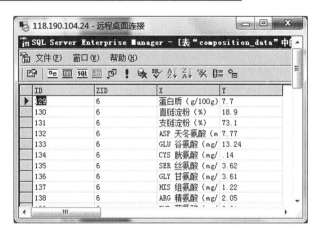

图 7-31　上传的样本成分数据表

（3）下载和显示远程服务器的样本数据

通过远程可以下载和显示样本成分数据，如图 7-32 所示。

2. 待测成分余弦相似度计算

（1）读取待测试样本的化验成分数据

选择"读取测试成分数据"功能运行，选中要进行测试样本的大米成分文件，读取并在数据显示区显示，如图 7-33 所示。

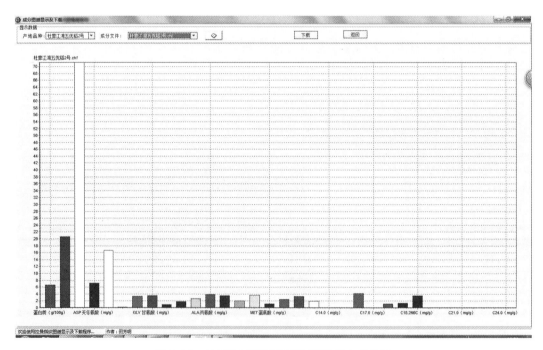

图 7-32　显示和下载远程服务器的样本成分图

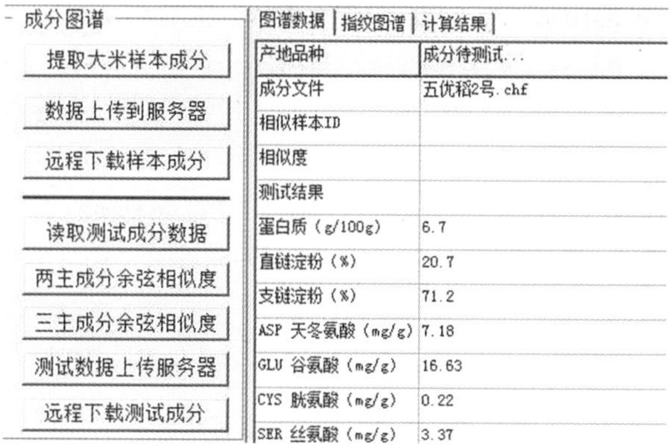

图 7-33 读取待测成分数据

（2）利用主成分分析法得分计算余弦相似度

选择"主成分余弦相似度"计算功能运行，在数据显示区将显示相似度最高的结果，同时在"计算结果"处显示计算结果，如图 7-34 所示。由计算结果可知，该成分与杜蒙江湾五优稻 2 号成分相似度为 100%，说明该成分身份识别结果为杜蒙江湾五优稻 2 号。

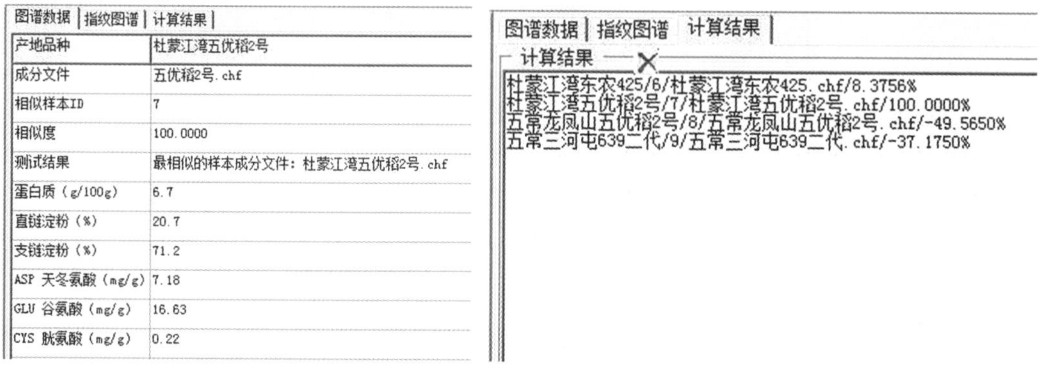

图 7-34 待测成分计算结果

7.2 大米产地鉴别装备的开发与应用

7.2.1 大米产地鉴别装备的组成与工作原理

大米产地鉴别装置主要用于大米拉曼光谱数据的采集与大米产地的鉴别，由硬件部分和软件部分。其中，硬件部分由大米拉曼光谱采集设备、现场采集计算机和远程云服务器组成，大米拉曼光谱采集设备与采集现场计算机通过串口线相连，现场采集计算机和远程云服务器通过互联网相连，以实现鉴别模型的远程配置，硬件组成如图 7-35 所示；软件部分由大米产地鉴别模型管理数据库、拉曼光谱采集与产地鉴别系统等 2 个部分组成，大米产地鉴别模型管理数据库安装在远程云服务器上,大米产地光谱采集与鉴别系统安装在现场采集计算机上,并通过互联网对数据库进行远程调用,实现鉴别模型的远程共享。

拉曼光谱采集设备　　　现场采集计算机　　　远程云服务器

图 7-35　大米产地鉴别装置示意图

　　大米产地鉴别装备工作原理是现场采集计算机安装本论文开发的应用软件,软件通过串口通信读取拉曼光谱采集设备的光谱数据,用已知产地的光谱数据进行建模,用未知产地的光谱数据进行产地鉴别,建立的模型存储在远程云服务器上,实现模型共享,使该装备方便与现有农产品溯源平台整合。装备的主要工作流程如图 7-36 所示,工作步骤如下:

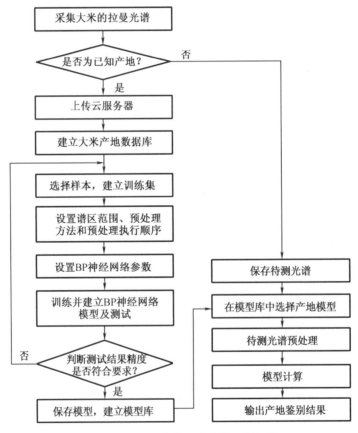

图 7-36　大米产地识别装置工作流程

（1）通过拉曼光谱采集设备采集已知产地和未知产地大米的拉曼光谱；

（2）判断是否为已知大米产地的光谱，若已知将保存产地光谱数据，可以上传到云服务器用于扩展已知产地大米光谱数据库，若未知将保存待测光谱数据，转（8）进行产地鉴别；

（3）在数据库服务器已知产地光谱中选择一定数量的训练集样本；

（4）设置建模用拉曼光谱谱区范围、预处理方法和预处理执行顺序；

（5）设置 BP 神经网络参数；

（6）训练 BP 神经网络，利用已知产地光谱进行测试；

（7）判断测试结果精度是否符合要求，若不符合转到（3）重新选择训练集和各种参数设置；若符合要求，保存模型，建立模型库；

（8）利用选择的产地鉴别模型中预处理方法和执行顺序等设置，对待测光谱进行预处理；

（9）利用选择的产地鉴别模型进行计算，输出产地鉴别结果。

7.2.2　大米产地鉴别装备的开发

1. 拉曼光谱采集设备数据接口

大米产地鉴别装备前端设备采用拉曼光谱采集设备，该设备采用 532 nm 激光光源，适用于大米拉曼光谱信息的采集。现场计算机通过 USB 接口与采集设备相连，而采集设备自带 USB 转串口模块，即现场计算机通过操作相关串口，实现与采集设备的数据通信，具体数据接口如下：

（1）串行通信接口设置

拉曼采集设备通过 USB 线与现场计算机相连，现场计算机通过安装 USB 转串口驱动程序获得相关设备串口，现场计算机通过串口对采集设备操作，串口参数设置如表 7-3 所示。

表 7-3　串口参数设置

序号	参数	设置值
1	波特率（baud）	115 200
2	数据位（bit）	8
3	停止位（bit）	1
4	奇偶校验	none

（2）拉曼光谱采集过程

拉曼光谱采集需要对串口进行操作，首先对采集设备进行初始化；其次关闭激光器进行暗电流设置，读取从 407 像素开始的 1 193 个像素值的 CCD 暗电流；再次打开激光器进行扫描设置,读取从 407 像素开始的 1 193 个像素值 CCD 扫描值;用 CCD 扫描值减去 CCD 暗电流得到采集数据;最后采集到的数据对应是像素,需转换成波数值,需用到该设备的定标数据进行转换,得到 200~3 400 cm^{-1} 波段拉曼光谱数据。采集过程如图 7-37 所示。

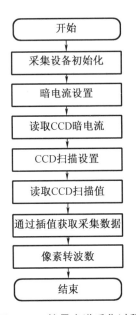

图 7-37 拉曼光谱采集过程

2. 远程云服务器数据库设计

(1)大米产地鉴别远程数据库服务器

大米产地鉴别数据库软件采用 Microsoft SQL Server 2000,数据库名称为 Lamanwyx,服务器行数据文件名 Lamanwyx. mdf,服务器日志文件名 Lamanwyx_log. ldf。数据库服务器采用阿里云 ECS 服务器,CPU、内存为 1 核 2 GB、操作系统为 Windows Server 2008 中文版,实例规格为 ecs. n4. small,云盘为 2 个、当前使用带宽为 10 Mbps,阿里云控制台界面如图 7-38 所示。

(2)拉曼光谱标题数据表

表名:Raman_title

列名说明:ID 为序号;TITLE 为产地品种的中文名称;DATA_FILENAME 为拉曼光谱文件名;SYSDATE 为添加时间。部分五常和非五常大米产地拉曼光谱标题如图 7-39 所示。

图 7-38　大米身份识别系统总体架构表

	ID	TITLE	DATA_FILENAME	SYSDATE
10	23	五常外其他产地	6#-1-z.pm	2022-03-11 09:39:32.930
11	24	五常外其他产地	6#-6-z.pm	2022-03-11 09:39:37.897
12	25	五常外其他产地	7#-1-z.pm	2022-03-11 09:39:43.227
13	26	五常外其他产地	7#-7-z.pm	2022-03-11 09:39:47.553
14	27	五常外其他产地	8#-1-z.pm	2022-03-11 09:39:52.053
15	28	五常外其他产地	8#-8-z.pm	2022-03-11 09:39:56.770
16	29	五常外其他产地	9#-1-z.pm	2022-03-11 09:40:02.070
17	30	五常外其他产地	9#-9-g.pm	2022-03-11 09:40:06.770
18	31	五常外其他产地	9#-j.pm	2022-03-11 09:40:11.663
19	32	五常外其他产地	9#-z.pm	2022-03-11 09:40:16.083
20	33	五常外其他产地	10#-1-z.pm	2022-03-11 09:40:20.820
21	34	五常外其他产地	11#-1-z.pm	2022-03-11 09:40:25.710
22	35	五常产地	1#-1-z.pm	2022-03-11 09:41:16.973
23	36	五常产地	1#-2-z.pm	2022-03-11 09:41:21.303
24	37	五常产地	1#-3-z.pm	2022-03-11 09:41:25.863
25	38	五常产地	1#-4-z.pm	2022-03-11 09:41:30.380
26	39	五常产地	1#-5-z.pm	2022-03-11 09:41:35.147
27	40	五常产地	1#-6-z.pm	2022-03-11 09:41:40.020
28	41	五常产地	1#-7-z.pm	2022-03-11 09:41:45.130
29	42	五常产地	1#-8-z.pm	2022-03-11 09:41:49.613

图 7-39　部分拉曼光谱标题数据

（3）拉曼光谱波数和强度数据表

表名：Raman_spectra

列名说明：ID 为序号；TITLE 为拉曼光谱标题数据表中的 ID，用作数据关联；X 为光谱波数；Y 为光谱强度。例如 ZID＝36，对应图 5-40 中 ID＝36 的数据，即为五常产地的 1# -2-z.prn 拉曼光谱，具体光谱波数和强度信息存在 Raman_spectra 数据表中，图 7-40 为五常产地 ZID 为 36 的 422-431CM-1 拉曼光谱数据。

ID	ZID	X	Y
112258	36	422	4420
112259	36	423	4435
112260	36	424	4450
112261	36	425	4464
112262	36	426	4478
112263	36	427	4493
112264	36	428	4509
112265	36	429	4526
112266	36	430	4542
112267	36	431	4559

图 7-40   五常产地某一样本的 422-431 cm^{-1} 拉曼光谱数据

（4）产地鉴别模型数据表

表名：User_set

列名说明：ID 为序号；ZID 为模型名称；DATA 为模型使用光谱段信息；DATA1 为模型预处理设置信息；DATA2 为 BP 建模信息。产地鉴别模型数据表如图 7-41 所示。

ID	TITLE	DATA	DATA1	DATA2
1	五常产地	\<pq/474-474-1pq/>\<pq/475-475-1pq/>\<pq/476-476-1p...	\<szm1/2szm1/>\<szm2/7 7szm2/>\<szm3/0.5szm3/>	\<zcf1/2zcf1/>\<zcf2/46zcf2/>
2	依安产地	\<pq/474-474-1pq/>\<pq/475-475-1pq/>\<pq/476-476-1p...	\<szm1/2szm1/>\<szm2/7 7szm2/>\<szm3/0.5szm3/>	
3	建三江产地	\<pq/474-474-1pq/>\<pq/475-475-1pq/>\<pq/476-476-1p...	\<szm1/2szm1/>\<szm2/7 7szm2/>\<szm3/0.5szm3/>	\<zcf1/2zcf1/>\<zcf2/46zcf2/>

图 7-41   部分模型数据

3. 现场采集计算机程序开发

（1）现场采集程序的开发语言与环境

①现场采集端程序开发语言

现场采集端程序采用 Delphi 7.0 开发，Delphi 是原 Borland 公司推出一种面向对象的可视化编程工具，结合 Delphi 程序设计语言的编程技巧，可以开发出功能强大的基于网络的 Windows 应用程序，它的优点适合快速开发大米产地鉴别装备现场软件。优点如下：高效的可视化开发环境；结构良好的面向对象编程语言；对数据库和网络编程的支持；对串口控件的支持；丰富的交互控件。

②现场采集端程序开发环境

现场采集端程序具体开发环境如下：

操作系统：Windows 7.0 旗舰版 中文 64 位

CPU：Inter(r) Core(TM) i5-3470 CPU @ 3.20GHz 3.20GHz

内存：12 GB

固态硬盘：128 GB

机械硬盘：希捷 1 TB,7 200 转

显示器：联想 23 寸

（2）现场采集端软件开发

采集端开发的软件主界面如图7-42所示，开发时需要使用的控件如下：

①串行通信控件。连接拉曼采集设备使用Comm控件，数据定时发送采用Timer控件；

②数据库控件。连接远程SQL Server数据库服务器使用ADOConnection控件，操作数据库数据表使用ADOQuery控件；

③数据显示控件。显示拉曼数据表格使用StringGrid，显示远程数据库数据表使用DBGrid控件，显示拉曼图谱使用DBChart控件，显示图片使用Image控件，显示计算结果使用Memo控件；

④人机交互控件。按钮使用Bitbtn控件，数据输入使用Edit控件，单选使用Combobox控件，复选使用Listbox控件，打开文件使用OpenDialog控件，存储文件使用SaveDialog控件；

⑤模型使用数学方法直接编程实现。

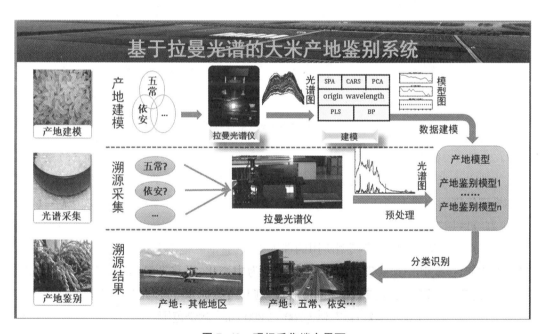

图7-42 现场采集端主界面

7.2.3 基于拉曼光谱的大米产地鉴别

1. 建立产地鉴别模型

大米产地鉴别模型建立包括模型数据管理、模型参数设置、模型试建、模型测试、测试报告等5个功能模块，各部分功能如下：

（1）模型数据管理

为实现拉曼光谱的数据增加、修改、删除、测试和上传远程服务器，同时可以对训练集进行管理,本模块主要开发了云服务器数据管理、上传数据管理和数据集数据管理等 3 个功能子模块。本模块界面如图 7-43 所示,左边的指纹光谱文件区域为已经上传到远程服务器的光谱数据;右边产地光谱区域为待上传服务器的光谱数据,可以通过读取、插入、删除、测试和上传等操作管理光谱数据,上传后数据保存在 Raman_title 和 Raman_spectra 数据表中;中间区域为样本光谱文件,是模型训练集数据,可以通过批量、单选、取消和情况进行选择。

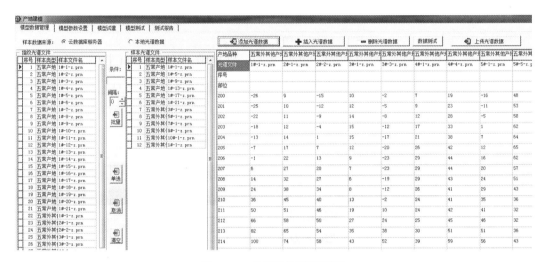

图 7-43 模型数据管理界面

(2)模型参数设置

为建立大米产地鉴别模型,需要对模型所用光谱区域、预处理方法等进行设置,同时增加模型管理功能对不同产地鉴别模型进行增加、修改和删除。本模块界面如图 7-44 所示,上部分区域为设置区,下部分为预处理后有效光谱显示区。图中模型管理选中已经建立的五常产地鉴别模型,则该模型所用的训练集数据、谱区范围和预处理方法与顺序就会显示在相应区域,其中预处理方法有 9 种,分别为中心化、平移平滑、矢量校正、散射校正、一阶导数、二阶导数、平移基带、去除基带和极差归一;特征 46 按钮是模型构建谱区范围选择前文计算得到的 1 600~400 cm^{-1} 和 3 200~2 800 cm^{-1} 频谱范围内的 46 个产地特征;特征 100 按钮是模型构建谱区范围选择前文计算得到的 3 400~200 cm^{-1} 频谱范围内的 100 个产地特征。图中模型采用了 46 个产地特征,模型设置后保存在 User_set 数据表中。

(3)模型试建

通过前文研究的大米产地鉴别模型可知,BP 神经网络鉴别结果较好,所以该在线装备采用 BP 神经网络方法构建鉴别模型和对大米产地的鉴别。本模块界面如图 7-45 所示,左面为 BP 模型参数设置区,右侧为 BP 模型试建区,试建结果如果符合要求,利用保存模型功能将模型保存在 User_set 数据表中。图中五常产地鉴别模型采用 4 层网络,4 层个数为 46,7,7 和 2,其中 46 为输入层个数,对应 46 个产地特征,隐含层总数符合 BP 神经网络要求,输出层2为五常产地和五常外其他产地2类输出;训练集个数为12,其中6个为五常产地,6个为五常外其他产地,测算结果如表7-4所示,通过下划线数据可以100%区分出训练集产地来源。

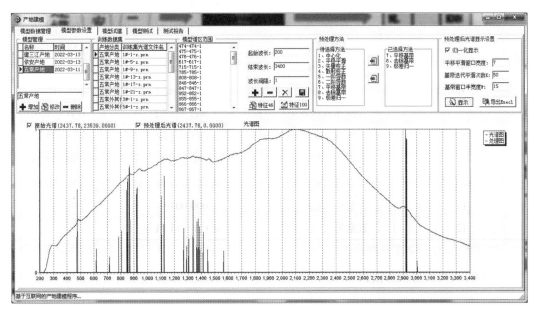

图 7-44　模型参数设置界面

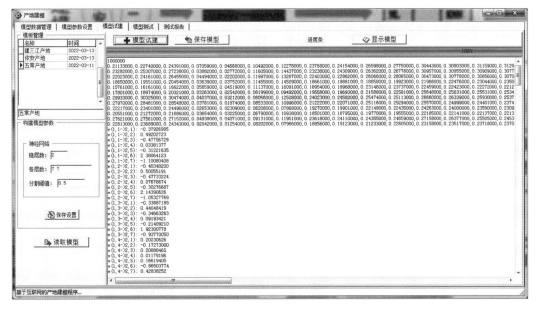

图 7-45　模型试建界面

表 7-4　五常产地 BP 神经网络训练结果

序号	产地	BP 输出 1	BP 输出 2
1	五常产地	1.000 019 91	0.000 042 07
2	五常产地	0.746 528 65	0.212 847 61
3	五常产地	0.999 900 82	−0.000 109 76
4	五常产地	0.853 267 34	0.158 799 46
5	五常产地	0.999 960 25	−0.000 003 07
6	五常产地	1.052 479 11	0.000 017 46
7	五常外其他产地	0.000 241 34	1.000 145 19
8	五常外其他产地	−0.042 462 66	1.062 817 08
9	五常外其他产地	−0.000 277 41	0.999 842 71
10	五常外其他产地	−0.011 163 81	1.031 240 90
11	五常外其他产地	0.000 007 97	0.999 959 87
12	五常外其他产地	−0.028 644 21	1.046 468 02

（4）模型测试与测试报告

为对模型进行测试,该功能模块通过对测试光谱数据进行预测,界面如图 7-46 所示。通过计算分析对模型进行测试,测试结果出现在测试报告模块中,如图 7-47 所示。本文采用图 7-45 所建模型对 47 个非五常大米产地和 101 个五常大米产地光谱数据进行测试,其中非五常大米产地鉴别准确率为 100%,五常稻米产地鉴别准确率为 87.23%,总的准确率 91.22%,通过提高训练集数量可以提高准确率。

图 7-46　模型测试界面

图 7-47　模型测试报告界面

2. 基于模型的大米产地鉴别

大米产地鉴别是利用已经建立的产地鉴别模型,对采集的光谱和选择的光谱进行分类鉴别,界面如图 7-48 所示。图中采用图 7-45 所建模型对 47 个五常外其他产地和 101 个五常产地光谱数据进行分别测试,2 次输出平均得分为 1.021 和 0.729,均能准确分类。

图 7-48　五常产地大米鉴别结果

3. 现场拉曼光谱采集与产地鉴别

现场拉曼光谱采集与产地鉴别模块包括串口设置、拉曼参数设置、提取谱峰强度、自动存盘和产地鉴别等功能,界面如图 7-49 所示。图中采用依安产大米进行现场采集光谱,采集数据放到五常产地模型中进行鉴别,得到五常外其他产地的鉴别结果,得分达到 1.183,分类结果准确。

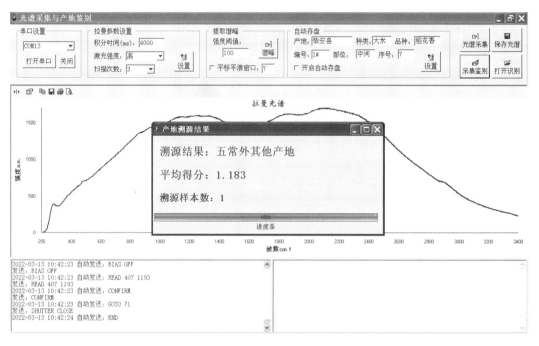

图 7-49　拉曼光谱采集界面

7.3　本 章 小 结

本章是基于前几章研究基础上开发的基于大米身份识别软件和用于大米产地鉴别系统。主要结论如下:

研究和开发了用于大米身份识别的软件程序,建立了大米拉曼光谱及成分信息数据库,在计算方法设计中,完成了基于特征谱峰的余弦相似度和调整余弦相似度、分段光谱的余弦相似度和调整余弦相似度、主成分分析的余弦相似度、调整余弦相似度等算法、可设置预处理方法的主成分分析法和偏最小二乘法、基于标准成分特征谱峰面积的主成分分析法和偏最小二乘法的设计,实现了基于大米成分、大米拉曼光谱和大米成分拉曼特征谱峰面积的主成分分析法、偏最小二乘法和余弦相似度的计算,直接判别训练集或预测集分类结果。通过对泰来大米米粒中部拉曼光谱数据利用软件进行实际测试,特征频谱余弦相似度方法计算出相似度为 99.999 6%,余弦相似度方法计算出相似度为 99.990 4%,调整余弦相似度方法计算出相似度为 99.818 0%,8 个主成分的主成分分析法计算出相似度 100%,采用 11 个主成分的偏最小二乘法计算出相似度为 90%,各种算法的身份识别结果均为泰来大米,检测结果准确。经过对黑龙江省杜蒙县江湾乡五优稻 2 号大米成分的主成分得分结果计算余弦相似度为 100%,身份识别为杜蒙江湾五优稻 2 号,检测结果准确。

（2）在拉曼光谱现场采集中，开发了基于串口的拉曼光谱实时采集程序，实现采集和鉴别程序融合；在数据库设计中，建立了 3 个数据表，分别存储大米拉曼光谱数据和产地鉴别模型数据；在计算方法设计中，提供了 9 种预处理方法、46 个产地特征谱区范围、100 个产地特征谱区范围和 BP 神经网络建模方法，实现了大米产地的预测。利用该装备对五常产地和五常外其他产地大米拉曼光谱进行实际测试，采用 46 个产地特征建模，148 个大米光谱鉴别准确率为 91.22%，结果显示大米产地鉴别装备识别准确，操作快捷，可以作为科研人员和广大农业生产单位开展大米产地的鉴别。

参 考 文 献

[1] 朱自莹.拉曼光谱在化学中的应用[M].沈阳:东北大学出版社,1998.

[2] 周志华.机器学习[M].北京:清华大学出版社,2016.

[3] 褚小立.化学计量学方法与分子光谱分析技术[M].北京:化学工业出版社,2011.

[4] TU A. Raman Spectroscopy in Biology:Principles and Applications[M]. New York: John Wiley & Sons,1982.

[5] 鹿保鑫,马楠,王霞,等.基于电感耦合等离子体质谱仪分析矿物元素含量的大豆产地溯源[J].食品科学,2018,39(8):288-294.

[6] CEBI N, DOGAN C E, DEVELIOGLU A, et al. Detection of L-Cysteine in wheat flour by Raman microspectroscopy combined chemometrics of HCA and PCA[J]. Food chemistry, 2017(228):116-124.

[7] 窦颖,孙晓荣,刘翠玲,等.基于拉曼光谱技术的面粉品质快速检测[J].食品科学,2014,35(22):185-189.

[8] ANJOS O, SANTOS A J A, PAIXÃO V, et al. Physicochemical characterization of Lavandula spp. honey with FT-Raman spectroscopy[J]. Talanta, 2018(178):43-48.

[9] WENG S, WANG F, DONG R, et al. Fast and quantitative analysis of ediphenphos residue in rice using surface-enhanced raman spectroscopy[J]. Journal of Food Science, 2018, 83(4):1179-1185.

[10] ZHAO J, PENG Y, CHAO K, et al. Rapid detection of benzoyl peroxide in wheat flour by using Raman scattering spectroscopy[C]//Sensing for Agriculture and Food Quality and SafetyⅦ. SPIE, 2015(9488):95-102.

[11] PHILIPPIDIS A, POULAKIS E, PAPADAKI A, et al. Comparative study using raman and visible spectroscopy of cretan extra virgin olive oil adulteration with sunflower oil [J]. 2017Analytical Letters,50(7):1182-1195.

[12] RYOO D, HWANG J, CHUNG H. Probing temperature able to improve Raman spectroscopic discrimination of adulterated olive oils[J].Microchemical J,2017(134):224-229.

[13] JIMÉNEZ-CARVELO A, OSORIO M, KOIDIS A, et al. Chemometric classification and quantification of olive oil in blends with any edible vegetable oils using FTIR-ATR and Raman pectroscopy[J]. LWT-Food Science and Technology, 2017(86):174-184.

［14］ 李冰宁,武彦文,汪雨,等.拉曼光谱结合模式识别方法用于大豆原油掺伪的快速判别［J］.光谱学与光谱分析,2014,34(10):2696-2700.

［15］ OROIAN M, ROPCIUC S, PADURET S. Honey adulteration detection using Raman spectroscopy［J］. Food Analytical Methods, 2018, 11(4): 959-968.

［16］ 黄嘉荣,伍博迪,詹求强.基于拉曼光谱和化学计量学方法判别大米分类的研究［J］.激光生物学报,2015,24(3):237-241.

［17］ 孙娟,张晖,王立,等.基于拉曼光谱的大米快速分类判别方法［J］.食品与机械,2016,32(1):41-45.

［18］ 赵迎,李明,王小龙,等.基于拉曼光谱技术鉴别新陈大米的方法研究［J］.光谱学与光谱分析,2019,39(5):1468-1471.

［19］ WANG Y, TAN F. Extraction and classification of origin characteristic peaks from rice Raman spectra by principal component analysis［J］. Vibrational Spectroscopy, 2021 (114): 103249.

［20］ ZHU L, SUN J, WU G, et al. Identification of rice varieties and determination of their geographical origin in China using Raman spectroscopy［J］. Journal of Cereal Science, 2018(82): 175-182.

［21］ TIAN F, TAN F, ZHU P. Multi-classification identification of PLS in rice spectra with different pre-treatments and K/S optimisation［J］. Vibrational Spectroscopy, 2020 (109): 103069.

［22］ SÁNCHEZ-LÓPEZ E, SÁNCHEZ-RODRÍGUEZ M I, MARINAS A, et al. Chemometric study of Andalusian extra virgin olive oils Raman spectra: qualitative and quantitative information［J］. Talanta, 2016(156): 180-190.

［23］ KWOFIE F, LAVINE B K, OTTAWAY J, et al. Incorporating brand variability into classification of edible oils by Raman spectroscopy［J］. Journal of Chemometrics, 2020, 34(7): e3173.

［24］ MAGDAS D A, GUYON F, BERGHIAN-GROSAN C, et al. Challenges and a step forward in honey classification based on Raman spectroscopy［J］. Food Control, 2021 (123): 107769.

［25］ MAGDAS D A, GUYON F, FEHER I, et al. Wine discrimination based on chemometric analysis of untargeted markers using FT-Raman spectroscopy［J］. Food Control, 2018(85): 385-391.

［26］ 郑玲,赵燕平,冯亚东.不同产地和陈化年限普洱茶的表面增强拉曼光谱鉴别分析研究［J］.光谱学与光谱分析,2013,33(6):1575-1580.

［27］ 卢诗扬,张雷蕾,潘家荣,等.拉曼光谱结合LSTM长短期记忆网络的樱桃产地鉴别研究［J］.光谱学与光谱分析,2021,41(4):1177-1181.

［28］ ROBERT C, FRASER-MILLER S J, JESSEP W T, et al. Rapid discrimination of intact beef, venison and lamb meat using Raman spectroscopy[J]. Food Chemistry, 2021(343):128441.

[29] YAZGAN N N, GENIS H E, BULAT T, et al. Discrimination of milk species using Raman spectroscopy coupled with partial least squares discriminant analysis in raw and pasteurized milk[J]. Journal of the Science of Food and Agriculture, 2020, 100(13): 4756-4765.

[30] 曹萌萌,李俏,张立友,等.黑龙江省积温时空变化及积温带的重新划分[J].中国农业气象,2014,35(5):492-496.

[31] 史苗苗,李丹,闫溢哲,等.不同结晶结构淀粉的拉曼光谱分析[J].食品与发酵工业,2018,44(3):241-246.

[32] VEIJ M D, VANDENABEELE P, HALL K A, et al. Fast detection and identification of counterfeit antimalarial tablets by Raman spectroscopy [J]. Journal of Raman Spectroscopy, 2007, 38(2):181-187.

[33] 田芳明. 基于拉曼光谱与有机成分分析的大米身份识别[D].长春:吉林大学,2018.

[34] 张雁,尹利辉,冯芳.胱氨酸、半胱氨酸及乙酰半胱氨酸的傅里叶变换拉曼光谱研究[J].中国药事,2010,24(5):447-449.

[35] 刘文涵,杨未,张丹.苯丙氨酸银溶胶表面增强拉曼光谱的研究[J].光谱学与光谱分析,2008,28(2):343-346.

[36] 戴超,蒋卓,付超,等.高压下L-丝氨酸的拉曼光谱研究[J].光谱学与光谱分析,2019,39(3):791-796.

[37] 张正行.有机光谱分析[M].北京:人民卫生出版社,2009.

[38] 王亚轩,谭峰,辛元明,等.大米拉曼光谱不同预处理方法的相近产地鉴别研究[J].光谱学与光谱分析,2021,41(2):565-571.

[39] 乔西娅,戴连奎,吴俭俭.拉曼光谱特征提取在化学纤维定性鉴别中的应用[J].光谱学与光谱分析,2010,30(4):975-978.

[40] 沈花玉,王兆霞,高成耀,等.BP神经网络隐含层单元数的确定[J].天津理工大学学报,2008(5):13-15.

[41] TIAN F, TAN F, LI H. An rapid nondestructive testing method for distinguishing rice producing areas based on Raman spectroscopy and support vector machine [J]. Vibrational Spectroscopy, 2020(107):103017.